WILEY TURING

职场通用！高效沟通六原则

用数据讲故事

专业图表实训教程

STORYTELLING WITH DATA
LET'S PRACTICE!

[美] 科尔·努斯鲍默·纳福利克 (Cole Nussbaumer Knaflic) 著
邵钏 陈莎 译

人民邮电出版社
北京

图书在版编目（CIP）数据

用数据讲故事 : 专业图表实训教程 / (美) 科尔·努斯鲍默·纳福利克著 ; 邵钏, 陈莎译. -- 北京 : 人民邮电出版社, 2022.3(2024.5重印)
ISBN 978-7-115-60804-8

Ⅰ. ①用… Ⅱ. ①科… ②邵… ③陈… Ⅲ. ①表处理软件—教材 Ⅳ. ①TP391.13

中国版本图书馆CIP数据核字(2022)第252182号

内容提要

本书是备受读者欢迎的《用数据讲故事》的配套用书，旨在进一步帮助读者在实践场景中应用书中所学的知识。本书通过大量案例研究介绍数据可视化的基础知识，以及如何利用数据创造出吸引人、信息量大、有说服力的故事，进而达到有效沟通的目的。书中很多内容源自“用数据讲故事”培训班，设计主题涵盖各行各业，从数字营销到销售培训，能帮助你在丰富多样的情境下磨炼用数据讲故事的能力。本书让你无论在阅读时还是在实际工作中都能运用自己从中所学的数据可视化技能，从而成为一个真正善于用数据讲故事的沟通高手。

本书适合所有需要用图表展示信息和数据的人士阅读。

◆ 著　[美] 科尔·努斯鲍默·纳福利克（Cole Nussbaumer Knaflic）
译　邵 钏 陈 莎
责任编辑　赵 轩
责任印制　彭志环

◆ 人民邮电出版社出版发行　北京市丰台区成寿寺路11号
邮编　100164　电子邮件　315@ptpress.com.cn
网址　https://www.ptpress.com.cn
北京天宇星印刷厂印刷

◆ 开本：800×1000　1/16
印张：18.25　2023年3月第1版
字数：256千字　2024年5月北京第2次印刷

著作权合同登记号　图字：01-2020-1187号

定价：149.80元

读者服务热线：(010)84084456-6009　印装质量热线：(010)81055316
反盗版热线：(010)81055315
广告经营许可证：京东市监广登字 20170147 号

版权声明

致谢

感谢帮助我完成本书的每个人：Simon Beaumont、Lisa Carlson、Amy Cesal、Robert Crocker、Steven Franconeri、Megan Holstine、Steve WexlerKim Schefler、Jasmine Kaufman、Catherine Madden、Matt Meikle、Marika Rohn、Jody Riendeau、Elizabeth Ricks，我的孩子Avery、Dorian和Eloise，以及我的丈夫Randy Knaflic。

同样感谢Bill Falloon、Mike Henton、Carly Hounsome、Steven Kyritz、Kimberly Monroe-Hill、Purvi Patel、Jean-Karl Martin、Amy Laundicano、Steve Csipke、RJ Andrews、Mike Cisneros、Alex Velez、Beatriz Tapia、Brenda Chi-Moran，还有Quad Graphics的团队，我们的所有客户，以及所有读者！

前言

我经常收到《用数据讲故事》读者的电子邮件，在这些反馈中，既有对我们工作的认可和鼓励，也有问题和需求。我特别喜欢听读者说他们如何成功地运用书里的方法影响了一次重要的商业决策，推动了拖延已久的预算沟通，在面试中脱颖而出得到了一份新工作……这些成功，源自不同行业、不同岗位和不同角色在提升数据沟通能力上的努力。

与此同时，有些读者读完了书，也了解了用数据讲故事所能带来的积极影响，却苦于无法很好地在实际工作中学以致用，对如何让用数据讲故事发挥理想的效果充满疑问，甚至面对各种特殊场景束手无策。很显然，他们需要更多的指导和练习来进一步提升用数据讲故事的能力。

另外，很多正在或者准备用《用数据讲故事》作为教材的讲师和企业内训师希望开设“用数据讲故事”的课程或培训。有些企业领导、主管还希望提升整个团队用数据讲故事的能力或者向别人提供用数据讲故事方面的指导。

基于上述需求，本书应运而生。它包含了大量实际案例、训练指导和开放式练习，能帮助读者树立信心和口碑，更好地运用或指导他人运用《用数据讲故事》里的内容。

本书结构

每一章开头都会回顾《用数据讲故事》一书中相应的关键知识点，然后提供一些练习。

- **跟练**：根据现实生活中的例子所设计的练习。
- **独立练习**：包含更多练习和引人思考的问题，供读者自己解决。
- **学以致用**：针对工作中的场景提供指导和实践练习。

注意：这不是一本坐着看看就好的书，它需要你的互动。在书中做标记、加书签，在空白处写笔记，都不错。阅读时可以来回翻页，反复查看书中的例子。等到读完，本书应该已经被翻烂了。

与《用数据讲故事》搭配阅读

这是《用数据讲故事》的实战手册。

如图 0-1 所示，除了个别差异，本书的章节结构与《用数据讲故事》基本相同。可在图灵社区本书主页（ituring.cn/book/2826）下载的第 7 ~ 9 章主要包含一些复杂的练习，对《用数据讲故事》和本书中所讲授的内容进行更多的指导和应用。

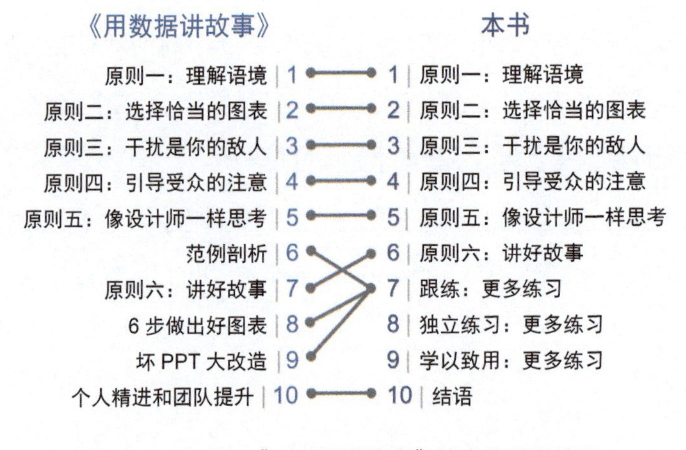

图 0-1　本书与《用数据讲故事》的章节对应关系

如果这两本书你手头都有，就可以先把《用数据讲故事》从头到尾翻一遍，在学习具体细节前对主题有个大体的了解。这样可以找出自己感兴趣的章节，然后翻到本书相应的地方做练习。

如果你仔细读过《用数据讲故事》，那么相信你已经熟悉了里面的所有主题，可以随意选择本书里自己感兴趣的内容阅读了。

关于工具

一般可以使用 Excel 之类的工具实现数据可视化。Tableau 和 PowerBI 则是更为专业的数据可视化软件。使用 R、Python 和 D3.js 等还需要掌握编程能力。工具自身无所谓好坏，无论选择什么样的工具或工具组合，都不要让它（们）拖了你的后腿。

在完成本书中的练习时，你可以选择适合自己的数据可视化工具：可以是目前正在使用的工具，也可以是接下来想要学习的工具。“跟练”里的答案都是用 Excel 制作的，但你不必拘泥于此。

强烈建议你在阅读本书时准备一张纸、一支笔、一个专门用来打草稿的笔记本。多写写，多画画。用最原始的方法创建和优化图表好处多多，可以让你在后续使用软件工具时变得更加高效。

另外，本书中所有数据均为虚拟信息，不具有任何实际功能，仅供作为练习素材使用。

随书数据

请扫描下方二维码下载第 7 ~ 9 章的电子版文件和本书中的所有数据，以及“跟练”答案中的所有图表。

目　录

第 1 章

原则一：理解语境

若想让沟通变得更简洁、高效，需要做一些计划。我的培训班学员大多是冲着数据可视化技巧来的，但出乎他们意料的是，我在沟通计划的话题上费时良多，而最终他们往往也乐在其中。预先考虑受众、要传递给受众的信息及其组成部分，并在此阶段获取反馈，为制作出色的图表、PPT 奠定坚实的基础。

本章的练习主要集中在计划阶段的 3 个重要方面。

- **考虑受众**：分析受众是谁、他们关心什么、如何更好地了解他们，并基于此设计沟通过程。
- **雕琢观点**：对于“中心思想”，我们已经在《用数据讲故事》一书中有过简要的介绍，本书则将引导你练习。
- **规划内容**：“故事板”是《用数据讲故事》一书中介绍的另一个概念，本书则包含很多有关故事板内容及其组织方式的例子与练习。

开始练习吧！

首先，回顾一下《用数据讲故事》第 1 章的主要内容。

《用数据讲故事》第1章 首先回顾

语境的重要性

分析的类型

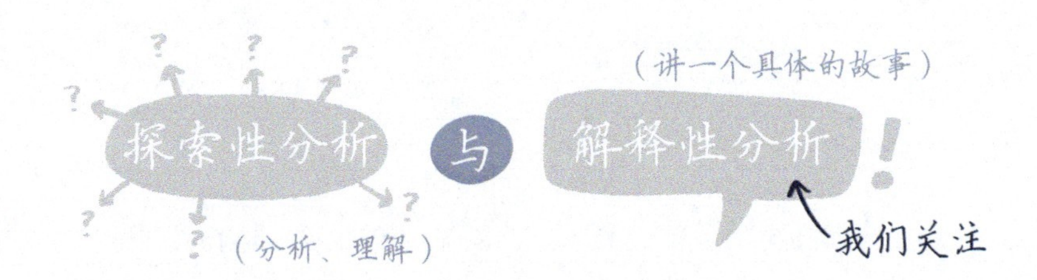

从哪里开始？

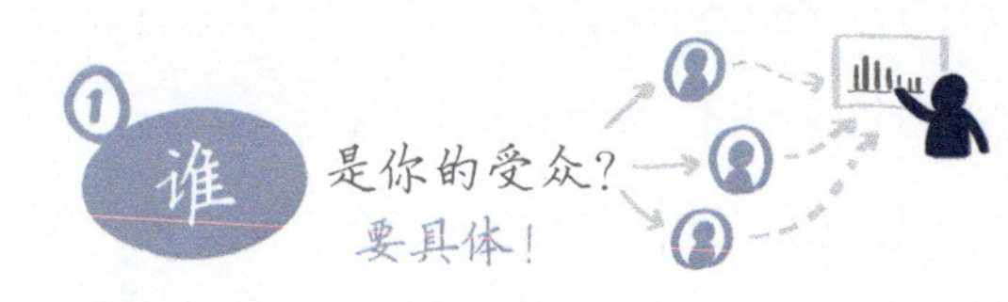

你和他们有什么关系？

什么能让他们动心？

什么能让他们失眠？

是你想让他们做的事情？

说明白！

别奢望他们自己把知识点串起来

才能让数据帮到你？

有慧眼！

什么数据可以作为论据？

三分钟故事

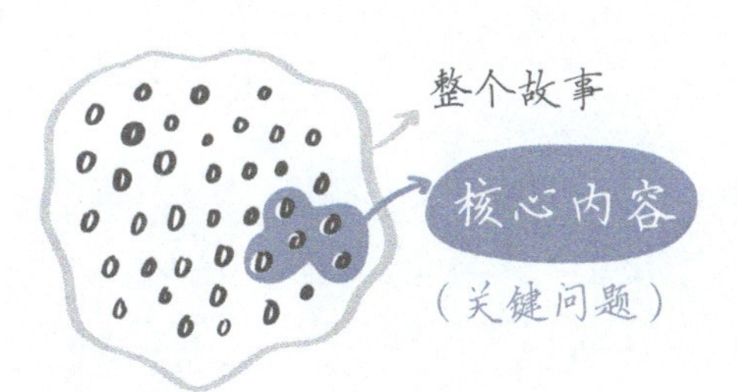

3:00

弄清楚到底要沟通什么可以有效降低对PPT和数据的依赖

中心思想

一个这样的句子：

进一步分解关键问题

① 观点清晰

② 阐述利弊

③ 句意完整

故事板

事先计划，厘清结构

使用便利贴的优点：

避免产生不必要的附属品

简洁明了

方便重新排序

①

②

③

跟练

练习1.1 了解受众

练习1.2 精准定位

练习1.3 中心思想构思表

练习1.4 调整和优化

练习1.5 再练中心思想构思表

练习1.6 评析中心思想

练习1.7 故事板！

练习1.8 还是故事板！

独立练习

练习1.9 了解受众

练习1.10 精准定位

练习1.11 调整和优化

练习1.12 中心思想是什么？

练习1.13 这次的中心思想是什么？

练习1.14 如何排列故事板？

练习1.15 故事板！

练习1.16 还是故事板！

学以致用

练习1.17 了解受众

练习1.18 精准定位

练习1.19 指出行动事项

练习1.20 填写中心思想构思表

练习1.21 收集对中心思想的反馈

练习1.22 团队协作撰写中心思想

练习1.23 把想法写在纸上

练习1.24 在故事板中组织想法

练习1.25 收集对故事板的反馈

练习1.26 讨论

用数据进行沟通时，不要关注自己，应该关注受众！以下练习将帮助你考虑受众、雕琢观点、规划内容，为高效沟通做好准备。

练习 1.1　了解受众

沟通的对象是谁？他们关心什么？这些看似显而易见的问题，却往往容易被人忽略。了解受众，理解他们的诉求和目的，是开始用数据讲故事前非常重要的一步。

我们来看一下现实生活中的情况。

设想你是一家企业的人力资源部主任。公司新来了一个领导，她要你整理汇总人力数据，以便从人力资源的角度迅速了解公司不同业务线的情况，其中包括面试和招聘标准、各部门员工数，以及离职数据。在此之前，一些同事已经和这位新上任的领导见面寒暄，并从他们的角度提出了一些想法与见解。你的直属上司最近也和这位新上任的领导共进了午餐。

在这种情况下，如何才能更好地了解这位新上任的领导呢？**对于如何了解她、她关心什么，以及如何才能更好地满足她的需求，列出 3 件你可以做的事情。**具体来说，就是列出你最想知道答案的 3 个问题。拿出纸和笔把它们写下来吧。

答案 1.1　了解受众

开门见山地问“你想知道啥”显然并不合适，因此需要有更巧妙的方法。以下是我的 3 个建议。

- ❐ **和已经见过新领导的同事了解一下大致的情况。**他们和新领导沟通得如何？是否听出了她对轻重缓急的考量，或者她的兴趣点？沟通过程是否有不顺畅的地方？如果有，可以吸取哪些方面的教训？
- ❐ **从直属上司处获取意见。**既然直属上司已经和新领导共进过午餐，那么他是否清楚新领导的首要关注点？对于和这位新领导初次会面需要注意什么，也可以从直属上司处获取一些建议。
- ❐ **运用自己对数据及语境的理解，合理设计报告。**由于你已经在这家公司工作了很久，因此对新到任者可能关注的主要话题及相应数据有所了解。还要合理地设计报告，使其更易阅读并满足各种潜在需求。例如，用“总－分”结构组织报告的内容，这样新领导就能非常快地找到她感兴趣的主题，进而了解相关的详细信息。

练习 1.2　精准定位

明白受众具体是谁，无疑会对沟通过程助益良多。可惜，我们在很多情况下面对的受众形形色色，众口难调。若试图迎合所有人，则很可能无人满意，还不如只关注一部分目标受众，提高沟通的效率。当然，这并不意味着不和群体型受众沟通，而是说在沟通前精准定位对象将帮助我们更好地满足这些核心受众的需求。

让我们练习一下如何精准定位沟通的对象吧。可以先从网罗所有的潜在受众开始，然后通过不同的策略进行定位。用你自己的方式尝试解决以下问题，并写下答案。

设想你在一家大型服装零售公司工作，针对公司和竞争对手的顾客做了一个有关返校购物季的调研。调研结束后，你分析了收集到的数据，发现公司在某些方面表现不错，在另一些方面则有待提高。接下来，需要公布这些发现。

问题 1　无论在公司内部还是外部，都存在对这些数据感兴趣的人。谁会关心公司的门店在最近的返校购物季中的表现呢？列举出所有的潜在受众。你能想到多少种会对这些调研数据感兴趣的受众呢？列一张清单吧！

问题 2　在分析调研数据之后，你发现不同门店的顾客满意度不尽相同。**哪些潜在受众会关心这个问题？再列一张清单吧。**与之前的清单相比，它更长还是更短？增加了这项具体信息后，感兴趣的潜在受众变多了吗？

问题 3　你通过进一步分析发现，销售人员是影响顾客满意度的主要因素。对各种方案进行评估后，你决定建议对销售人员进行培训，进而改善所有门店的服务水平。**现在，谁是你沟通的受众？谁会关心这些数据？列出主要的受众。**如果需要定位到一个决策者，他 / 她会是谁？

答案 1.2　精准定位

问题 1　关心返校季销售数据的受众很多，我把自己能想到的罗列如下（应该不全）：

- 高管
- 采购
- 经销商
- 市场部
- 门店经理
- 销售人员
- 客服人员
- 竞争对手
- 顾客

最终你会发现，世界上所有的人都可能会关心这个数据！这很棒，但对于我们在沟通中进行精准定位并无裨益。可以通过多种方式缩小目标受众的范围：明确调研结果，细化建议，关注当下，关注决策人。下面两个问题的答案会让我们清晰地知晓如何在沟通中用上述方式定位沟通目标。

问题 2 以下受众可能最担心各个门店的服务水平参差不齐：

- ❒ 高管
- ❒ 门店经理
- ❒ 销售人员
- ❒ 客服人员

问题 3 一提到举办培训，就会引出一系列问题：谁来制作培训资料？谁来主讲？成本有多少？这些新问题涉及以下新受众：

- ❒ 高管
- ❒ 人事部
- ❒ 财务部
- ❒ 门店经理
- ❒ 销售人员
- ❒ 客服人员

上面提到的所有人最终都可能成为沟通的受众，然而并非所有的受众都需要立即沟通。

为了进一步定位沟通的目标受众，我们需要关注“今天”要做什么。在与上述部门进行沟通之前，首先需要获得对“培训”这一决策的批准。谈及决策，另一个可以缩小沟通受众范围的方法就是找出“当下”的决策者或决策群体。在本练习中，我认为最终的决策者是公司管理层中的一个人：零售部主任。他可能会说“好的，我愿意投入资源，着手开始吧”或者“别，我认为这不是什么问题，维持现状就好”。

我们在此使用了多种方法来精准定位沟通的目标：

- ❒ 详细说明数据分析的结果；
- ❒ 细化行动建议；
- ❒ 分析时机（目前需要做些什么）；
- ❒ 确定具体的决策者。

你可以考虑在工作中应用以上策略，精准定位自己的沟通对象。练习 1.18 会帮助你更好地理解和实践。在此之前，我们来继续练习，了解一个有用的工具：中心思想构思表。

练习 1.3　中心思想构思表

中心思想旨在让我们明确并提炼核心信息，从而传递给受众。它的三要素是观点清晰，阐述利弊，句意完整。在沟通前花些时间梳理一下中心思想，可以让我们明确要传递给受众的信息，从而让后续的内容准备工作更简单，确保信息沟通的有效性。

在“用数据讲故事”培训班中，我们会用中心思想构思表帮助大家梳理中心思想。学员们经常感慨，没想到如此简单的工作竟能收获不可思议的效果。我们接下来也会做相同的练习，以便读者通过案例进行演练，同时观察中心思想构思表在实际中的应用。还是以练习 1.2 为例。

回想一下我们得到的结论：零售部主任是我们的目标沟通对象。基于该结论，完成如图 1-1 中的中心思想构思表。练习时可以适当做一些假设。参考答案见图 1-2。

中心思想构思表

storytelling with data®

明确项目中需要用数据沟通的部分。
思考并填写如下信息。

项目 ______

谁是你的受众？

(1) 列出需要沟通的主要人群或个人。

(2) 如果需要把受众范围缩小到一个人，他/她会是谁？

(3) 他/她关心什么？

(4) 你希望他/她采取什么行动？

利弊分析

如果他/她采纳建议，有什么好处？

如果拒绝建议，存在哪些隐患？

总结中心思想

要求：

(1) 观点清晰
(2) 阐述利弊
(3) 句意完整

图 1–1　中心思想构思表

答案 1.3 中心思想构思表

中心思想构思表

storytelling with data®

明确项目中需要用数据沟通的部分。
思考并填写如下信息。

项目 返校购物季机遇

谁是你的受众？

(1) 列出需要沟通的主要人群或个人。

管理层

(2) 如果需要把受众范围缩小到一个人，他/她会是谁？

零售部主任

(3) 他/她关心什么？

- 在返校购物季中获取高额利润
- 让顾客满意，进而消费
- 在竞争中获胜

(4) 你希望他/她采取什么行动？

认同培训是改善服务的有效手段，并批准项目所需的资源
（预算、时间和人力）

利弊分析

如果他/她采纳建议，有什么好处？

- 更好的服务 = 更满意的顾客
- 顾客越开心，消费就越多，也越容易成为回头客，并向朋友推荐

如果拒绝建议，存在哪些隐患？

- 不行动会导致负面评价
  人们会去竞争对手处购物
- 商誉受损
- 利润下降

总结中心思想

要求：
(1) 观点清晰
(2) 阐述利弊
(3) 句意完整

让我们在销售培训上加大投入，改善门店购物的体验，在即将到来的返校购物季里收获史上最高的利润！

图 1-2 填好的中心思想构思表

练习 1.4 调整和优化

比较你在练习 1.3 中填写的中心思想构思表和参考答案，回答以下问题。

问题 1 对比两者的相同点和不同点。哪一个更好？为什么？

问题 2 你是怎么构思的？你的中心思想是从正面还是从反面来考虑的？它有何利弊？可以如何调整？

问题 3 我是怎么构思的？答案 1.3 中的中心思想是从正面还是从反面来考虑的？它有何利弊？可以如何调整？还可以做哪些优化？

答案 1.4 调整和优化

我们将集中回答问题 3，毕竟我手头只有自己的答案。

让我们在销售培训上加大投入，改善门店购物的体验，在即将到来的返校购物季里收获史上最高的利润！

我是怎么构思的？它有何利弊？该中心思想是从正面来构思的，主要关注销售培训带来的利润提升。

可以如何调整？可以用多种方法从反面阐述，比如强调不进行培训有何损失。

如果不进行销售培训，顾客就会流失，降低返校购物季带来的利润。

收入并非唯一的考虑因素。如果我知道受众心心念念想要打败竞争对手，就可以尝试说些别的。

在购物体验这个重要方面，我们正在竞争中落败。除非在销售培训上加大投入，改善各个门店的顾客体验，否则无法打赢翻身仗。

还可以怎么优化中心思想？答案不一而足。销售培训的潜在好处有很多（顾客更满意、利润提升、打败竞争对手），不培训可能带来的影响也不少（顾客体验差、利润下降、在竞争中落败、负面评价、商誉受损）。对受众关心事项的判断将直接影响中心思想的内容和组织。

在现实生活中，我们会尽量多了解受众的情况，以便做出最好的判断。关于了解受众，可以查看练习 1.17。接下来，我们再来练习填写一次中心思想构思表。

练习 1.5　再练中心思想构思表

我们再来练习一次吧！

假设你是动物救助中心的一名志愿者，救助负责组织每个月的收养活动，为收养率提高 20% 这个年度目标而努力。

过去，该活动一直安排在周六上午，在公园、绿地等户外场所举办。但是上个月，由于天气不佳，活动被安排在了一家宠物商店内。有趣的是，活动的结果出人意料：与之前相比，被收养的动物数量增长了一倍。

你认为数量增长的背后存在因果关系：选择在这家宠物商店举办活动，将有助于提高收养率。因此你准备用接下来的 3 个月时间做一个实验，验证自己的想法。为此，你需要市场部志愿者的额外支持，对活动进行相应的宣传。预计每月需要花费一名志愿者 3 小时的时间，以及 500 元的宣传单打印费。救助中心的活动委员会将在下个月召开会议，你希望自己的实验计划能在会上获得批准，并正在为此做准备。

完成如图 1-1 所示的中心思想构思表，在填写时可以引入合理的假设。

答案 1.5 再练中心思想构思表

图 1-3 展示了本场景下的中心思想构思表参考答案。

中心思想构思表　　storytelling with data®

明确项目中需要用数据沟通的部分。
思考并填写如下信息。

项目　收养活动选址实验

谁是你的受众？

(1) 列出需要沟通的主要人群或个人。

救助中心活动委员会
他们会投票表决

(2) 如果需要把受众范围缩小到一个人，他/她会是谁？

简·哈珀，委员会中最有影响力的人，她的意见将左右最终的结果

(3) 他/她关心什么？

提高动物收养率，特别是达到20%的年度目标，进而促进筹款。委员会对成本比较敏感，经常选择低成本的项目

(4) 你希望他/她采取什么行动？

批准我的项目，在接下来的3个月里将收养活动安排在宠物商店内，并且提供额外的营销资源：每月500元用于打印宣传单，以及一名市场部志愿者3小时的时间。

利弊分析

如果他/她采纳建议，有什么好处？

更高的收养率可以帮助我们达到20%的提升目标，进而对未来筹款带来帮助。

如果拒绝建议，存在哪些隐患？

- 错失提升收养率的机会
- 更多动物无家可归
- 更多动物面临安乐死的厄运，同时会增大开销
- 无法达到20%的提升目标

总结中心思想

要求：
(1) 观点清晰
(2) 阐述利弊
(3) 句意完整

批准这个低成本的项目可能会显著提高收养率，并对未来筹款带来帮助。

图 1-3　填好的中心思想构思表

练习 1.6　评析中心思想

无论是和他人协作，还是优化自己的构思表，对中心思想提意见的能力都至关重要。我们来试试看。

假设你在一家医疗中心工作，有个同事正在对近年来的疫苗接种率进行分析，以便对流感疫苗的研发进展和市场机遇做汇报。他总结了以下中心思想，请你给些意见：

> 虽然流感疫苗的接种率从去年开始有所改观，但若想达到全国平均水平，本地区的接种率尚需提升 2%。

对于这个中心思想，回答以下问题。

问题 1　你会向这个同事问些什么？

问题 2　对于他的中心思想，你会提些什么意见？

答案 1.6　评析中心思想

问题 1　我的首要问题是：受众是谁？他们关心什么？

问题 2　为了对中心思想给出具体的意见，必须牢记中心思想的 3 个特点并按此具体分析。

- **观点清晰**。与全国平均水平相比，本地区的疫苗接种率还需提高，这就是这个同事要表达的观点。
- **阐述利弊**。这部分内容并不明显，还需要问他几个针对性的问题受众。
- **句意完整**。这一点做得很不错。他用一句话总结了观点，这往往并不简单。如果能在句子里添加一些对利弊的考虑就更好了。

总体来说，这个中心思想包括了“要做什么”（提高疫苗接种率），却遗漏了“为什么要做”。事实上，“如何去做”的信息也并未包含在内。不过考虑到一个句子的长度有限，倒也可以不提。

你也许会有异议：本地区的接种率低于全国平均水平，这不就回答了“为什么要做”这个问题吗？但事实上，这一点的说服力并不强。与全国平均水平的对比能调动受众的积极性吗？赶上全国水平到底是不是正确的目标？什么才能最大程度地调动受众的积极性？能不能想得具体一些？

很明显，这个同事认为应当提高流感疫苗的接种率。但是对于受众来说，这意味着什么？受众感受到竞争压力了吗？如果我们比同一座城市里的其他医疗中心做得差，或者本地区的接种率在全省处于落后水平，也许目前与全国平均水平做比较是合适的，只是需要从更能激发受众积极性的角度去表达。如果受众只是单纯喜欢做好事，就可以强调提高疫苗接种率对病患的好处，以及整个社会能获得的收益。应该从受众的角度来思考你的中心思想为什么重要。此外，还要思考从正面还是反面描述更加合适。

和同事的这种谈话可以帮助他厘清思考过程，更清楚地了解受众，同时意识到自己做了什么假设。经过这番谈话，他就可以写出更好的中心思想，进而在面对真正的受众时做得更好。

练习 1.7　故事板！

这里要再次强调故事板的重要性：制作故事板是准备阶段最重要的一件事情，它可以减少返工次数，帮你制作出更有针对性的材料。对于这类简单的工具，我最喜欢用的就是便利贴：它既足够小，可以迫使我写得简洁明了；也足够灵活，可以随意打乱重排，方便尝试不同的叙述顺序。基本上，我会通过 3 个步骤来编写故事板：头脑风暴，编辑，获取反馈。

我们会做一些故事板方面的练习，一方面帮你找到感觉，另一方面说明一下故事板做法。让我们从返校购物季的例子（参见练习 1.2 ~练习 1.4）开始吧。

回顾一下你在练习 1.3 中总结出来的中心思想（如果还没做，可以参考答案 1.3 或答案 1.4）。把这个中心思想记在心里，完成后续步骤。

第 1 步　头脑风暴。就这个问题进行沟通时，你打算包含多少内容？拿一张白纸，或者一叠便利贴，把想到的都写下来。至少写 20 条。

第 2 步　编辑。在冒出成堆的主意之后，如何安排它们，使之更易被别人所接受？如何对内容进行组合？哪些主意是次要的，可以舍弃？在什么时候、用什么方式使用数据？在何处引入中心思想？写下自己的故事板吧，把沟通的轮廓描绘下来。强烈建议使用便利贴！

第 3 步　获取反馈。找个朋友一起来做这个练习，然后看看你们的故事板有什么相同点和不同点。也可以和别人谈谈自己的计划。谈完后，你会对自己的故事板做哪些修改？整个过程下来，你有没有学到什么有趣的东西？

答案 1.7　故事板！

回顾练习 1.3，当时得出的中心思想如下。

让我们在销售培训上加大投入，改善门店购物的体验，在即将到来的返校购物季里收获史上最高的利润！

该中心思想会贯穿故事板制作的整个过程。

第 1 步 以下是通过头脑风暴初步列出的内容，其中包括一些可运用的主题和内容。

1. 项目背景（返校季是非常重要的促销时段）
2. 希望解决的问题（过去并未通过数据分析来得出结论）
3. 设想过的问题解决方案
4. 已采取的行动：调研
5. 调研：调研的顾客群体，信息统计，回复率
6. 调研：竞争对手的详细信息
7. 调研：询问的问题，调研的起止日期
8. 数据：销售门店在各项调研问题上的结果对比
9. 数据：细分到地区和门店，对比结果如何
10. 数据：与竞争对手相比表现如何
11. 数据：细分到地区和门店，与竞争对手的对比结果如何
12. 好消息：我们做得很好的地方，或者超越竞争对手的领域（门店细分分析）
13. 坏消息：与竞争对手相比，我们落后的地方（门店细分分析）
14. 可改进的地方
15. 潜在改进方案
16. 推荐方案：进行销售培训
17. 培训所需资源（人力、预算）
18. 培训可以解决的问题
19. 项目时间表
20. 待讨论的内容 / 待做的决策

第 2 步 将该清单放入故事板，以图 1-4 为例。

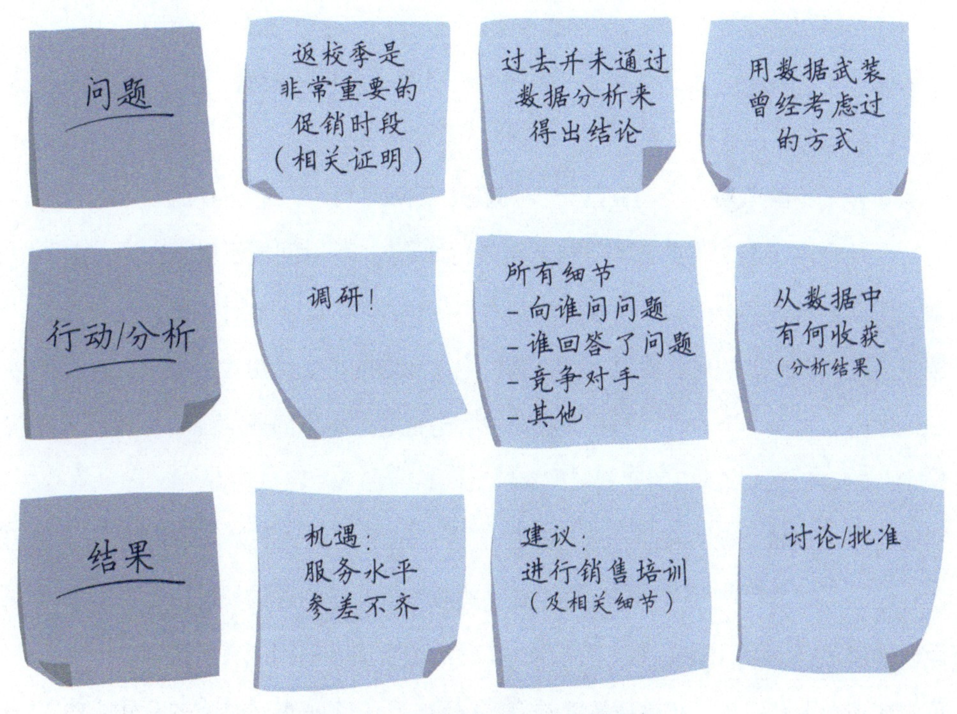

图 1-4 返校购物季：故事板示例

图 1-4 就是故事板的“正确”答案吗？并不尽然。每次都要把便利贴贴得这样整整齐齐吗？也不一定。对于这样的故事板排列，是否需要一些额外的调整？答案是肯定的。我们会在后面回顾图 1-4，并探讨如何优化故事板。但是就目前而言，你可以以此作为故事板的模板。

第 3 步 对于这个故事板，你有什么反馈？你的故事板和我的版本有哪些相同点和不同点？想一想，如何在自己最近的项目中应用以上技巧。练习 1.23 ~ 练习 1.25 会帮助你更好地理解和实践。在此之前，让我们再做一些引导性的练习来加深印象。

练习 1.8 还是故事板！

本练习将使用练习 1.5 中的动物收养实验计划作为案例，来制作故事板。

回顾一下你在练习 1.5 中总结出来的中心思想（如果还没做，可以参考答案 1.5）。把这个中心思想记在心里，完成以下步骤。

第 1 步　头脑风暴。我们在这一步收集最终演示时需要的所有细节。拿一张白纸，或者一叠便利贴，把想到的都写下来。至少写 20 条。可以问自己以下问题：救助中心之前有没有尝试过类似的实验计划？活动委员会是否需要了解此计划的风险与收益？活动委员会批准该计划的可能性更大，还是拒绝该计划的可能性更大？我手头有没有整个社区范围内的收养率历史数据？其他救助中心是否有过类似的成功经验？对于这个为期 3 个月的实验项目，其结果的评判标准是什么？

第 2 步　编辑。检查在第一步写下的内容，然后计划一下如何使用它们。确定哪些内容是必需的，哪些可以舍弃。写下自己的故事板，把沟通的轮廓描绘下来。为了更好地编辑和布局，可以问自己以下问题：在对活动委员会的回应有了预判之后，你会开门见山地阐述中心思想，还是循循善诱得出结论？受众了解最近这次的意外成功吗？有没有对受众来说很陌生的其他细节，需要花时间介绍相关数据？受众倾向于批准该提案吗？是否需要进行说服工作？如何才能得到最佳的结果？

第 3 步　获取反馈。找个朋友一起来做这个练习，看看你们的故事板有什么相同点和不同点？也可以和别人谈谈自己的计划。谈完后，你会对自己的故事板做哪些修改？整个过程下来，你有没有学到什么有趣的东西？

答案 1.8 还是故事板！

回顾练习 1.5，当时得出的中心思想如下。

批准这个低成本的项目可能会显著提高收养率，并对未来筹款带来帮助。

该中心思想会贯穿故事板制作的整个过程。

第 1 步 以下是通过头脑风暴初步列出的内容。

1. 项目背景：在社区范围内开展动物收养活动
2. 现状：每月的收养率及其带来的相应价值
3. 概述现有的动物收养数据能否实现 20% 的年度增长目标
4. 上个月收养活动在室内举办的原因
5. 结果：收养率提高了一倍
6. 动因：造成该结果的可能原因
7. 动因：重复同样的做法，可再次获得成功的原因
8. 机遇：介绍为期 3 个月的实验计划
9. 分析：实验计划的收益与风险
10. 资源需求：500 元的宣传成本
11. 资源需求：一名志愿者 3 小时的时间
12. 额外需求：宠物商店经理和员工的支持
13. 额外需求：计划中涉及的物流运输，以及商店的布置
14. 数据：其他动物救助中心的做法
15. 建议：批准此实验计划
16. 讨论：为达到 20% 的年度增长目标，我们所做的努力
17. 时间安排及日期建议
18. 如何对计划进行追踪与评估
19. 对筹款的积极影响
20. 讨论和决策

第 2 步 将该清单放入故事板，以图 1-5 为例。

图 1-5　动物收养实验计划：故事板示例

第 3 步 对于这个故事板，你有什么反馈？你自己的故事板和它类似吗？有哪些不同点？想一想，如何在自己最近的项目中应用以上技巧。可以查看练习 1.23 ~ 练习 1.25，学习如何在工作中运用故事板。

至此，你已经练习了如何精准定位受众，总结中心思想，制作故事板。接下来的练习题请读者独立解决。

只有不断地练习，才能真正了解受众，才能把中心思想和故事板等技术用得炉火纯青。接下来，我们再做一些练习，帮助自己养成良好的习惯。

练习 1.9　了解受众

假设你在一家咨询公司工作，某家知名宠物食品公司的市场部主任成了你们的新客户。但是你并不直接和他沟通，而是需要为领导准备分析报告，以便他和客户进行沟通。之后，你的领导会把沟通反馈或额外需求交给你。

在这种情况下，如何更好地了解你的受众呢？**列出 3 件你能做的事情，3 件可以让你更好地了解受众及其关注点的事情。**存在中间沟通人（你的领导）会在多大程度上增加事情的复杂度？如何让这种特殊情况为我所用？为了成功应对这种情况，还需要考虑哪些因素？

用一两段话回答这些问题。

练习 1.10　精准定位

接下来，我们练习如何精准定位受众。阅读以下材料，然后用自己的方式来回答相关问题，从而为不同的场景确定最佳的定位策略。

假设你在一家地区性的医疗团体工作。你和几个同事刚就 X、Y、Z 这 3 种产品对供应商 A、B、C、D 进行了评估。你们对各医疗中心里各产品的历史使用数据、患者满意度进行了分析，也对未来的支出进行了预测。接下来，你们会就这些信息进行演示。

问题 1 无论在公司内部还是外部，都存在对这些数据感兴趣的各种人群。涉及历史使用数据、患者满意度和支出预测，**你能想到多少对这些信息感兴趣的人群呢？全部列举出来！**

问题 2 历史数据显示，医疗中心对于供应商的选择差异非常大，有些医疗中心主要使用供应商 B 提供的产品，而其他则主要选择供应商 D（选择供应商 A 和 C 的非常少）。同时，你发现管理层对供应商 B 的产品满意度最高。谁是关心以上分析结果的潜在受众？再列一张清单吧。与之前的清单相比，它更长还是更短？增加了这项具体信息后，感兴趣的潜在受众变多了吗？

问题 3 通过分析所有的数据，你发现如果只选择一两个供应商，节省的成本会很可观。不过，这么做就意味着会影响部分医疗中心及其既有供应商之间的关系。**现在，谁是你沟通的受众？谁会关心这些数据？列出主要的受众。**如果需要定位到一个决策者，他 / 她会是谁？

练习 1.11　调整和优化

对于中心思想的构思而言，为受众分析利弊是非常重要的一部分。如之前所讨论的，我们可以从收益（如果受众采纳建议，会得到什么回报？）和风险（如果受众不采纳建议，会面临什么损失？）两个维度进行分析，再根据实际情况选择最有利于自己的阐述角度。

思考以下中心思想并回答相关问题，练习调整和优化。

中心思想 1 我们应该提高电子邮件调查问卷的相关激励措施，鼓励客户完成问卷，以便获得更高质量的调研数据，进而更好地了解客户的痛点。

(A) 以上中心思想是从利益还是风险的角度构思的？

(B) 在这个中心思想中，利益和风险分别是什么？

(C) 如何从相反的角度进行调整？

中心思想 2 如果不从已停滞的传统业务中抽出资源来支持新兴市场的发展，我们将无法达成预期的盈利目标。

(A) 以上中心思想是从利益还是风险的角度构思的？

(B) 在这个中心思想中，利益和风险分别是什么？

(C) 如何从相反的角度进行调整？

中心思想 3 上个季度的线上营销活动促成了预期中的销售增长，我们应该在线上营销活动中维持现有投入，以达成全年的销售业绩目标。

(A) 以上中心思想是从利益还是风险的角度构思的？

(B) 在这个中心思想中，利益和风险分别是什么？

(C) 如何从相反的角度进行调整？

练习 1.12　中心思想是什么？

练习 1.3 和练习 1.5 以让你习惯用自己的方式填写中心思想构思表，进而观察潜在的解决方案。

接下来的练习与之类似：我们将描绘一些场景，然后让你来填写中心思想构思表。不过这一次只有题目，没有答案。你需要自行评估结果，自己进行优化。

你是一家大型零售公司的财务负责人，具体职责包括分析汇报公司的财政状况和风险并提出行动建议。最近，财务分析团队完成了第一季度的评估分析，发现如果维持现有的运营成本和销售预期，则公司本财年将亏损4500万元。

由于近来的经济衰退，公司提升销售额的可能性不大。因此，只有缩减运营支出才能控制可能出现的亏损。管理层则应立即采取行动，执行成本控制政策“支出管理倡议”。在接下来的董事会中，你将对第一季度的财务状况进行汇报，并计划在会议中向董事们提出缩减运营开支的建议。为此，需要准备一份演示材料。

你的演示目标有二：

- 让董事会成员了解财年亏损可能带来的长远影响；
- 和管理层就立即实施“支出管理倡议”达成共识。

基于以上情境填写如图1-1所示的中心思想构思表，可以引入合理的假设。

练习1.13　这次的中心思想是什么？

我们再来练习一次吧。

假设你是一名大学三年级学生，任职于学生会。学生会的目标之一是通过在本科生中选举代表，带领全体学生创造积极的校园氛围。你已在学生会中任职3年，今年也将参与选举的准备工作。去年，学生参与投票的比例比往年低30%，这说明学生和学生会之间的联系在变弱。你和另外一名学生会成员对其他高校的数据进行了研究，发现在投票率最高的高校中学生会的影响力非比寻常。因此，你认为可以在学生中开展有关学生会的宣传，以提高今年的投票率。在接下来和学生会主席及秘书处的会议上，你计划就这一建议进行演示。

你的最终目标是获得 1000 元的宣传预算，以提高学生的投票意识。

第 1 步 基于以上情境填写如图 1-1 所示的中心思想构思表，可以引入合理的假设。（不要偷看第 2 步和第 3 步。）

第 2 步 假设你刚得知，由于日程冲突，学生会主席将无法参会，改由学生会副主席参加并决定是否批准你的预算。对于这一情况，回答以下问题。

(A) 你并不了解这位学生会副主席。可以做哪些事情来增加对她的了解呢？想出一件可以马上在会议前做的事情，以便了解这位副主席关心什么。再想出一件你在任期内能做的事情，以便更好地理解她的需求。

(B) 回顾之前所写的中心思想。你是从正面角度还是从反面来写的？目标受众发生变化后，哪些因素可能会对中心思想的撰写角度产生影响？

第 3 步 收集对你的中心思想的反馈。有两个人可能会提出意见：(1) 你的室友，(2) 另一名学生会成员。回答以下问题。

(A) 从提供反馈的角度来看，这两个人优缺点分别是什么？

(B) 与他们谈话，你的预期有何不同？

(C) 谁会是你最终选择的反馈对象？为什么？

练习 1.14　如何排列故事板？

有多种方法可以对要展示的内容进行排列。故事板能用来计划内容的顺序，根据受众选择相应的方案，达到预期的沟通效果。查看图 1-6 中未排序的故事板便利贴，回答以下问题。

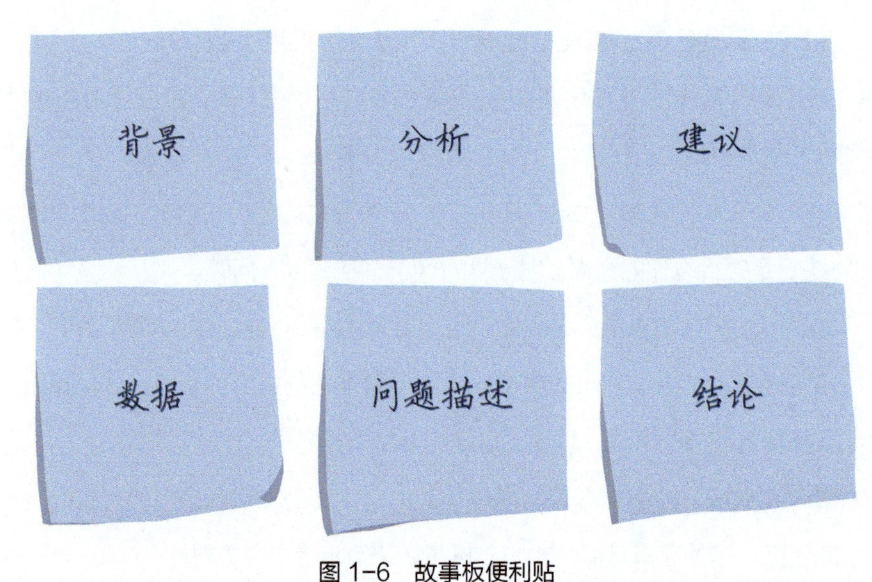

图 1-6 故事板便利贴

问题 1 你会如何将这些便利贴组织成故事板？从哪里开始？到哪里结束？中间的主题如何排序？决定排列顺序的因素是什么？

问题 2 如果对所分析的数据引入了一些假设，那么要把这些假设放在故事板的什么地方？为什么？

问题 3 假如演示对象是一个技术专家，你预计他可能会对分析结果及相关数据提出很多问题。这会影响你对内容的排序吗？有需要添加或者删除的内容吗？

问题 4 假如你对数据本身有很深的理解，但是需要部分受众提供相关的背景细节，从而让所有人对整体情况有所了解。这会影响你对内容的排序吗？你会在何时，以什么方式请受众对细节进行补充？有需要添加或者删除的内容吗？

问题 5 假如你正在向高管汇报，并且意识到时间有限，甚至比日程表上预约的时间还要短。这会影响你对内容的排序吗？为什么？

练习 1.15　故事板！

本练习将使用练习 1.12 中季度财报的案例来制作故事板。

你的演示目标有二：

- 让董事会成员了解财年亏损可能带来的长远影响；
- 和管理层就立即实施“支出管理倡议”达成共识。

回顾一下你在练习 1.12 中总结的中心思想（如果还没做，可以现在花些时间做一下）。带着这个中心思想，完成以下步骤。

第 1 步　头脑风暴。我们在这一步收集最终演示时需要的所有细节。拿一张白纸，或者一叠便利贴，把想到的都写下来。至少写 20 条。可以问自己以下问题：这是第一次向受众传达你的中心思想吗？他们会有什么反应？他们会花多长时间观看你展示的数据——只是日常的数据呈现，还是需要介绍数据背后的研究方法及术语？是否需要说服决策者赞同自己的建议？如果是，需要在演示中包含哪些数据？

第 2 步　编辑。检查在第 1 步写下的内容。确定哪些是必需的，哪些可以舍弃。写下自己的故事板，把沟通的轮廓描绘下来。为了更好地编辑和布局，可以问自己以下问题：在对受众的回应有了预判之后，你会开门见山地阐述中心思想，还是循循善诱得出结论？有哪些细节是受众日常能接触到的，可以删除？有没有对受众来说陌生的细节，需要花时间介绍相关数据？是否需要对部分数据进行汇总？

第 3 步　获取反馈。找个朋友一起来做这个练习，看看你们的故事板有什么相同点和不同点。也可以和别人谈谈自己的计划。谈完后，你会对自己的故事板做哪些修改？整个过程下来，你有没有学到什么有趣的东西？

练习 1.16　还是故事板！

本练习将对练习 1.13 学生会选举案例中的故事板进行评价和修改。

问题 1　为了更好地和学生会主席沟通，另一名学生会成员制作了如图 1-7 所示的故事板，然后让你给些意见。带着以下问题，评价该故事板。

(A) 目前是按什么顺序排列的（发生时间，以中心思想开头，等等）？

(B) 哪些内容需要放在一起？需要添加什么内容？需要删除什么内容？

(C) 根据你的意见，应该如何修改故事板？

图 1-7　学生会选举故事板

问题 2 你了解到会议改由学生会副主席参加并决定是否批准 1000 元的宣传预算。她是个大忙人，而你也从之前向她做过汇报的人那儿了解到，她会非常专心地听取汇报，但是经常由于日程安排过紧而打断汇报过程提前结束会议。鉴于主要受众发生了变化，请重新检查问题 1(C) 中修改的故事板。哪个因素可能会让你重新调整故事板的排序？有需要添加或者删除的内容吗？

问题 3 再次回顾问题 1(C) 中修改的故事板，回答以下问题。

(A) 你是基于什么考虑把行动倡议放到目前位置的？

(B) 在制作故事板的过程中，使用便利贴有什么好处？

(C) 你有没有从做故事板的过程中得到什么收获？

至此，你已经独立做了一些练习。接下来练习一下如何将所学内容应用到工作中。

在实践中用好重要的准备阶段吧：在沟通前花一些时间准备，有助于提高之后工作的效率，减少返工次数，让工作步入正轨。挑选一个你当前正在做的项目，进行以下练习。

练习 1.17 了解受众

在沟通时，先确定主要的沟通对象并从其角度思考事情的轻重缓急，无疑大有裨益。即使你不了解对方，也可以想各种办法来弄清楚他们的诉求。可以和他们聊聊吗？

问一些问题，更好地了解他们需要什么。你认识和受众相似的人吗？有没有和对方有过成功沟通经验的（或者有过失败沟通经历的）同事？他们有没有什么经验教训可以分享？对于受众的关注事项和倾向，是否可以引入一些合理的假设？受众是否重视数据？如果是，他们会对你展示的哪些数据有所反馈？会有何种反馈？正如之前所讲的，弄清楚这些可以让自己在沟通中处于更有利的位置。

如果你的受众关注点不一，那么对他们进行分组，分别应用本练习会有很大的帮助。若在分组后找到一些小组的共同关注点，则可善加利用，将其作为沟通的起点。

我们经常会对受众做一些假设。此时，可以和一两个同事聊一聊。他们是否认同这些假设？能否帮你对这些假设进行检查？请他们唱个反调，好让自己有机会练习一下如何应对。对沟通中的不利处境准备得越充分，你的胜算也就越大。

选一个你需要向别人沟通的项目。**找出一些可以帮助你更好地了解沟通对象的行动计划，从而更好地理解他们关注的重点。**在这个过程中，你需要做哪些假设？如果假设有误，影响大不大？除了以上这些，还有什么可以准备？列出具体的事项清单，然后一件一件地执行吧！

练习 1.18　精准定位

正如之前介绍的，把某个特定的沟通对象放在第一位，可以让我们有的放矢，这对于沟通过程将大有裨益。以下练习将帮助你思考如何精准定位受众。

第 1 步　选择一个需要用数据来进行沟通的项目。这个项目会是什么？

第 2 步　扩大思考的范围：把所有会对该项目感兴趣的人都写下来！你能写出几个？

第 3 步 写全了吗？肯定还有遗漏的。看看你能不能在刚才的清单上再添加几个。

第 4 步 开始精准定位。思考以下问题。

(A) 你从数据中了解到了什么？哪些受众会关心这个问题？

(B) 你建议采取什么措施？谁来执行这个措施？

(C) 分析当下所处的时机。目前需要做些什么？

(D) 谁是最终的决策人？或者说，哪些人会做出最终的决策？

(E) 综合考虑上述因素，谁会是你的主要沟通对象？

练习 1.19 指出行动事项

如果以解释性的角度来沟通，我们一般会指出受众可以操作的一些行动事项。这种行动事项不太可能用类似“我们发现了 X，所以你应该去做 Y”这样简单的大白话来描述，各种微妙的细节决定了我们要说得多明白。在有些情况下，需要视受众的反馈而决定接下来的行动提议。在另一些情况下，则可以让受众自己决定可以做的事情。但不管怎么样，作为演示者，我们都需要非常清楚受众应当采取的正确行动。

选一个你需要向别人沟通的项目。列举一下对方根据你展示的数据能做什么事情。哪件事情是你希望他们首先去做的？具体一些，想象一下你会说：

看完我的演示后，你应当______________________________。

如果碰到了困难，可以看看以下关键词，想想有没有什么词是可以直接用的，或者有没有什么词能激发你的灵感：

接受 | 同意 | 批准 | 开始 | 相信 | 预算 | 购买 | 活动 | 改变 | 协作 | 着手 | 思考 | 继续 | 贡献 | 创建 | 决定 | 辩护 | 要求 | 决心 | 专心 | 分辨 | 讨论 | 分配 | 进行 | 移情 | 授权 | 鼓励 | 参与 | 建立 | 促进 | 熟悉 | 形成 | 释放 | 实现 | 包括 | 增加 | 影响 | 投入 | 发展 | 保持 | 了解 | 学习 | 喜欢 | 维护 | 动员 | 移动 | 合伙 | 游说 | 计划 | 获得 | 提升 | 追求 | 指派 | 收到 | 建议 | 重新考虑 | 降低 | 反映 | 记住 | 报告 | 答复 | 复用 | 逆转 | 审查 | 分享 | 变化 | 支持 | 简化 | 启动 | 尝试 | 理解 | 验证 | 认证

练习 1.20　填写中心思想构思表

选择一个需要用数据来进行沟通的项目。思考后，填写如图 1-1 所示的中心思想构思表。

练习 1.21　收集对中心思想的反馈

写好中心思想后，关键的一步就是和别人就此进行交流。

找个朋友，花 10 分钟时间聊一下刚刚填好的中心思想构思表。如果他们对中心思想的概念还比较陌生，就先让他们读一下《用数据讲故事》中相应的段落，或者直接告诉他们中心思想的三要素（观点清晰，阐述利弊，句意完整）。跟他们事先说好，你需要一些反馈来帮助自己优化传递给受众的信息。让他们尽可能多地向你提问，确保能理解你的沟通诉求，从而帮助你优化用词用语，清晰地进行表达。

向他们读一下你的中心思想。然后顺其自然地开始对话。如果感觉有些冷场，可以想想下面这些问题。

- ❒ 你的首要目标是什么？什么样的情况可以算是达到了目标？
- ❒ 预设的目标受众是谁？
- ❒ 会不会用到一些让受众感觉陌生的术语或行话，需要特别加以介绍？
- ❒ 行动事项是否足够明确？
- ❒ 对于沟通结果的预期，你是从自己的角度来考虑的，还是从受众的角度来考虑的？如果是前者，如何转变到从受众的角度来考虑结果预期？
- ❒ 利弊分别是什么？这是否能让受众信服？如果不能，怎么才能让他们信服？在这方面，要问问关键问题：为什么受众要关心这些？这和他们有什么关系？
- ❒ 有没有什么别的表述方式，能更容易地让自己的观点获得认可。
- ❒ 陪你一起练习的朋友能不能用自己的话讲出你要表达的意思？
- ❒ 对你来说最好的问题可能是“为什么”，它能让你整理自己的思路，调整并优化中心思想。

在和朋友聊天时或者聊天后，修改自己写的中心思想。如果觉得还有什么地方不太顺畅、不太清晰，或者想换一个角度来思考问题，可以找别的朋友重复本练习。

练习 1.22　团队协作撰写中心思想

你目前有没有和团队一起参与某个项目？如果有，本练习将确保团队中所有人的思路保持一致，为同一个首要目标而努力。

(1) 给每名团队成员发一张中心思想构思表，让他们根据项目情况独立填写。

(2) 订一间有白板的会议室，或者使用共享文档，将每个人填写的中心思想都罗列出来。让每个人大声地读出自己填写的中心思想。

(3) 讨论。这么多不同的中心思想有没有相同点？有没有谁的答案显得格格不入？哪个词最适合用来总结你的沟通目的？

(4) 写一个主干中心思想，然后从大家的答案中撷取精华，进行调整和优化。

本练习可以帮助团队成员统一认识，他们会因最终的中心思想里存在自己的观点而对结果产生认同感。与此同时，练习还能引发高质量的讨论，帮助所有人弄清楚沟通的目标，增加信心。

练习 1.23　把想法写在纸上

练习一下制作故事板的第 1 步：头脑风暴。找一个需要以解释性的角度来沟通的项目，比如需要进行 PPT 演示的那种。准备一支笔、一叠便利贴，找一间有空桌子或者白板的安静房间。计时 10 分钟，看看你能在便利贴上写下多少想法。可以把每张便利贴上的文字都当作最终演示时可能用得上的内容。也就是说，想到什么就写什么，不要放过任何想法（对于这一步来说，所有的想法都是好想法）。在这个阶段，无须考虑各个想法之间的顺序，也不用关心它们之间的起承转合。只要在给定的时间内把想法尽可能多地写到便利贴上就行。

这里有个小技巧：最好在熟悉数据、清楚自己的沟通目标之后再练习把想法写到纸上，然后在计算机上制作相关的内容。最好在完成对中心思想相关的训练（练习 1.20 和练习 1.21）后着手本练习。

如果 10 分钟计时结束后还有想法没有写完，可以给自己加一些时间。练习完成后，进入下一个环节：练习 1.24。

练习 1.24　在故事板中组织想法

完成练习 1.23 后，你的想法应该都已经写在便利贴上了。下面就来对这些想法进行组织。在开始之前，想一想有没有能把所有内容都串在一起，结构顺序也易于理解的方案。对想法进行组织时，不妨将具体想法背后的一些抽象的主题也写到便利贴上。哪些想法可以归为一组？哪些想法可以抛弃？

对于之前收集的所有想法，自问自答一下：这对于传达中心思想有无帮助？如果没什么帮助，就把这个想法放到抛弃的那一堆便利贴里。

在考虑最佳的组织顺序时，可以思考以下具体问题。

- ❒ 演示的形式是什么？是现场演示，还是电话会议或者视频会议？抑或只是发送一些资料让对方自行观看？
- ❒ 什么样的逻辑顺序能达到最好的信息传递效果？在何处引入行动事项比较合适？是开门见山，还是在结尾处总结出行动结论，抑或在演示的中间进行呼吁？
- ❒ 需要介绍哪些背景情况？需要让受众预先知道这些情况，还是在演示过程当中引入更合适？介绍完背景情况后，何时解答关键问题？
- ❒ 你是否已在受众中树有威信？如果是，你会怎么做？
- ❒ 你所演示的内容中是否存在某些假设？在什么时机，以何种方式来引入这些假设？如果假设有误，结果会怎么样？是否会严重影响结论？
- ❒ 是否需要受众提供信息？如何才能以最好的方式得到这些信息？

- 何时引入数据？数据与预期相符吗？引入哪种数据？引入什么例子？在何处引入？
- 如何才能以最好的方式统一认识，得到受众的认可，并成功地进行行动倡议？

上述问题都不存在标准答案，但相应的思考可以帮助你具体问题具体分析。如果有什么不忍摒弃的内容，比如可以令人眼前一亮却无法传递太多信息的数据，你可以把它们当作背景资料，要么以附录的形式添加到文档里，要么在演示时淡化这部分内容，将受众的注意集中到你想强调的地方上来。

在第 6 章中讨论“故事”时，我们将介绍更多有关内容组织方面的策略。接下来，我们看一下练习 1.25，就刚制作的故事板收集反馈。

练习 1.25　收集对故事板的反馈

制作好故事板后，和别人聊一聊好处多多。首先，就算只是从头到尾讲一遍故事板，也可以强制自己厘清思路，获得启发。其次，分享有助于获取新的视角，用新的思路来提高故事板的质量。

分享的形式没有任何限制，就做好的故事板和朋友简单聊聊就行。如果冷场了，或者不方便和身边的朋友聊，可以自己想想下面的问题。

- 你打算怎么做演示？制作的材料是让受众自行消化，还是由你（或者别人）来演示？
- 整体顺序是否合理？
- 想表达的中心思想是什么？什么时候引入中心思想？
- 受众对所有的内容都感兴趣吗？

- 如果有受众不太感兴趣但依旧需要包含在内的内容，讲到这部分时如何防止受众走神？
- 哪个环节容易出差错？应该做些什么准备？
- 怎么样在各个主题之间进行过渡？
- 有哪些内容可以删除？哪些内容可以添加？哪些内容的顺序可以调整？

如果时机合适，可以向利益相关者或者自己的主管寻求反馈。收集对故事板的反馈，可以被视作用数据讲故事整个过程中较早阶段的一个里程碑。这可以避免离题，防止在错误的方向上浪费太多的时间和精力。

如果预先了解受众，对其进行了精准定位，并且草拟好了要表达的中心思想和故事板，则沟通计划就会自然浮现。这可以减少返工次数，也可以让自己的沟通更具针对性。用这种方式制作出来的材料通常更加精练，而沟通材料越精练，留给你展示图表等高品质内容的时间也就越多。下一章，我们会着重介绍图表。

练习 1.26　讨论

思考以下与第 1 章内容相关的问题。与朋友或者团队成员进行讨论。

- 日常沟通的受众有哪些？各种受众之间有什么相同点和不同点？在用数据进行沟通时，如何考虑受众的诉求？
- 用数据进行沟通时，面对的受众是否形形色色、不尽相同？主要的受众群体是哪类人？是否需要同时和所有的人进行沟通？有什么办法可以对受众进行精准定位？如何为成功做好充足的准备？参与讨论的其他人是否有相关的成功经验可以分享？

- 回顾一下中心思想，将自己想表达的内容精炼成一句话。你觉得本章中的相关练习难吗？在日常工作中，什么情况适合花时间来总结中心思想？你在工作中尝试过吗？这对自己有没有帮助？有没有遇到什么困难？
- 在制作故事板时，为什么说便利贴是一个好东西？在制作沟通计划时，还有没有别的好方法？
- 在《用数据讲故事》和本书中，有关沟通计划阶段，你觉得哪个技巧或者哪个练习对自己最有帮助？你采取的是哪个策略？成功了吗？在之后的工作和生活中，你打算对学到的哪些内容进行练习？
- 在本章的介绍中，有没有你无法认同的地方？有没有你觉得不适用于自己工作环境的内容？为什么？别人同意这一点吗？
- 对于沟通计划阶段而言，你所在的团队是否有需要改进的地方？如何落地？预期会碰到哪些困难？如何解决？
- 对于本章介绍的一些策略，你会给自己设定什么具体的目标？你的团队呢？如何确保执行该目标的相关行动？你会向谁寻求反馈？

第2章

原则二：选择恰当的图表

花时间理解语境并做好沟通计划后，接下来面临的是一个技术问题：如何更有效地进行数据可视化展示？这也是我们接下来要解决的问题。

对于哪种图表是数据可视化的最佳方式，并没有所谓的“正确”答案，任何数据都可以用无数种图表来表达。在寻找最佳图表的过程中，我们常常需要不断地打磨、调整，才能达到理想境界。

说到不断打磨、调整，接下来我们会通过一系列练习来帮助你进一步实践。通过本章的练习，我们会创建并评估一系列图表，来帮助你理解不同数据图表的优势和局限。我们的练习主要选择折线图和条形图等常用的图表类型，同时也会涉及在《用数据讲故事》一书中介绍过的其他图表。

让我们开始练习选择恰当的图表吧。首先回顾一下《用数据讲故事》第 2 章的主要内容。

《用数据讲故事》第2章　首先回顾

选择恰当的图表

简单文本

91%

有数字并不一定要采用图表

表格

我想通过数据展示的观点是什么？

常常有更高效的表达方式

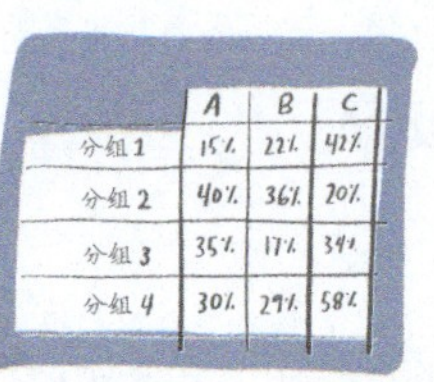

	A	B	C
分组1	15%	22%	42%
分组2	40%	36%	20%
分组3	35%	17%	34%
分组4	30%	29%	58%

做现场演示不要使用表格，因为受众会开始阅读数据，不再听你的讲解

热力图

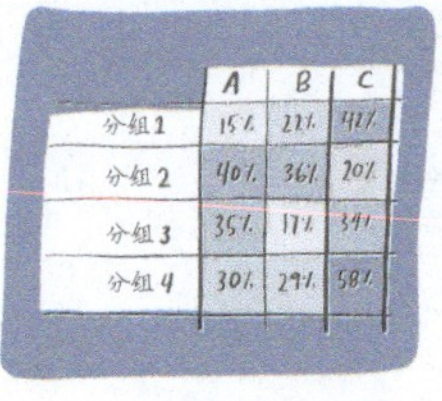

	A	B	C
分组1	15%	22%	42%
分组2	40%	36%	20%
分组3	35%	17%	34%
分组4	30%	29%	58%

通过颜色的强度，我们很容易区分数据间的主要差异，但细微的差异有时并不明显

在开始钻研数据并决定重点方向的时候，热力图是一个不错的选择

散点图

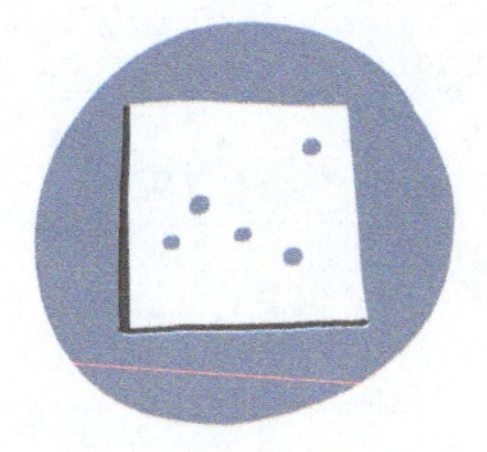

在两个轴上同时呈现数据，有助于分析数据间的关系

折线图

原则：折线图往往是连续型数据（比如时间）的最佳表达方式，但不同数据点的连线必须有意义

斜率图

实质就是只有两个点的折线图

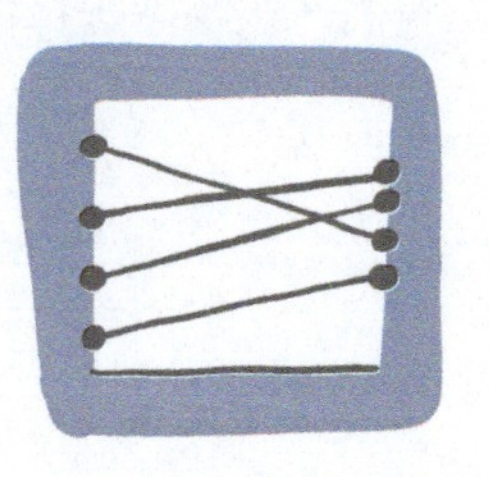

易于展现指标在两个时间点或两个群体之间的变化

条形图

竖直条形图

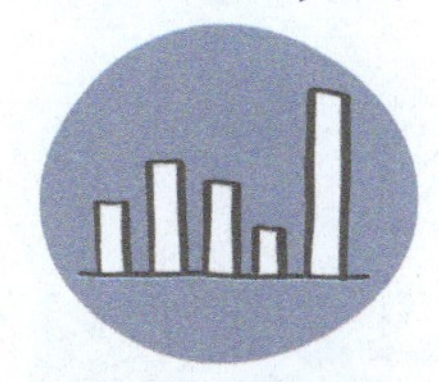

分类数据的最佳表现形式

水平条形图

适用于类目名称较长的情况

可通过不同的高度直观地展示数据的差异

原则：
必须以0为原点，无一例外！

堆叠条形图

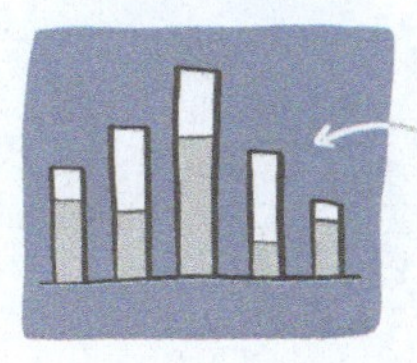

经常被误用，优势在于能直观展示整体和子成分数值的差异，但对比较所有子成分之间的差异帮助不大

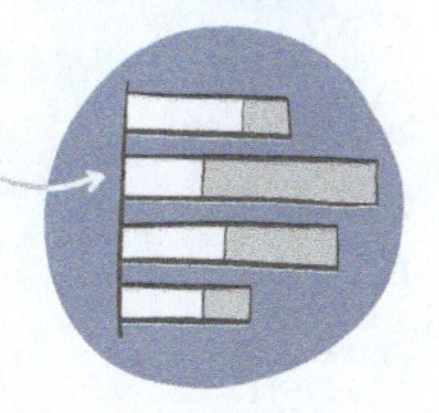

100%堆叠条形图

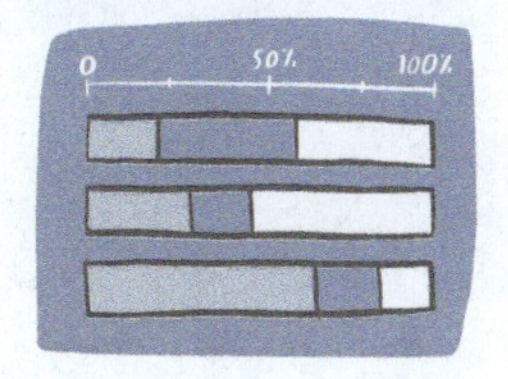

两条基线便于比较

瀑布图

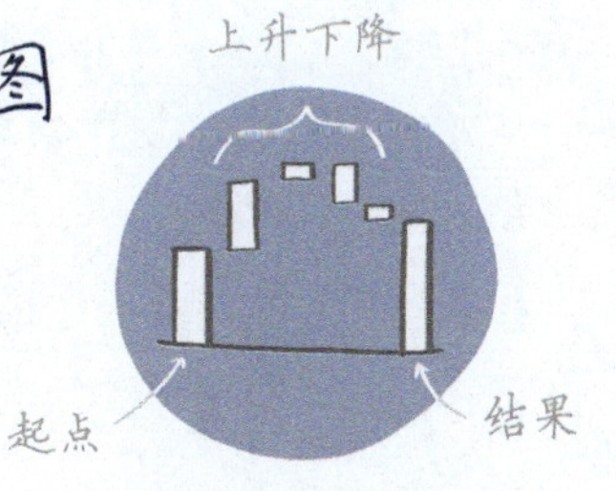

常用于财务部门对预算变化的展示

面积图

由于我们往往会高估面积，因此图形中的网格很重要

适用于呈现数量级差异较大的数据，或者代替饼图

跟练

练习2.1
优化表格

练习2.2
可视化！

练习2.3
画一画

练习2.4
用自己的工具试一试

练习2.5
如何展示数据？

练习2.6
绘制天气数据

练习2.7
评析！

练习2.8
问题出在哪里？

独立练习

练习2.9
画一画

练习2.10
用自己的工具试一试

练习2.11
优化图表

练习2.12
你会选哪张图？

练习2.13
问题出在哪里？

练习2.14
绘图并反复优化

练习2.15
从生活中学习

练习2.16
参加“用数据讲故事”比赛

学以致用

练习2.17
画出来！

练习2.18
用自己的工具多试试

练习2.19
思考以下问题

练习2.20
大声说出来

练习2.21
寻求反馈

练习2.22
制作数据可视化工具库

练习2.23
探索更多资源

练习2.24
讨论

让我们从基本的表格开始，探索如何用图表展示数据才能帮助自己更快地了解问题的实质，以及如何借助不同的图表来挖掘新的视角，从而在使用图表展示数据时看到更多选择。

练习 2.1　优化表格

我们在开始整理数据时，往往会使用表格。通过把数据填入表格，可以很直观地了解数据并进行数值比较。接下来我们就来看一个表格，并一起分析如何改善，以优化数据的呈现方式。

图 2-1 展示的是近年来各类新客户的统计分析资料。让我们用这张表格来完成下面的练习步骤。

各类新客户占比

类型	数量	数量占比	收入（¥100万）	收入占比
A	77	7.08%	¥4.68	25%
A+	19	1.75%	¥3.93	21%
B	338	31.07%	¥5.98	32%
C	425	39.06%	¥2.81	15%
D	24	2.21%	¥0.37	2%

图 2–1　原始表格

第 1 步　检查图 2-1 中的数据，你有什么发现？你的解读是否需要一些假设？你有什么疑问吗？

第 2 步　思考图 2-1 中表格的排列布局。假设相关信息只能用表格的形式呈现，对于该表格的整体设计，你会做哪些调整？请画出优化后的表格。

第 3 步 假设你主要想对各类新客户的数量分布和收入分布进行比较，而这一次可以对数据的呈现形式做更多调整（不限于表格）。你将如何呈现数据呢？请用自己的方式画出图表。

答案 2.1 优化表格

第 1 步 当我拿到这张表格时，会先逐行逐列浏览数据。我会注意到虽然 B 类和 C 类客户在数量上占大多数，但是 A 类和 A+ 类客户贡献了非常可观的收入。我第一个想到的问题就是：这些客户类型的排序是否恰当？我认为 A+ 类客户应该排在 A 类客户之上，但表格中并非如此。（也许这是按字母排序后的结果？）

另外，我也希望在表格最下方添加一行“总计”。由于该数据的缺失，我只得自己计算。当计算出结果之后，我发现了更大的问题：第 3 列（数量占比）的数值之和仅为 81.17%，而非 100%；最后一列（收入占比）的数值之和仅为 95%，也非 100%。因此我无法确定究竟是所有的客户数据都已列入表格，还是尚有别的客户数据待录入。如果确有其他数据，就应该在表格中增加“其他”或者“未定义类型”的分类，以便我们全面了解新客户的情况。

最后，当我回到数据本身时，我发现第 3 列（数量占比）的数值均保留了两位小数，从而占据了过多的空间。当展示数值的时候，对于小数位数等细节也要仔细考量。虽然小数位数可以视情况而定，但相信你也希望避免小数位数太多的情况，因为这不仅会增加阅读和记忆的难度，有时也会造成精确度上的假象。例如，7.08% 和 7.09% 之间的差异是否有意义？如果没有，则四舍五入，保留一位小数即可。在本例中，考虑到数据大小和差异，我建议除第 4 列的收入以外，其他列的数值均保留整数。由于第 4 列的收入值已经是以“¥100 万”为单位的了，因此若仅保留整数，则造成的数据差异会比较大。

图 2-2 中是基于以上建议修改后的表格。

各类新客户占比

类型	数量	数量占比	收入（¥100万）	收入占比
A+	19	2%	¥3.9	21%
A	77	7%	¥4.7	25%
B	338	31%	¥6.0	32%
C	425	39%	¥2.8	15%
D	24	2%	¥0.4	2%
其他	205	19%	¥0.9	5%
总计	1088	100%	¥18.7	100%

图 2-2　初步修改后的表格

第 2 步　这个表格仍有很大的优化空间。在理想情况下，如果表格设计得很好，则设计本身并不起眼，从而重点突出受众需要关注的信息。首先，相比于对表格隔行填色，我更建议用空白区域配合少量的边框色来区分行列数据。其次，对于空白区域，我更建议采用左对齐或者右对齐的方式来进行数据排列，避免居中对齐（居中对齐会造成文本悬空和边缘参差不齐）。当然，我有时候也会选择居中对齐，因为这种方式可以更好地隔开两列之间的数据。另一种常见做法是右对齐或者按小数点对齐，以便让数据看起来整齐、一目了然。最后，我会以客户数量相关和收入相关这两个维度来分组，并对每一组冠以标题（标题下列出数值和比例），这样可以删除标题中的重复部分并提供更多的空间来展示我们要突出的数据。这样调整后，我们可以缩小列宽，从而节省整个表格占据的空间。以上是一些具体建议，接下来我也会提供一些通用的注意点，比如注意“之”字形阅读习惯和阅读时眼睛注视的区域。

注意“之”字形阅读习惯。如果没有视觉上的其他引导，受众在读材料（比如你准备的表格）时往往会从左上角开始，然后按照“之”字形移动视线。如果在表格设计中考虑以上阅读习惯，就需要把最重要的数据放在左上角——当然，也要同时考虑整体的合理性。在本次表格练习中，我会从 A+ 类客户开始，按顺序往下排列。表格目前从左到右的排列顺序还算合理，我会将客户分布数量和客户数量占比这两种数据相邻放置。另外，如果收入数据比客户数量数据更加重要，我会把收入值和收入占比移到左侧，也可以在不改变位置的情况下突出它们。下面就来介绍相应的办法。

你的视线会被吸引到哪里？与探索型分析中关注图表上的视线类似（第 4 章将详细介绍），我们也可以关注受众在表格型数据上的视线，从而让信息更具层次感。当某些限制导致无法将最重要的内容置于左侧或者顶部时，这种关注就显得尤为重要。在这种情况下，还是有办法进行局部突出的。回顾图 2-2：你的视线会被吸引到哪里？我的视线会被吸引到表头，就是写着类型、数量等文字的第 1 行。但是这些甚至称不上是数据！与其在表头上浪费笔墨并吸引受众的注意，不如好好思考一下需要将这种注意吸引到哪些数据上，并就此有意识地采取一些动作，引导受众的视线。比如给特定的单元格、列、行加上颜色。给表格中的某些数据加上视觉效果是吸引受众的有效方法，只要使用得当，颜色和图像就能吸引人的注意。

如果想让受众的注意集中在数量占比和收入占比上，可以使用热力图，用颜色的深浅来表示值的大小，对这两列进行比较（见图 2-3）。

各类新客户占比

类型	数量		收入	
	#	占比	¥100万	占比
A+	19	2%	¥3.9	21%
A	77	7%	¥4.7	25%
B	338	31%	¥6.0	32%
C	425	39%	¥2.8	15%
D	24	2%	¥0.4	2%
其他	205	19%	¥0.9	5%
总计	1088	100%	¥18.7	100%

图 2-3　使用热力图的表格

另外，也可以使用水平条形图（见图 2-4）。要将注意吸引到数量占比和收入占比这两列，这么做非常有效，还能让受众了解这两列数据的分布形状。不过，由于这个例子中的条形图没有共同的基线，需要比较特定类型的数据的话，这种做法就不太合适了。小技巧：在 Excel 中，可以用“条件格式”来制作表格中的热力图和条形图。

各类新客户占比

类型	数量		收入	
	#	占比	¥100万	占比
A+	19		¥3.9	
A	77		¥4.7	
B	338		¥6.0	
C	425		¥2.8	
D	24		¥0.4	
其他	205		¥0.9	
总计	1088	100%	¥18.7	100%

图 2-4　使用条形图的表格

第 3 步　让我们更进一步，关注图 2-4 中条形图里的数据，看看还能用什么方式绘制。当看到“占比”这样的字眼时，我一般会想到局部和整体的关系，继而联想到饼图。在本例中，我们同时关注数量占比和收入占比，因此可以用一对饼图来表示（见图 2-5）。

各类新客户占比

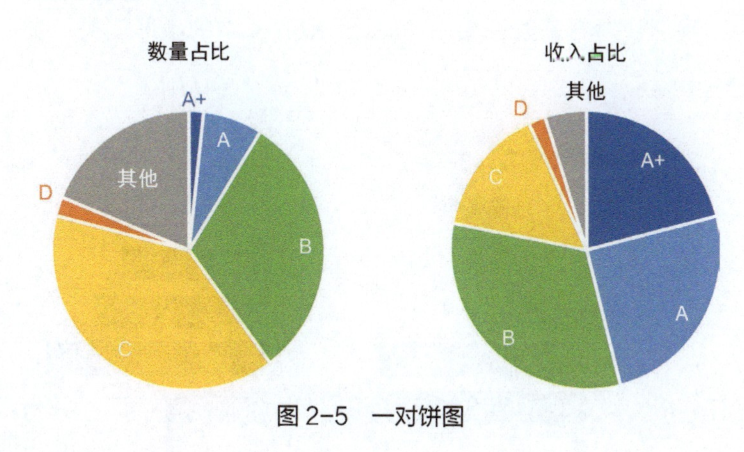

图 2-5　一对饼图

我并不喜欢饼图，事实上还开玩笑似地说过：饼图是最糟糕的东西，如果还有比它更糟糕的，那就是两个饼图！

不过还是别说得那么绝对，当需要强调整体中的某个部分非常小，或者整体中的某个部分非常大的时候，饼图还是很好用的。问题在于，一旦让饼图表达更复杂、更微妙的信息，就会出问题。原因和我们的眼睛有关：人的眼睛不擅长对面积进行精确的测量和比较，因此难以分辨差异不大的区域。如果这种分辨和比较非常重要，一般不应采用饼图。

在本例中，需要让受众比较的主要是左右两个饼图中对应的条目。这种比较并不轻松，原因有二：首先，人的眼睛并不擅长比较面积，而且两个饼图在空间上的距离进一步加重了眼睛的负担；其次，雪上加霜的是左右两个饼图中的条目位置，由于百分比情况不同，两个饼图中的条目位置有很大的差别。基本上，只要饼图的数据分布有差异（这几乎是板上钉钉的事情，毕竟分布情况相同的饼图没必要画出来），则每个饼图的组成条目都会位置不一，继而给观察和比较带来麻烦。总的来说，应当先确定受众需要关注的差别，然后将对应的元素放在一起，按照共同的基线对齐，从而给观察和比较带来便利。

接下来，我们从对齐基线开始，画一张和图 2-4 中的条形图类似的图，如图 2-6 所示。

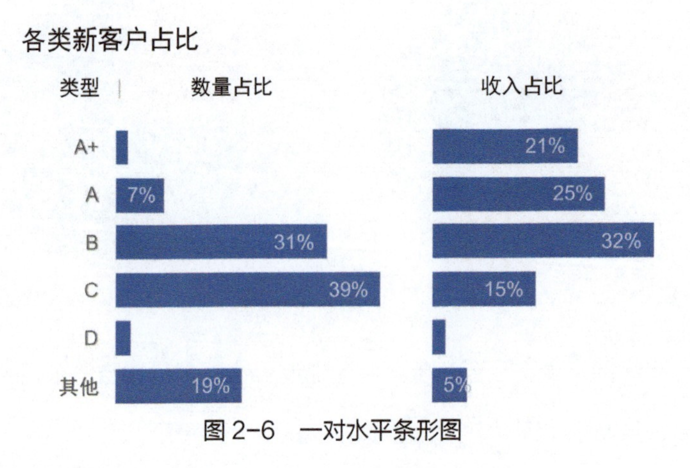

图 2-6　一对水平条形图

在图 2-6 中，既可以很方便地对不同类型的数量占比进行比较，也可以很方便地对不同类型的收入占比进行比较。但对于数量占比和收入占比之间的比较来说，由于并没有基于基线对齐，因此这种呈现方式就显得有些力不从心了。如果需要进行这种比较，可以将两张条形图中的数据放在一起，如图 2-7 所示。

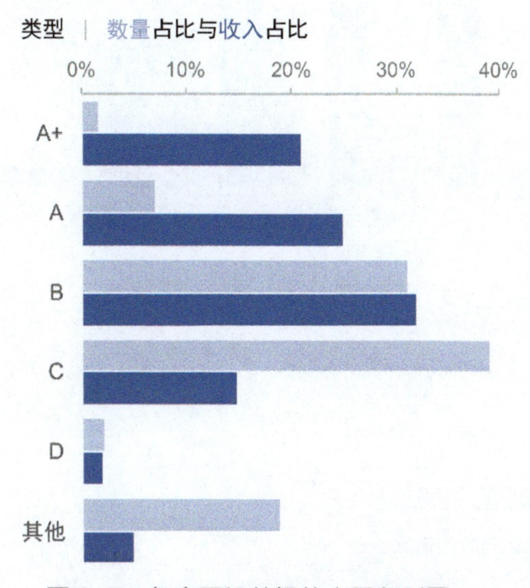

图 2−7　包含两组数据的水平条形图

在图 2-7 的设计中，最方便比较的就是各类新客户的数量占比和收入占比之间的差异。这两个数值不仅靠得近，而且是基于同一条基线对齐的。真棒！

也可以将这张图逆时针旋转 90°，变成竖直条形图，如图 2-8 所示。

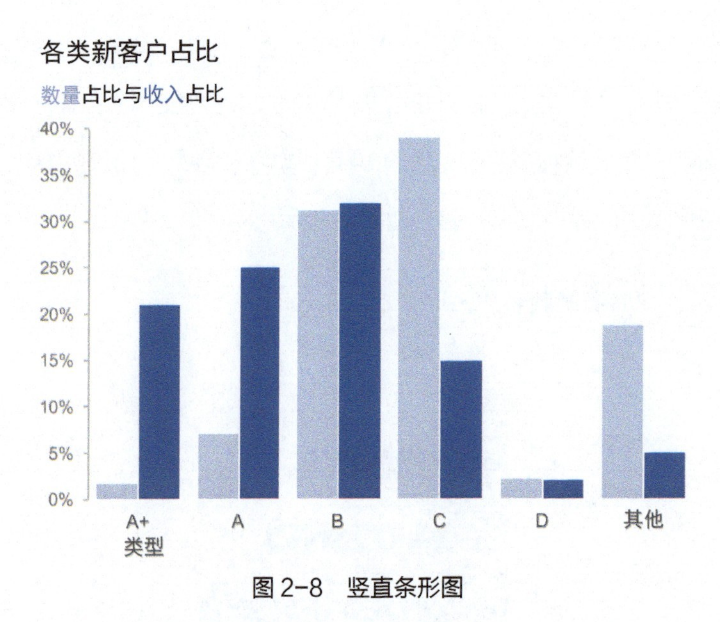

图 2-8　竖直条形图

当这样展示数据时，眼睛会优先比较每一对数值。接下来，我们加一些线段，突出显示每对数值的对比情况，如图 2-9 所示。

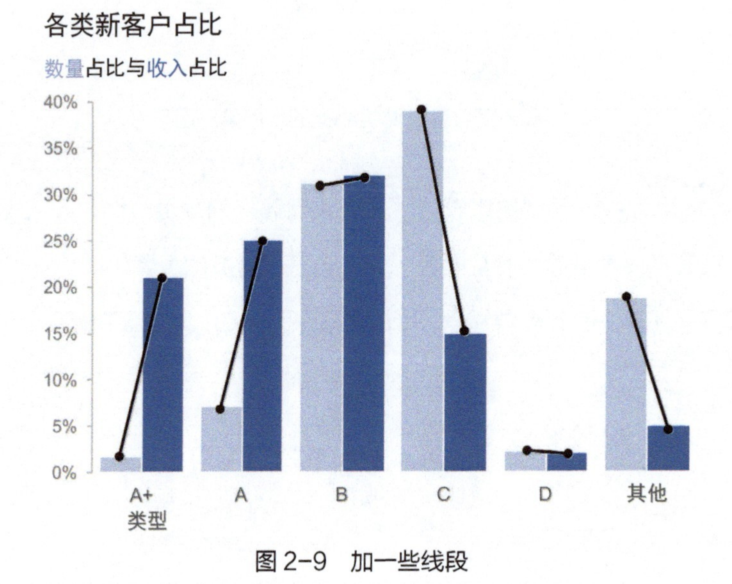

图 2-9　加一些线段

加了线段之后，就可以把数据条去掉了。图 2-10 是去掉数据条之后的效果。

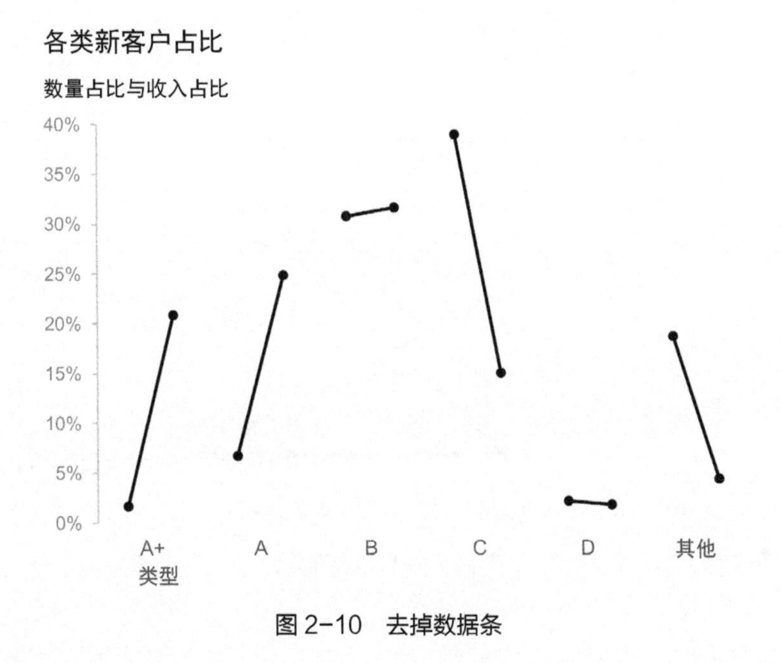

图 2-10　去掉数据条

接下来，我们将所有的线段集中在一起，并且就近标记数值。这样就得到了如图 2-11 所示的斜率图。

斜率图的实质就是只有两个点的折线图。通过对特定类型的数量占比和收入占比进行连线，可以快速地分辨出两者之间的差异。可以看到，类型 C 和其他类型相比，收入占比的数值明显比数量占比低很多。此外，虽然 A+ 类和 A 类的新客户数量并不多，加起来才大概 9%，但他们贡献了接近 50% 的收入！

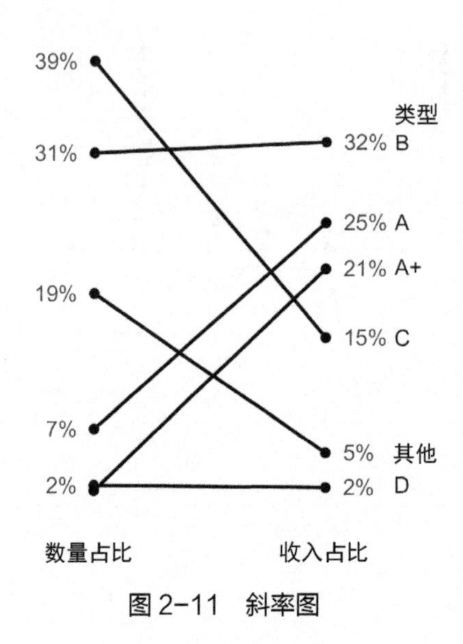

图 2-11 斜率图

至此，我们展示了本例的多种数据可视化方法。在了解这些方法的过程中，孰优孰劣，你也许已经有了自己的判断。事实上，这些方法只是所有方案中的一部分，我们还可以混合使用散点图，或者计算人均收入值并进行绘制。尽管如此，一般没有必要穷举所有的数据可视化方案，然后再从中挑选。比如，若绝对值和占比都很重要，则表格就是用来呈现数据差异的最佳选项。如果我们可以将关注点聚焦到一两个比较项上，或者可以明确想要传递的信息，就可以有的放矢地选择最佳方案。

任何数据都可以用无数种图表来表达。本练习展示了不同的呈现方式是如何提高或降低分辨数据的难度的。花一些时间在这个重要环节上进行更多的实践性训练吧！

练习 2.2　可视化！

来看一下如图 2-12 所示的表格。这张表格展示的是某公司捐赠项目中爱心餐的逐年变化情况。花几分钟看一下数据。里面有没有什么有意思的地方？

爱心餐逐年变化

活动年份	爱心餐数目
2010	40 139
2011	127 020
2012	168 193
2013	153 115
2014	202 102
2015	232 897
2016	277 912
2017	205 350
2018	233 389
2019	232 797

图 2-12　爱心餐逐年变化表

可想而知，阅读这些数据会消耗很多精力。这种用表格呈现数据的方式看上去非常简单，但是实际上理解起来很费神。当我看这些数据时，能注意到 2010 ~ 2011 年和 2013 ~ 2014 年数据的激增。相信你也能发现。如果你和我一样，那么就是从表格的最上方开始，依顺序往下观察第 2 列数据的，并在同时比较每两个相邻数据之间的差异。

接下来，我们一起来加强数据的视觉效果，从而减轻大脑理解数据的负担。仍然使用这些数据，用自己熟悉的工具来画图。

第 1 步　在第 2 列的数据上应用**热力图**形式。

第 2 步　制作**条形图**。

第 3 步　制作**折线图**。

第 4 步　你最喜欢哪种？还能想到其他合适的形式吗？

答案 2.2 可视化！

基本上，对图 2-12 中的表格数据进行各种可视化呈现，都是为了降低理解信息的难度。我们来看一下相应的几种方法。

第 1 步 应用**热力图**。几乎所有的图像处理软件都内置了热力图功能，可以很方便地制作出相关效果。你可以选择适当的颜色，并决定对哪些数据项使用这些颜色。图 2-13 是使用 Excel 里的条件格式工具，对第 2 列数据进行处理而得到的结果。图 2-13 中的最小值使用白色，中间值使用深浅不一的浅绿色，最大值则使用深绿色。在某些场景下，也可以添加图例，对图表中的颜色进行说明。本例主要是让你对热力图有个大概的印象，基本上越大的数据值颜色越深。只要使用相同的色调，并且让数据差异和颜色深浅呈正比，就能很直观地展示数据。

爱心餐逐年变化

活动年份	爱心餐数目
2010	40 139
2011	127 020
2012	168 193
2013	153 115
2014	202 102
2015	232 897
2016	277 912
2017	205 350
2018	233 389
2019	232 797

图 2-13 使用热力图的表格

在图 2-13 中，2010 年的爱心餐数据明显偏低，甚至不及紧邻它的倒数第 2 位数据的三分之一，在表格中呈现白色。与此同时，不用看具体的数值也能发现，2016 年的数值最大。表格中颜色的深浅对比则可以帮助我们更快地识别出数值间的差异。

需要指出的是，人的眼睛虽然非常擅长识别颜色深浅的大差异，但对小的差别并不敏感。因此，如果例子中的浅绿色数值存在某种规律，那么这种规律就不那么容易发现了，需要换一种方式，更全面地对数据进行呈现。下面就来介绍相应的办法。

第 2 步 图 2-14 展示了用**条形图**绘制相同数据的结果。为方便参考，图 2-14 中在 y 轴上标出了数值。可以看到，这张条形图在一瞬间就展示出了各数据条之间的数量级差异。在图 2-14 中，我刻意加宽了数据条的宽度，缩小了它们之间的空隙，从而方便观察数据条顶端的高低变化，更好地对数据进行比较。条形图是一种很不错的形式。

x 轴上的时间数据事实上是连续的，但由于我们更关注某个特定年份的数值，因此在 x 轴上使用了年份这样的离散型数据。

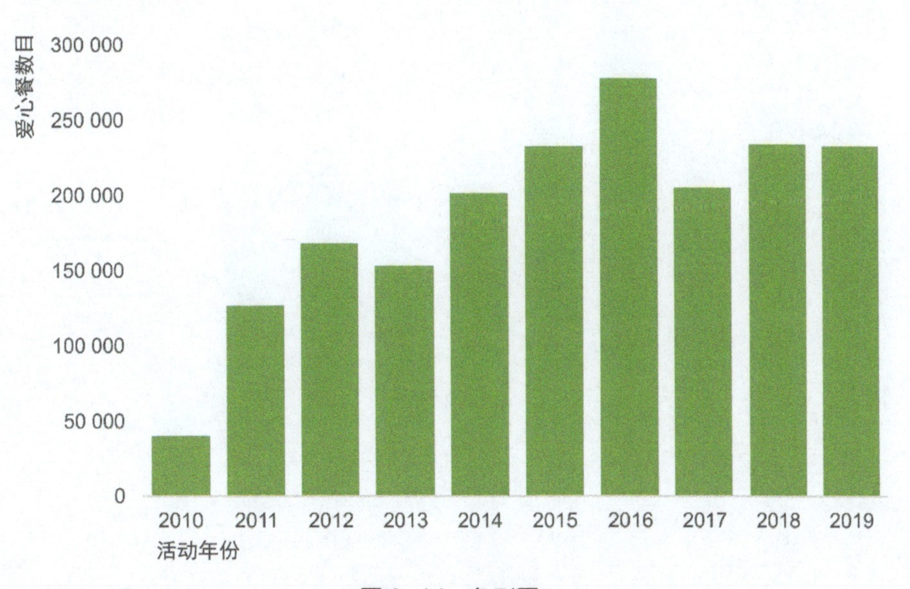

图 2–14 条形图

第 3 步 还可以使用**折线图**，如图 2-15 所示。图 2-15 中没有 y 轴，而是以起点和终点的数据标记来代替。这种做法可以让受众一目了然地观察到 2010 年和 2019 年数据的对比，而两者之间年份的数值则需要目测。如果 2010 年和 2019 年之间有某个特定的数值（比如在 2016 年出现的最大值）需要受众额外注意，可以在该数据点周围标记说明。

当从图中移除 y 轴时，我一般会把 y 轴的标题作为整张图的副标题。这种做法可能会引发争议，尤其是在本例中，图的标题就叫作“爱心餐逐年变化”，因此副标题“爱心餐数目”就会显得多余。不过，我认为明确无误地向受众呈现信息更为重要，这样可以避免很多无谓的提问。话虽如此，在这一点上还是见仁见智的。

在制作图表时，我默认使用蓝色，但蓝色绝非唯一的选择。因此，在本例中，我刻意使用了绿色。

图 2-15 折线图

对于热力图、条形图和折线图，你可以使用自己的设计元素，不必完全遵循本书中的设计细节。本书中的示例是为了说明方法，而不是为了制定规则。关于设计，第 5 章将进行详细的解释。

第 4 步 这 3 张图中我最喜欢哪一张？当回看这 3 张图时，我对自己的选择也是惊讶不已。乍一看，我觉得肯定是折线图（图 2-15）胜出。因为折线图用墨最少、最干净。然而细品之后，再加上对故事背景的考虑，我反而更偏好条形图（图 2-14）。如果存在每年的起止数据，那么我还会使用分段的条形图等形式。话虽如此，折线图还是最容易看出数据趋势的。另外，如果需要在图表中增加说明性文字，那么折线图中的空白区域最大，可谓不二之选。

与答案 2.1 一样，答案 2.2 展示了数据可视化领域解决方案的多样性。对于同一个数据可视化问题，不同的人会有不同的最佳答案。最重要的是明确需要传递给受众的信息，然后选择合适的方式来实现传递过程。

练习 2.3 画一画

当进行数据可视化时，所有人都拥有一件最好的武器，那就是白纸。一旦在绘制数据时卡壳，或者试图寻找新的创意，我就会拿出一张白纸来写写画画。画一画非常重要，这一点无须成为艺术家就能领会。当使用纸张时，我们不会受任何工具的限制，至少不会因为对工具的了解有限而受到限制。和使用软件工具相比，用纸笔画出的图表需要附件来进行说明的可能性也更小。另外，纸上显然会留有空白，有助于激发我们的灵感。

接下来，我们快速做一次练习，使用的就是这个重要的工具：白纸。图 2-16 展示了项目需求和产能随时间变化的情况，单位为小时。它现在是以水平条形图的形式来呈现的。但这是展示数据的唯一方式吗？当然不是！

拿一张白纸，计时 10 分钟。你能想到多少种别的方案？把它们都画出来！不用精确地描绘每一个数据点，只要快速地随手画一画，能画出图表的样子就行。计时结束后，看一下自己画的结果。你最喜欢哪一个？为什么？

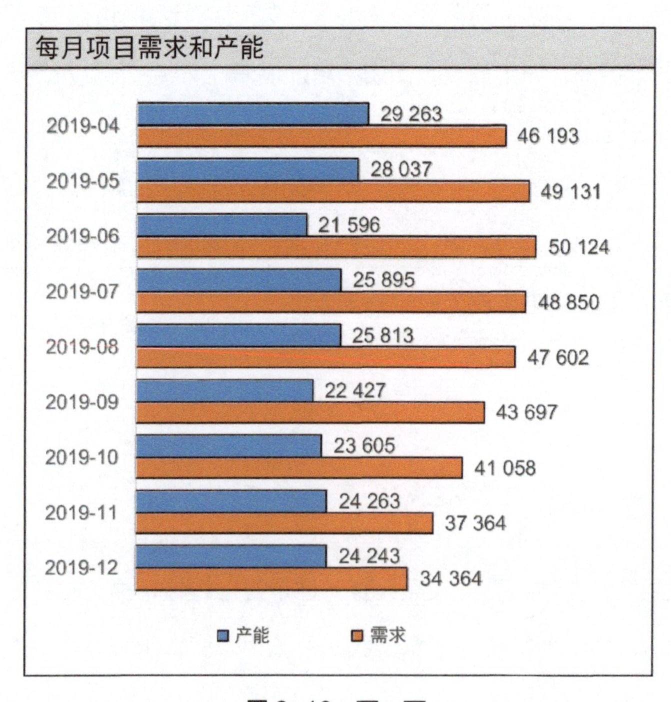

图 2-16　画一画

答案 2.3　画一画

10 分钟后，我在纸上画了 6 张不同的图，如图 2-17 所示。

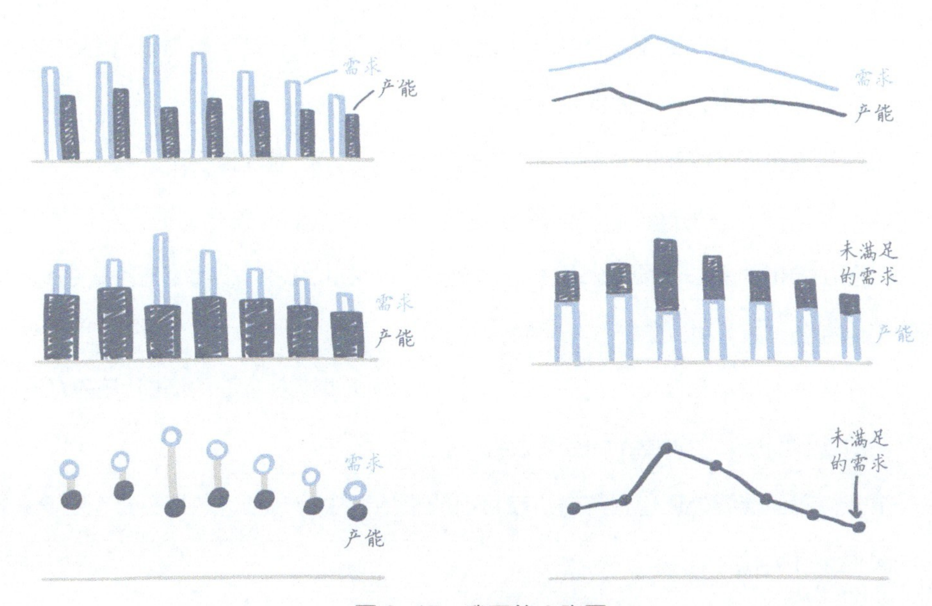

图 2-17 我画的 6 张图

左上角的图只是简单地把水平的数据条转换成竖直的而已，这样时间数据就能以更符合直觉的方式沿 x 轴从左往右排列。右上角的图则将数据条转换为折线。这么一来，可以更容易地观察到两种数据之间的差距。尽管如此，我还是想尝试一下更多不同形式的条形图，因此有了左侧中间的那张图。在这张图中，我把“需求”数据条变得更细，同时把它们置于“产能”数据条之后，以此清楚地描绘出对于所有的需求而言，目前的产能能满足多少。我们也可以换一种形式，将数据条进行堆叠，得到右侧中间的图。在这张图中，堆叠在上方的数据条表示的是“未满足的需求”。值得注意的是，采用这种形式有个前提，那就是需求的数据值必须始终大于或等于产能的数据值，否则图表就会难以实现。左下角的图将数据条转换为点的形式，并用线条连接，从而突出两种数据之间的差别。这么做的话，只要我们能用颜色等方式将两种数据点区分开，那么即使需求的数据值比产能的数据值更小也没什么问题。右下角的图绘制的只是两种数据之差，显示的是“未满足的需求”数据变化趋势。在这张图中，需求和产能数据本身都被直接忽略掉了。在某些场景下，这么做也是完全可行的。

如果让我说自己最喜欢的是哪张图，在需求始终高于产能的情况下，我会选择右侧中间的堆叠条形图，因为这种方式能最直截了当地显示我们所关心的数据。话虽如此，其他几张图在特定的需求场景下也是不错的选择。而且除此之外，肯定还存在展示这些数据的其他方法。

把你画出来的结果和我的对比一下。有差不多的图表吗？我们的绘制思路有什么不同？在我们绘制的所有图表中，你最喜欢哪一张？

接下来，我们继续处理这些数据：在目前的手绘图中选一张，并用工具把它真正画出来。请看练习 2.4。

练习 2.4　用自己的工具试一试

回顾练习 2.3 中的手绘图，别忘了还有你画的。选一张，用自己习惯使用的工具把它画出来。

答案 2.4　用自己的工具试一试

我用 Excel 把所有的手绘图都画出来了，如图 2-18 ~ 图 2-23 所示。

条形图（图 2-18）。我刻意用颜色来填充“产能”数据条，而对其左侧的“需求”数据条则采取镂空处理。这样能在视觉上对可实现的需求和未实现的需求进行区分。说实话，我不喜欢这张图，用 Excel 做出来后我感觉它还不如之前的手绘稿。虽然镂空处理的想法还不错，但镂空处理后数据条的边线和月份间的空隙混在一块，显得很不协调。我还注意到，在所有的图表中，从吸引受众关注需求和产能的差值这个重要的角度来看，这张图是最失败的。

在本例中，我将图例放在了副标题的位置。一般来说，如果没有地方摆放这些数据标记信息，我会选择放在副标题那里。除此之外，我有时也会直接标记图表中第 1 组数据或者最后 1 组数据，并把它们当作图例来使用。

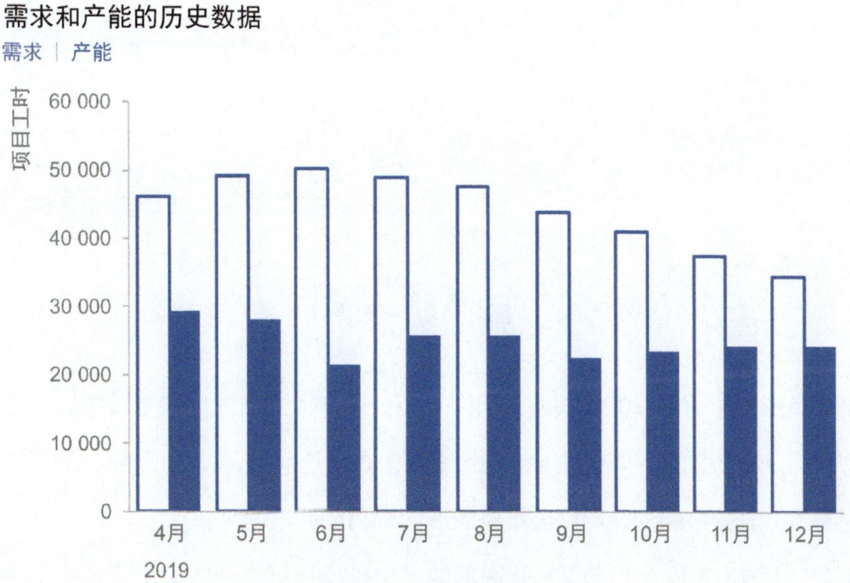

需求和产能的历史数据

需求 | 产能

图 2–18　条形图

折线图（图 2–19）。和条形图相比，由于用墨更少，折线图显得更加简洁。在本例中，我在每条数据曲线的末端做了标记，这样可以消除歧义，也能避免视线在图例和曲线之间来回跳跃。折线图可以让我们专注于阅读“需求”数据或者“产能”数据，同时非常有利于对它们进行比较。观察两条折线，弄明白什么地方的差距在扩大，什么地方的差距则在减小。我还加粗了“产能”折线，这样可以将受众的注意首先吸引到它上面，然后再让受众看到它与“需求”折线之间的差距。

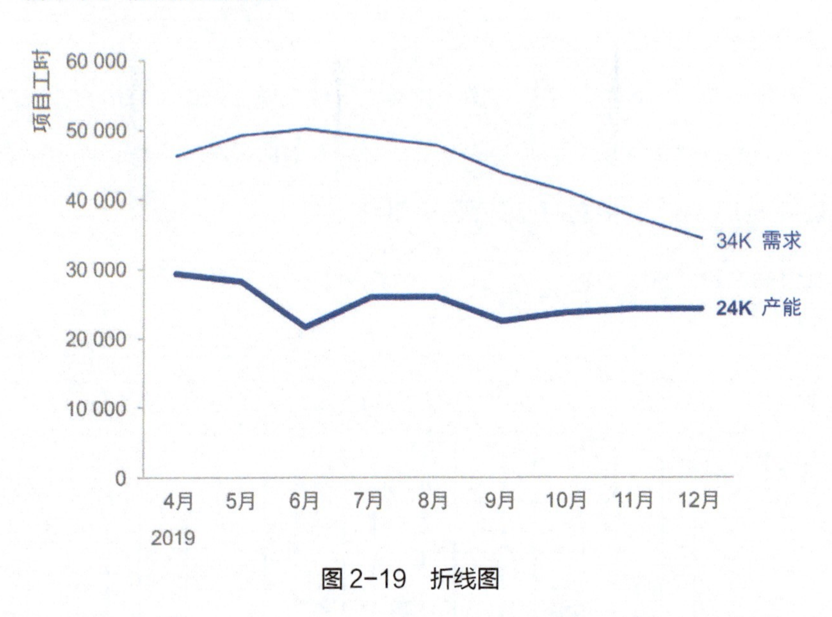

图 2-19　折线图

重叠条形图（图 2-20）。我们又回到了条形图，但这次的形式不落俗套。这个条形图中的数据条有所重叠，其中的“产能”数据条是半透明的，以便很清楚地看到“需求”数据也是从 0 开始绘制的，避免与堆叠条形图混淆。

用 Excel 画出来后，我觉得这张图的效果比手绘稿更好一些。尽管如此，我也能想象到部分受众会产生困惑，毕竟这和传统的条形图大不相同。如果真的想使用这张图，最好先找几个人看看，收集一下反馈，看别人会不会产生困惑，以及这张图能否清晰地传递信息。

堆叠条形图（图 2-21）。在堆叠条形图中，“产能”数据依旧沿水平基线绘制，但另一个数据指标却变成了“未满足的需求”，且相应的数据条堆叠在产能数据的上方。与图 2-20 不同，图 2-21 中用蓝色高亮突出的是“未满足的需求”数据，而“产能”数据则反而用浅灰色来填充。我对该效果很满意。

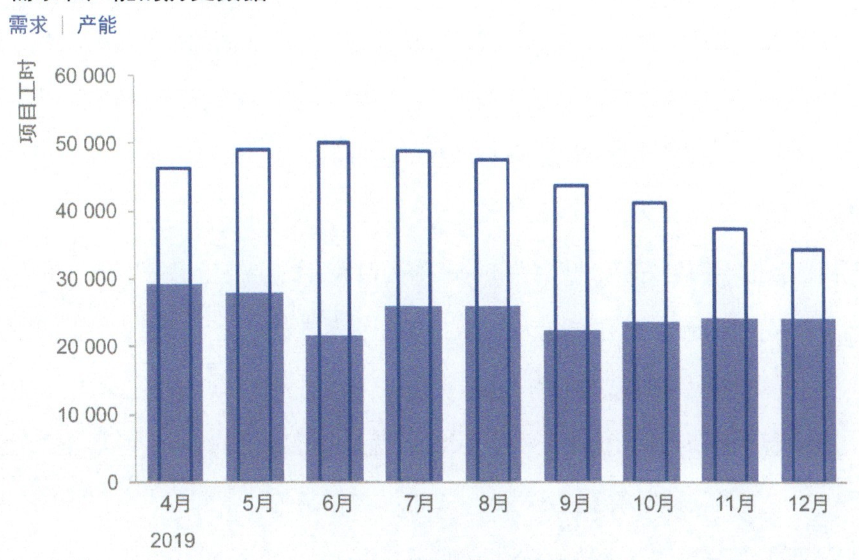

图 2-20　重叠条形图

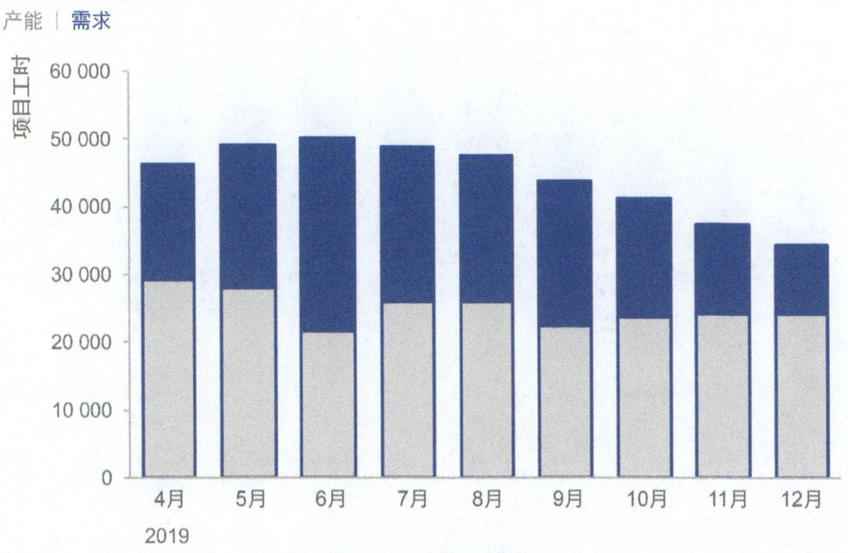

图 2-21　堆叠条形图

散点图（图 2–22）。这也是一种会让受众乍一看不明所以的图。我认为这种图非常直观，但不得不承认，这种“直观”其实只是源自我处理数据的长期经验。我知道图中的元素代表什么，也清楚需要向受众传递什么信息。在这种情况下，没有什么图表是不直观的。事实上，对于受众来说，未必尽然。还是那句话，收集一些反馈对于评估图表大有裨益。

无论这张散点图的好坏，我对用 Excel 作图时涉及的小技巧记忆犹新。图 2-22 中的小圆圈其实是两条折线上的数据点（一条折线表示需求数据，另一条折线则表示产能数据），我把折线本身隐藏掉，同时把数据点设置得特别大，这样就能在其中放上具体数值了。连接上下两个点的阴影部分区域表示的就是“未满足的需求”，具体实现方法是用背景色的“需求”数据条覆盖浅蓝色“产能”数据条的下半部分，从而造成空白。这就是我所谓的“终极”Excel 技法。

需求和产能的历史数据

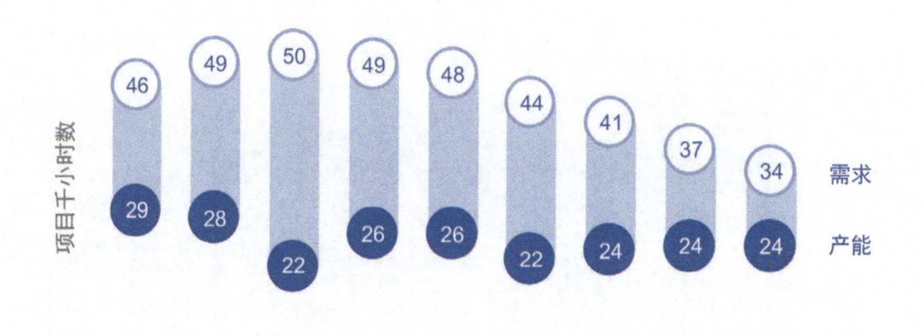

图 2–22　散点图

只画差异值（图 2-23）。最后一张图只是一张简单的折线图，但绘制的是“未满足的需求”数据（需求值减去产能值）。从原先的两列数据值到只画差异值，省略的背景信息似乎过多了，因此这是我评价最低的一张图。

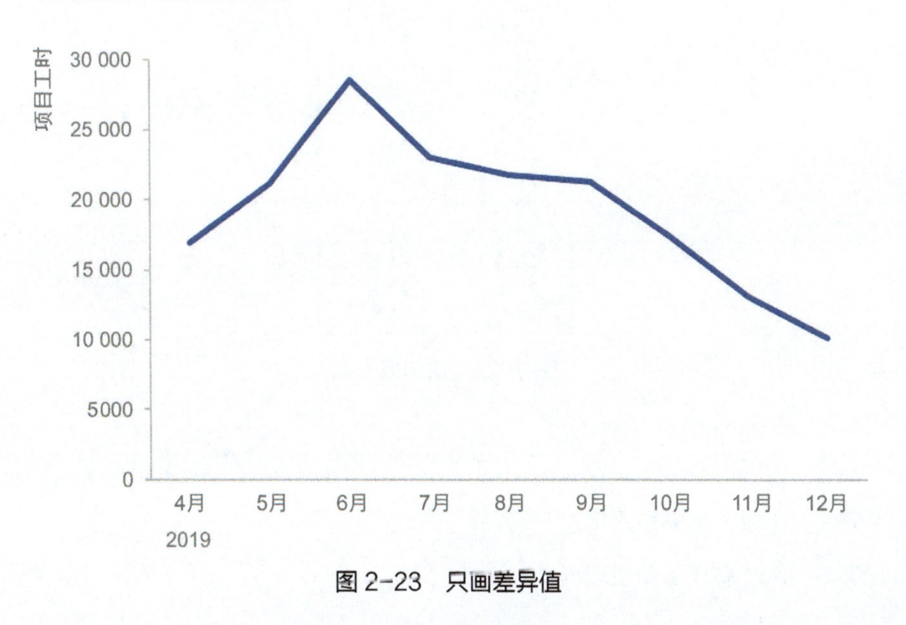

图 2-23　只画差异值

你用自己的工具画出来的效果怎么样？在所有图表中，你最喜欢的是哪张？为什么？

如果没有任何背景信息，我会选图 2-21 所示的堆叠条形图。这张图可以让人很容易地看到“未满足的需求”和“产能”这两种数据随时间的变化，尤其是“未满足的需求”随时间的下降趋势。

在第 6 章的相关内容中，我们会再次使用这些数据。

练习 2.5 如何展示数据?

图 2-24 所示的表格显示了某公司一年期培训项目历年的退学率数据。花一些时间熟悉一下，然后回答以下问题。

年份	退学率
2019	9.1%
2018	8.2%
2017	4.5%
2016	12.3%
2015	5.6%
2014	15.1%
2013	7.0%
2012	1.0%
2011	2.0%
2010	9.7%
平均值	7.5%

图 2-24 历年退学率

问题 1 你能想到用多少种形式来呈现这些数据？把它们画下来。

问题 2 在这些呈现形式中，“平均值”数据该如何表现？

问题 3 你最喜欢哪种呈现形式？为什么？

答案 2.5 如何展示数据?

问题 1 和问题 2 根据不同的受众和图表制作目的，有多种方式来呈现这些数据。我想到了 6 种，并在每一种上都添加了平均值信息。我们一个一个来看。

简单文字。数据并不一定要用图来呈现。在某些场景下，可以直接呈现需要表达的那一两个数据。比如，可以图 2-24 中的数据进行总结，表达成“本项目过去 10 年来的平均退学率约为 7.5%”。这种表达方式忽略了数据的变化范围，也缺乏用于对比的标准，因此在某些情形下会显得过于简略。如果变化范围非常重要，则可以表述为“在过去 10

年中，退学率大致在 1% 和 15% 之间波动，2019 年的数字为 9.1%”。如果需要强调近年来的数据，从而突出这些跟当下关系更为紧密的数据，可以表述成“项目退学率近年来有所上升，从 2017 年的 4.5% 上升到了 2019 年的 9.1%”。

刚一拿到数据，不要急着画图，不妨先问问自己“我能得出什么结论”，然后试着用一句话来回答。（练习 6.2、练习 6.7、练习 6.11、练习 7.5 和练习 7.6 都会专门进行这方面的训练。）你也许会发现，可以用这句答案来直接沟通，无须使用任何图表。如果确实有更多的数据需要表现，可以想想何种背景信息有利于表达，以及如何将其画出来。接下来，我们来看看把这些数据画出来的几种方法。

散点图。可以用退学率作为 *y* 轴，年份作为 *x* 轴，以数据点的形式来呈现信息。我在图 2-25 中增加了一条水平虚线来表示平均值，这样可以清楚地看到哪些年份的数据在水平线上，哪些年份的数据在水平线下。

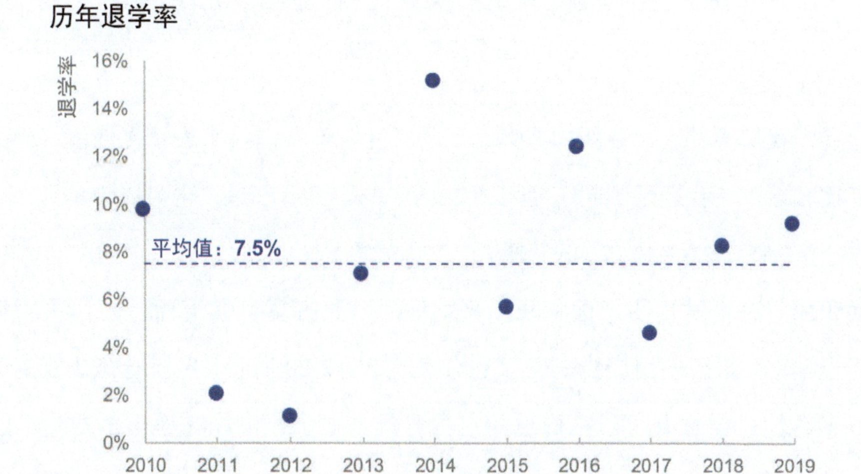

图 2-25 散点图

折线图。除了描点，也可以把这些点连接成线，从而清楚地呈现趋势。图 2-26 依旧使用了那条用于表示平均值的虚线，还对最近的一个数据点进行了标记。这非常有利于比较该数据点与平均值之间的差异。

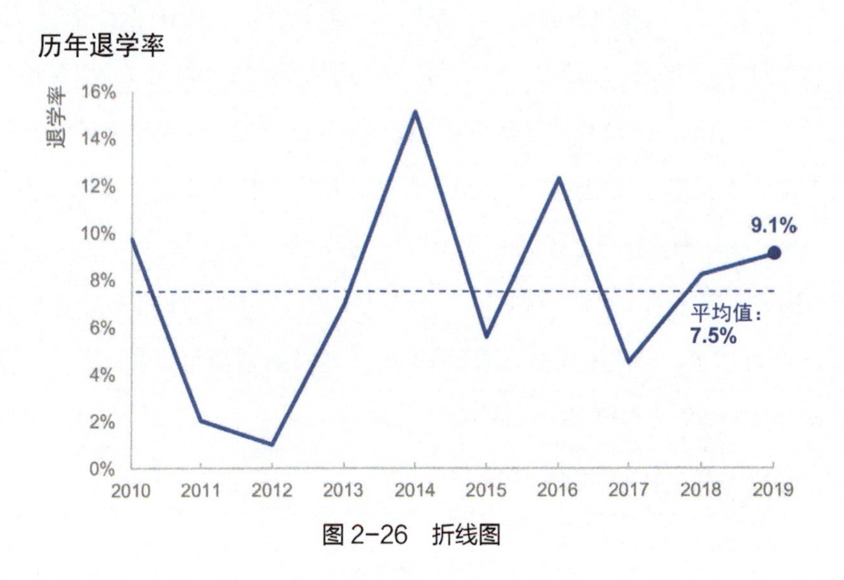

图 2-26　折线图

之后，我又尝试了一种新的方案，用阴影区域代替虚线来表示平均值，如图 2-27 所示。比较之下，我还是倾向于使用图 2-26 中的方案。不过，也可以想象到，对于某些数据分布，图 2-27 会是更好的选择。

面积图。在尝试用阴影面积表示平均值后，我打算反其道而行之，用阴影面积来表示退学率，重新使用虚线来表示平均值。如图 2-28 所示，我把这条虚线的颜色定为了浅蓝色，这样它既可以在白色的空白背景上显示，也能在退学率的阴影区域上显示。

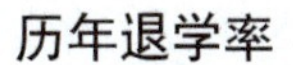

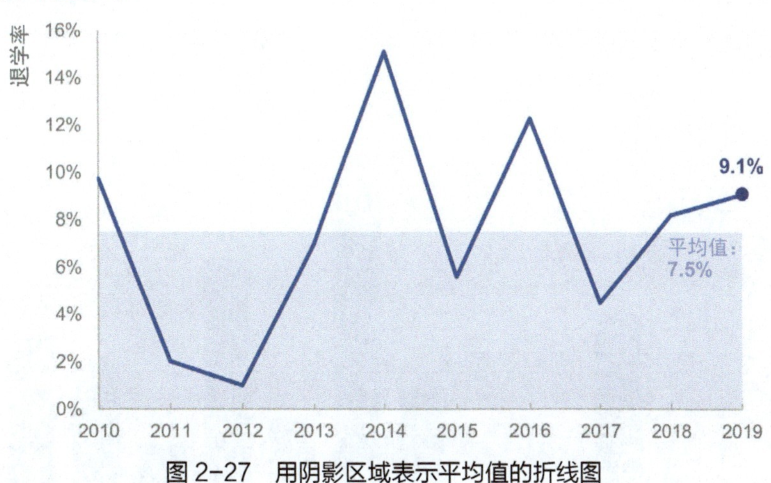

图 2-27　用阴影区域表示平均值的折线图

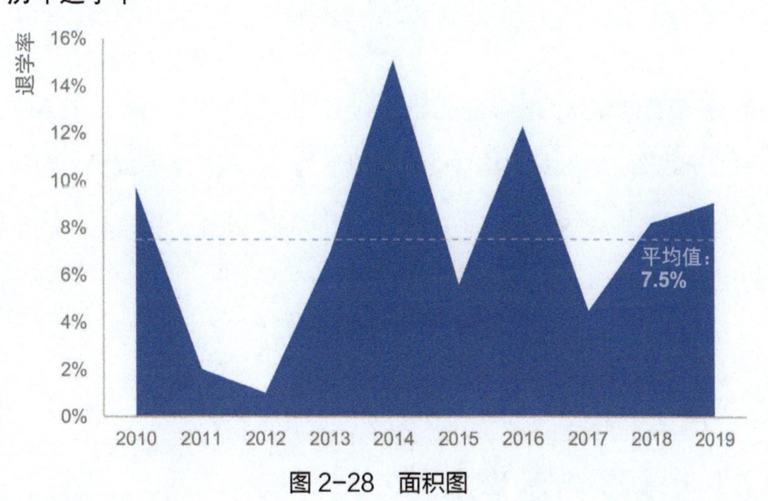

图 2-28　面积图

不过，我并不喜欢面积图的方案。它不仅用色过多，而且很容易令人产生误解，以为曲线下方的面积有什么重要的含义。一般来说，我不太使用面积图。

条形图。最后，我使用了条形图，如图 2-29 所示。平均值这条虚线依旧保留，可以看到我们是根据不同的图表布局来设定其标记位置和形式的。

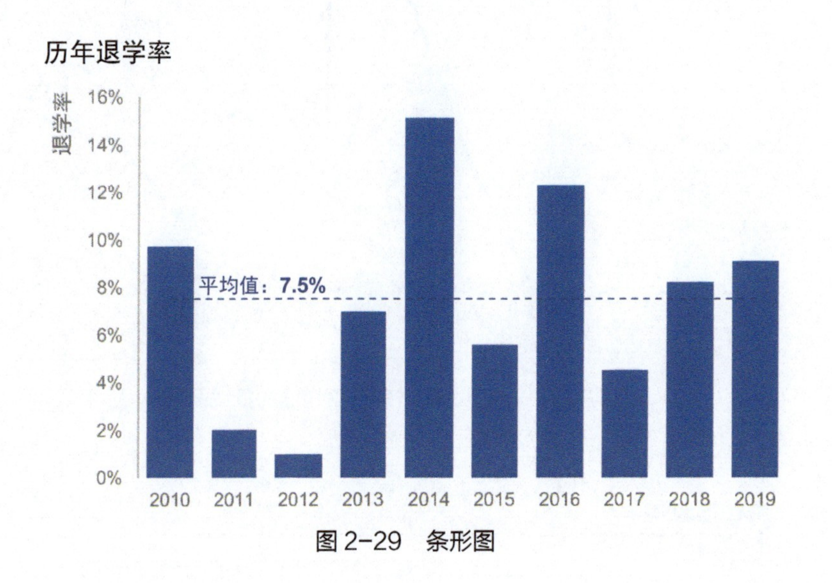

图 2-29　条形图

问题 3　**我最喜欢哪张图？**我觉得刚才的条形图还不错，但若论最喜欢的，我会选择图 2-26 中的折线图。将数据点连成线，可以清楚地呈现退学率的历史趋势。同时，我们也能很轻松地观察到退学率和“平均值”数据之间的对比。这张折线图用墨不多，因此有足够的空白区域来添加辅助说明信息。

练习 2.6　绘制天气数据

我很喜欢条形图。人的眼睛和大脑非常善于比较沿着同一基线对齐的不同线段，而条形图正是这么设计的，这使得条形图的易读性非常强。通过比较每个数据条之间的高度差异，以及它们与底部基线之间的距离，可以轻松地找出最大的数据值并发现其领先程度。与此同时，由于条形图广为人知，因此在沟通过程中显得尤为有用：大多数人已经掌握了条形图的阅读方法，可以将精力花在对数据的思考上，避免在图表形式上花太多的时间。

接下来，我们来看一个例子。图 2-30 展示了未来 6 天的天气预报，以华氏度[①] 为单位绘制了每天的气温数据。

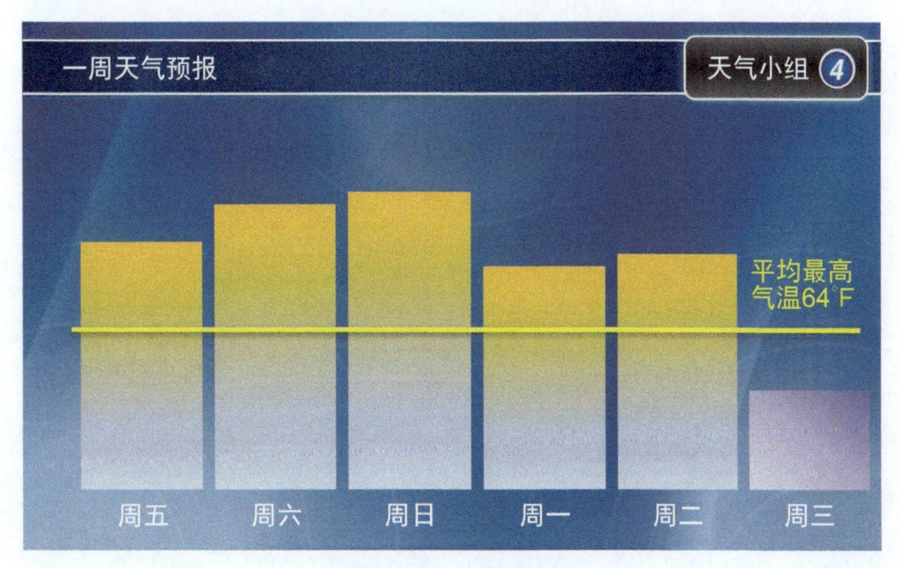

图 2-30 天气预报

问题 1 你打算周日下午去公园玩，那天的最高气温大概是多少度？

问题 2 你正在为孩子们准备下周的衣物，不知道下周三该准备多厚的外套。下周三的最高气温大概是多少度？

问题 3 从数据里你还发现了什么？

---

① 华氏度和摄氏度的换算公式是，华氏度 = 32 + 摄氏度 × 1.8。——编者注

答案 2.6 绘制天气数据

我们根据图 2-30 猜测，周日的最高气温会超过 90℉，而周三的最高气温则会略微超过 40℉。但这并不准确。我们来仔细看一下。

事实上，周日的最高气温是 74℉，而周三的最高气温则为 58℉。这是怎么回事呢？原来，图 2-30 中的条形图并没有以 0 作为基线，也没有显示 y 轴。这张图中的 y 轴其实是从 50 开始的。这么做对数据造成了扭曲，给比较天气数据带来了困难。图 2-31 中增加了 y 轴，并对每天的天气数据进行了标记。

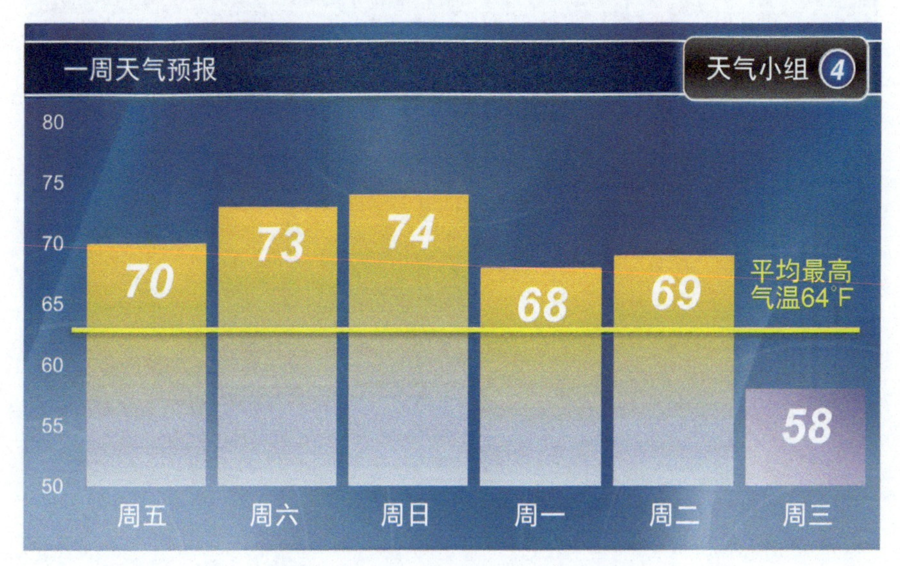

图 2-31　条形图必须以 0 作为基线

我们来重新设计一下，让 y 轴的基线为 0。图 2-32 对两种做法进行了对比。注意这两种形式在解释数据时带来的差异。

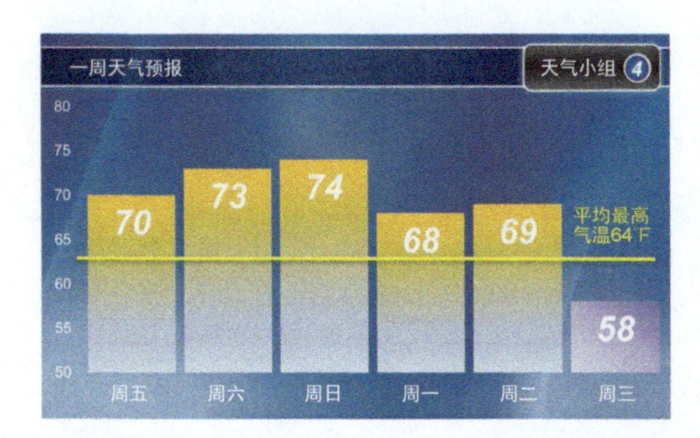

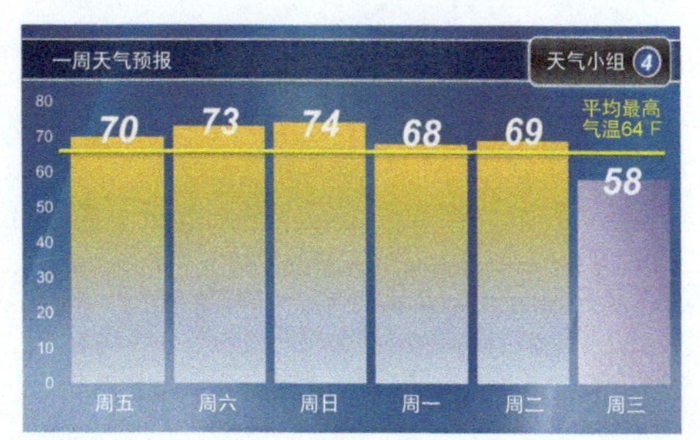

图 2-32　两种形式的对比

图 2-32 中，左图的数据看上去差别非常大，而右图的数据差别小得多。在给孩子们挑选周三穿的衣服时，你也许会因为看到不同的图而得出不同的结论。

数据可视化领域没有太多放之四海而皆准的准则。不过，我们刚看到的例子就违背了一个这样的准则：条形图必须以 0 作为基线。人的眼睛会比较条形图中数据条之间的差异，以及数据条和基线间的距离。因此，完整地绘制数据条对于精确比较数据至关重要。

这一点没有例外。

不过，这条准则只对条形图有效。在条形图中，我们需要对数据条进行对比，因此无法执行裁剪和缩放等操作。但对于散点图中的点，或者折线图、斜率图中的线而言，我们关注的是点在空间中的相对位置，或者折线图中各条连线的斜率。从数学意义上来讲，无论怎么缩放，点的相对位置和连线的斜率都是恒定的。不过，即使对于散点图或折线图，也应避免过度缩放，免得让无关紧要的细节差异干扰判断。在有些情况下，微小的细节差异正是我们想要突出的。此时，就可以使用散点图或折线图，不要用条形图。

说到这里，我也听说过这么一个观点：用 0 作为气温数据图表的基线没有任何意义，因为气温是可以为负数的，而 0 并不代表什么（在华氏度体系下尤其如此）。就像我们刚看到的，在短期天气预报中，只要将基线设置为 0，就能精确地逐天对数据进行对比。而在有些场景下，情况有所不同了：以全球气温变化数据为例，若以 0 为基线，则无法看出很多温度值的变化。然而，这种观点并不正确，全球气温变化数据的例子只能证明此时不适合使用条形图，无法证明使用非零数据作为基线的必要性。我们可以使用折线图，也可以只绘制气温的变化值，从而突出微小却意义显著的温差数据。和之前一样，我们应该先后退一步，想一想需要呈现的到底是什么，然后选择合适的图表。

练习 2.7　评析！

说到散点图，接下来我们就来看一个需要改进的例子。

图 2-33 是一张散点图，展示的是多家银行历年来的银行指数。假设你在金融储蓄银行工作。

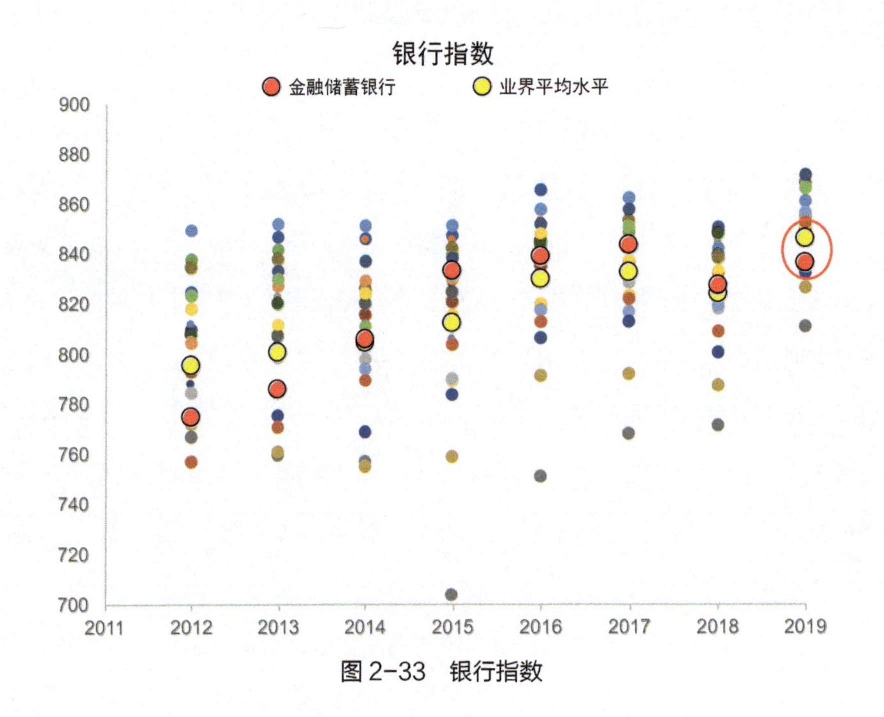

图 2-33　银行指数

问题 1 对于这些数据，你有什么疑问？

问题 2 如果让你来设计这张图，你会做哪些调整？你将如何呈现数据？

答案 2.7 评析！

问题 1 可以看到，图 2-33 引发的疑问非常多！第一个问题就是：图中的点究竟是什么？也许可以假设“银行指数”指的是某种形式的客户满意度评分。但如果“银行指数”指的是类似“柜员出错率”这样的数据呢？那样的话，就会让人对整张图产生截然不同的解读。

第二个问题是：我们真的需要画上所有的数据吗？从图 2-33 的顶部可以看到，红色和黄色的数据点分别代表我们公司（金融储蓄银行）和业界平均水平。作图者可能刻意使用了这两种非常明亮的颜色，试图在杂乱的背景下尽量显眼。我们假设对每个年份上的所有数据求和并除以总数后，就能得到平均值的数据点。（真的是这样吗？这又是另一个问题了。）这让我不得不问：我们需要画出所有的数据点吗？只画金融储蓄银行和业界平均水平这两种数据点行不行？当试图从图表中删除数据时，必须思考：删除这些数据后，会损失什么背景信息？在本例中，如果只留下平均值，则竞争对手的数据分布情况就不得而知了。这一点是否重要，则取决于制作图表的目的。

另外，我还有个疑问：2019 年数据上的那个红圈代表什么？我大概能理解隐藏在背后的来龙去脉：有人看着这些数据说“看这里、看这里”，然后就在上面画了个圈。但这么做存在不少问题。首先，图中吸引注意的元素太多，我们可能根本注意不到那个红圈。其次，即便注意到了，也没有办法立刻明白这个红圈表示的是什么。

最后一个问题是：这些数据想告诉我什么？（想讲的故事是什么？）

问题 2 下面来看看该怎么重新设计吧。图 2-33 中的银行指标事实上指的是满意度，越高越好。假设我们最关心的是金融储蓄银行和业界平均水平的对比。有了这个假设，杂乱无章的局面就可以大大改善，我们可以将注意放到金融储蓄银行和业界平均水平上来！

图 2-33 中的数据点是随时间变化的，虽然可以用点来表示，但我更倾向于将这些点连成线，用折线图的形式来呈现。折线可以帮助我们更清楚地看到随时间而产生的变化趋势，其位置关系也更有利于突出一些有价值的信息：如果一条折线始终在另一条折线的上方，我们就可以清楚地看到两条线之间的差距。如果两条线有交叉，就可以引出一个有趣的问题：这意味着什么？

图 2-34 展示了我对这张图改造后的结果。

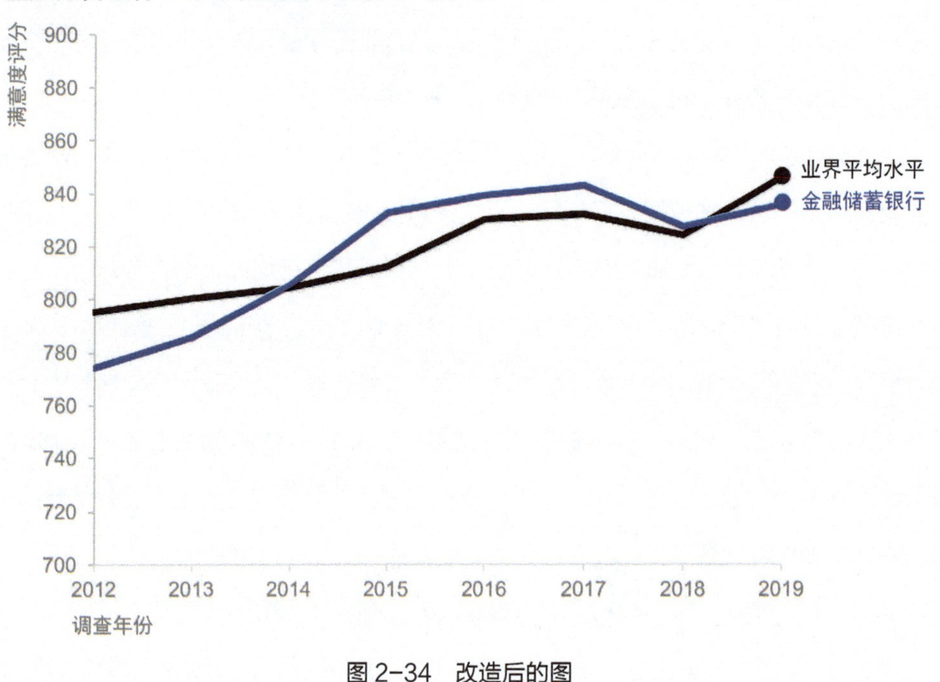

图 2-34　改造后的图

消除干扰，将散点图转换为折线图，有助于突出要表现的数据。在图 2-34 中，我对所有的东西都直接进行了标记，这样在解读数据时无须引入任何假设，可以避免理解困难。至于“这意味着什么”，我选择用标题下方的空间来呈现答案。

如果知道是什么因素导致两条折线的振荡，我可以做得更好。在会议或演示现场，我可以一条折线一条折线地来呈现，也可以一个时间点一个时间点地来呈现，这样在介绍背景信息时就可以成功地引导受众的注意。如果要把图表发出去让别人看，我会把变化的驱动因素直接以文字的形式放到图上。这种策略在本书之后的例子中会多次出现。在第 4 章里，我们将回顾这个例子，在图中放上所有的原始数据。

我们再来设计一张图。

练习 2.8　问题出在哪里?

在设计图表时，我们有时会好心办了坏事，让图表变得难以理解。下面就是一个这样的例子，看看该如何改进吧。

你是一家银行里消费信用风控部门的分析师。当消费者贷款时，一部分人并不会及时还款。这部分贷款会经历多种不良借贷标准：30 天逾期，60 天逾期，等等。一旦超过 180 天未还款，这笔贷款就成了“不良贷款”。在这种情况下，尽管银行还在催收，但是很多人并不还款，导致这笔贷款成了银行的损失。银行必须持有一笔准备金以应对这种潜在的损失情况。

了解完基础知识，我们来看看数据。你需要创建一张图表，展示历年不良贷款和坏账准备金之间的对比。观察一下图 2-35。**记录你在看这张图时视线的变化。这张图有什么令人困惑的地方吗？你会如何改进？**

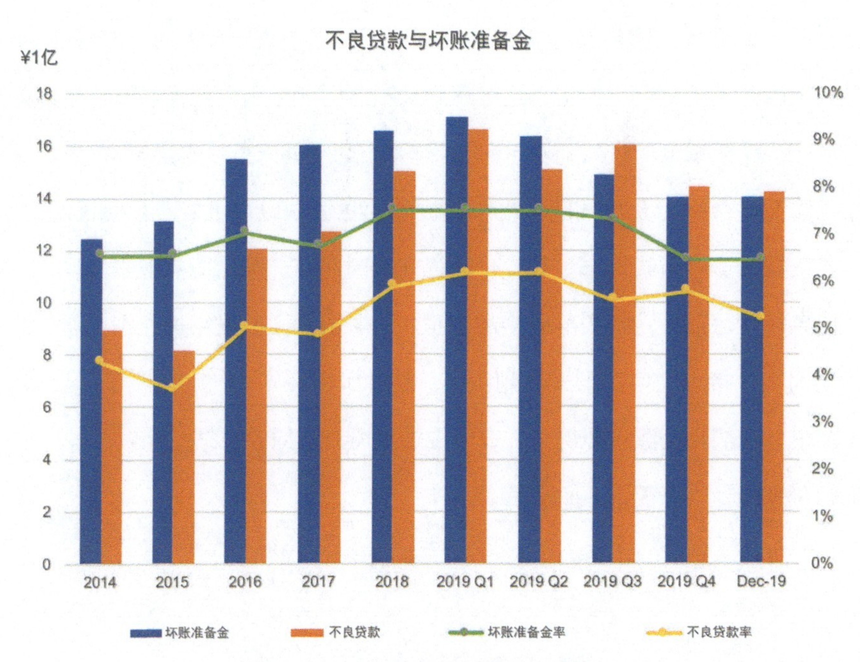

图 2-35　这张图的哪里令人困惑

答案 2.8　问题出在哪里?

回想看这张图的过程，我发现自己一开始会在 3 种元素之间来回看：条形图、折线图、底部的图例，试图弄明白该如何解读图中的数据。此外，我还需要查看 y 轴的数据值。在阅读并思考一段时间后，我才明白，“坏账准备金率”和“不良贷款率”对应的是右侧 y 轴上的数据，而“坏账准备金”和“不良贷款”则对应了左侧 y 轴上的数据。这种麻烦似乎纯属多余。

回到坏账准备金率和不良贷款率：我不确定这个百分比的分母是什么。我猜它是总的贷款数额，但是为什么不注明呢？那样就不用让人去猜了！同时，我也不明白这些折线有什么意义，它们并没有传递更多有用的信息。也许它们传递了什么信息，只是我并不了解一些背景情况，因此无法理解。在这种情况下，我会将重点放在准备金和贷款的数额上（单位是元），不显示坏账准备金率和不良贷款率，避免引起困惑。这么做还有一个好处：可以避免使用两个 y 轴。在一般情况下，我不建议使用两个 y 轴，有关两个 y 轴的替代方案，可参考《用数据讲故事》的第 2 章。

做完这些调整后，我才注意到 x 轴存在巨大的问题：x 轴上的时间间隔是不一致的。乍一看，人们很容易认为 x 轴是以年份为单位，从左往右排列的。但是一旦仔细阅读 x 轴上的标记就会发现，自 2018 年之后，时间变成了以季度为单位，第四季度之后更是把 12 月份的数据单列了出来。这么做并不好！

我能想到这么做的原因：12 月份可能是最靠近当下的一个月份，逐年展示历史数据固然有用，但若能对最近的数据以更细粒度的方式来呈现就更好了。

有时候，时间跨度的不一致不可避免，可能是因为数据缺失，也可能是因为某些事件的发生本来就存在一定的随机性。对于这种情况，我们应该用视觉设计加以说明，避免引起受众的困惑。年份和季度所对应的数据条或折线不应该一模一样，否则极易引起错误的解读。

说到解决该问题的视觉设计手段，我们可以想到很多种。如果手头拥有所有的季度数据，我会倾向于用散点图把它们都画出来。用条形图来表示的话，数据条会过多。不过，考虑到之前移除了“坏账准备金率”和“不良贷款率”这两条曲线，我们现在完全可以用折线图的方式来表示另外两种数据。如果出于某种原因，我们并不想呈现所有的季度数据，或者根本没有所有的季度数据，那么可以好好安排一下 x 轴上的空间，让每个年份占据相同的宽度，而每个季度则占据该宽度的 1/4。如果要这么做，我会把 2019 年的年度数据删除，避免它与 2019 年 4 个季度的季度数据重复。

我们还可以把这张图一分为二：一张图展示 2014 ~ 2019 年的年度数据，另一张图则呈现 2019 年的季度数据。这样可以在每张图上写明标题，让人清晰地分辨出两张图在时间跨度上的差异。与此同时，季度数据那张图的宽度会设置得比年度数据图窄，从而在视觉上进行引导。改造结果如图 2-36 所示。

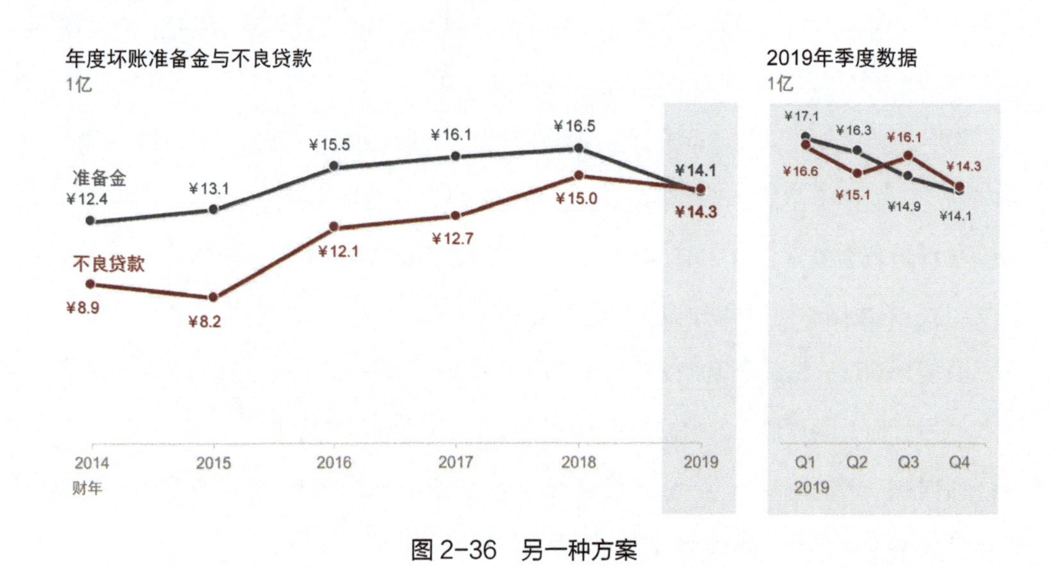

图 2-36　另一种方案

在本例中，我选择将数值直接标记在数据点的旁边，以便直接对准备金和不良贷款进行对比，无须根据 y 轴上的值进行估计。图 2-36 中的数据保留一位小数，不仅避免了同样的数值呈现出不同的高度（比如，准备金这条曲线上第 3 个点和第 4 个点在四舍五入后都是 ¥16，虽然数值相同，高度却存在一定的差别，很容易引起困惑），还能在绘制季度数据时对细小的差别进行呈现。我还使用了阴影区域将第一张图中的最后一个数据点（2019 年）和第二张图进行关联。这么做非常重要，可以确保两张图在 y 轴上保持一致，从而方便受众在年度数据和季度数据之间对高度进行比较。

在图 2-36 里，我移除了很多需要花精力解读的元素。这样就可以专注于数据，不用在理解图表设计上浪费时间。可以看到，准备金数据和不良贷款数据之间的差距随着时间的推移在快速缩小。两个数字在 2018 年都有所上升，而在 2019 年则同时下降。2019

年是不良贷款首度超过准备金的一年。从季度数据图中可以看到，超越发生在第三季度和第四季度。该情况看起来非常重要，值得我们采取行动！

跟练了一段时间之后，就该轮到你自己来解决问题了。

准备一张纸、一支笔！在接下来的练习里画一画，然后运用更多工具，完善那些不完美的图表。

练习 2.9 画一画

正如练习 2.3 所展示的，探索数据呈现方式的最佳工具之一就是一张纸加一支笔。接下来，我们就来练一练。

图 2-37 所示的数据展示了某公司 4 种产品在直销和分销方向上的平均结单时间（以天数计算）。花些时间熟悉一下数据。

平均结单时间（天）

产品	直销	分销	综合情况
A	83	145	128
B	54	131	127
C	89	122	107
D	90	129	118

图 2-37　平均结单时间

拿一张白纸，计时10分钟。你能想到多少种别的数据呈现方案？把它们都画出来！（不用精确地描绘每一个数据，只要快速地随手画出图表的样子就行。）计时结束后，看一下自己画的结果。你最喜欢哪一个？为什么？

在你的方案中，做过哪些有关数据的假设？你希望自己还能了解什么额外的信息？

练习 2.10　用自己的工具试一试

第 1 步　回顾上一个练习中的手绘稿。选一张，然后用自己习惯使用的工具把它画出来。

第 2 步　完成后，停下来思考以下问题。

问题 1　手绘稿有没有带来什么帮助？

问题 2　在绘制过程中有没有遇到什么困难和麻烦？

问题 3　事先制作手绘稿，有没有对于用工具绘制图表造成影响？

问题 4　你能想到未来应用该策略（先手绘解决方案，然后再用工具画出来）的场景吗？在什么情况下会用到？

总结一下你的思考，把它们写下来。

练习 2.11　优化图表

假设你在一家医疗中心工作，需要对本地区最近的流感疫苗教育及接种活动是否成功进行评估。

面对这次活动的一些数据，你的同事制作了图 2-38。花些时间研究一下这张图，回答之后的问题。

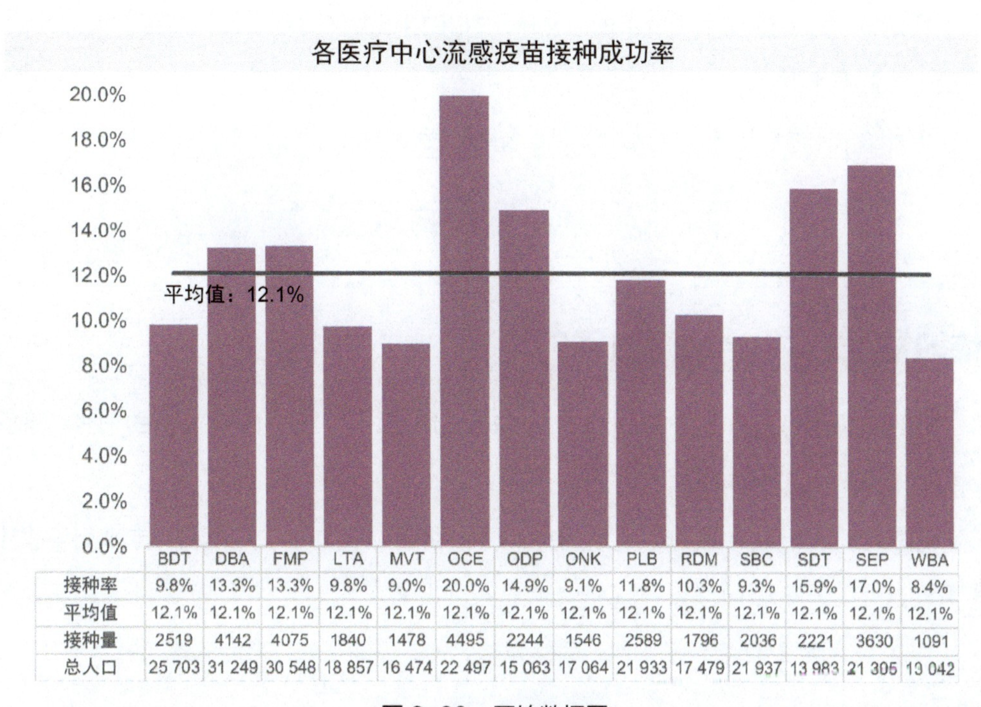

	BDT	DBA	FMP	LTA	MVT	OCE	ODP	ONK	PLB	RDM	SBC	SDT	SEP	WBA
接种率	9.8%	13.3%	13.3%	9.8%	9.0%	20.0%	14.9%	9.1%	11.8%	10.3%	9.3%	15.9%	17.0%	8.4%
平均值	12.1%	12.1%	12.1%	12.1%	12.1%	12.1%	12.1%	12.1%	12.1%	12.1%	12.1%	12.1%	12.1%	12.1%
接种量	2519	4142	4075	1840	1478	4495	2244	1546	2589	1796	2036	2221	3630	1091
总人口	25 703	31 249	30 548	18 857	16 474	22 497	15 063	17 064	21 933	17 479	21 937	13 983	21 305	13 042

图 2-38　原始数据图

问题 1　这些数据是怎么排列的？有别的排列方式吗？你会在什么情况下改变数据的排列方式？

问题 2　图 2-38 中用一条水平线来表示平均值。你觉得怎么样？有别的表示方式吗？

问题 3　如果有个目标值会怎么样？你会用什么方法将目标值表现在图 2-38 中？假设目标值是 10%，你会怎么呈现？假设目标值是 25%，呈现方式会不会发生变化？该如何变化？

问题 4 图 2-38 中包含了数据表。你觉得这种形式有效吗？在图中嵌入数据表有什么好处？有什么坏处？在本例中，你会保留这张数据表，还是会选择放弃？

问题 5 图 2-38 展示了疫苗的接种率。如果你想关注的是未接种疫苗的人口比例，你会怎么画出来？

问题 6 让你自己选择的话，你会怎么画？用自己的工具试一试吧。

练习 2.12 你会选哪张图？

任何数据都可以用多种方式绘制，不同的绘制方式会让我们看到不同的东西。下面我们就来看一个这样的例子。

你想把员工调查数据画成图表，对去年和今年调查问卷中的共同项“未来一年我还打算在这儿工作”做个比较，然后把比较结果画出来。

图 2-39 ~图 2-42 展示了 4 种不同的表现形式。仔细观察，然后回答问题。

选项A：饼图

未来一年我还打算在这儿工作

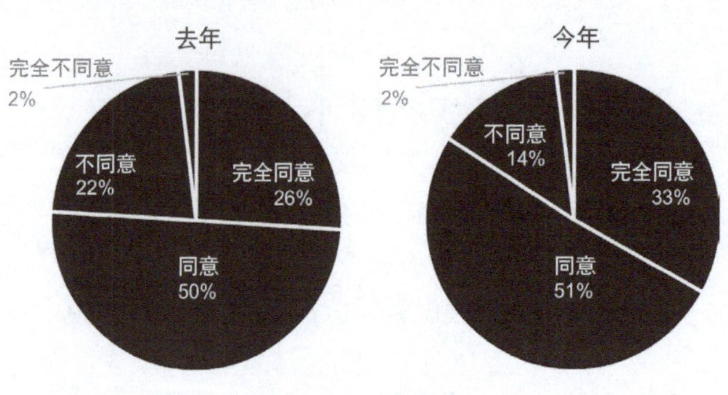

图 2-39 饼图

选项B：柱状图

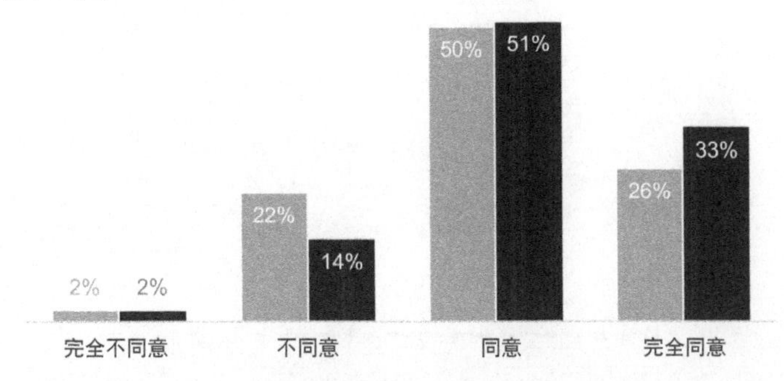

图 2-40 条形图

选项C：堆叠条形图

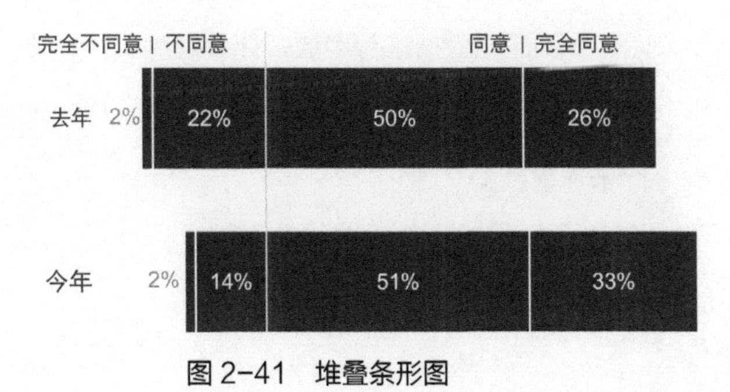

图 2-41 堆叠条形图

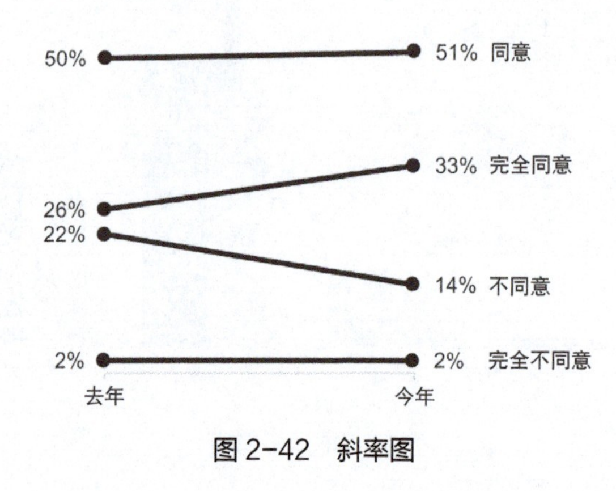

图 2-42　斜率图

问题 1　对于每一张图，你欣赏什么地方？哪些元素容易进行识别和对比？

问题 2　对于每一张图，哪些地方理解起来会有困难？有什么限制或者有什么其他因素需要考虑？

问题 3　如果你需要就这些数据进行沟通，你会选哪张图？为什么？

问题 4　找个朋友或者同事，一起讨论一下这 4 张图。你们的喜好一致吗？讨论后，你有没有注意到之前未考虑到的有趣之处？

练习 2.13　问题出在哪里？

图 2-43 展示的是一次电子邮件营销活动中调查问卷的回复率与完成率。

第 1 步　列出图 2-43 的 3 处瑕疵，分析背后的原因是什么？

第 2 步　对于每一处瑕疵，你会如何修改？

第 3 步 根据刚刚描述的修改策略，制作你自己的图表。

图 2-43 问题出在哪里

练习 2.14 绘图并反复优化

正如前面的例子所示，当用适当的方式进行数据可视化时，我们就能让受众发出由衷的赞叹。但这往往是反复迭代、优化的结果：从多种角度观察数据，更好地理解数据的微妙之处，弄清需要强调的地方，以及受众可以接受的形式。下面，我们就来练习一下绘图及优化。

假设你在一家医疗器械公司工作，正在观察某个设备的开启和关闭对患者疼痛感的影响。图 2-44 显示的就是这些数据。

患者疼痛感报告

疼痛感	设备设置	
	开启	关闭
减轻	58%	36%
无差别	32%	45%
加剧	10%	19%
总计	100%	100%

图 2-44　绘图并迭代优化

第 1 步　制作清单：你能想到多少种绘制这些数据的方法？哪些是有效的？尽可能多列一些。

第 2 步　在这些方法中，至少选 4 个，用纸笔画一画，或者用工具做出来。

第 3 步　回答以下问题。

问题 1　对于每一张图，你欣赏什么地方？什么地方易于做对比？

问题 2　这些图各有哪些局限性？

问题 3　如果由你来演示这些数据，你会选择哪个方案？

练习 2.15　从生活中学习

对于数据可视化，我们可以从别人的例子中学到很多东西。如果你碰到一张好图，不妨停下来思考一下：这张图好在哪里？可以从中学到哪些能为自己所用的东西？当看到一张糟糕的图时也要想一想它哪里做得不好，如何让自己避免犯同样的错误。下面，我们就来练习一下。

从网上找一张好图和一张不好的图，回答以下问题。

问题 1　对于好图，你欣赏什么地方？它好在哪里？列一张清单吧！

问题 2 对于不好的图，你不喜欢哪里？哪里有瑕疵？你会做怎样的调整？

问题 3 在这个过程中，你能总结出哪些能为自己所用的技巧？

练习 2.16　参加“用数据讲故事”比赛

学习的最好方式之一就是实践。“用数据讲故事”比赛每个月举行一次，方便读者实际应用数据可视化技术和讲故事的技能。事实上，你也可以参加！把这个比赛当作试验场地吧：你可以试验新的工具、新的技术或者新的解决方案。比赛欢迎每个人参加，对职业背景、所用工具和经验水平都不做限制。

每月月初，我们都会在 storytelling with data 网站上公布题目（challenge）。参赛者会有一段时间来收集数据、制作图表并把图表及相关补充资料分享出来。这些比赛主要关注不同的图表类型，有时候也会给出一些小技巧供读者尝试。这对拓展读者的技能以及与他人分享自己的成果大有帮助。

所有在截止日期前提交的稿件都会在当月晚些时候公布出来。每个月的活动及相关稿件都会在 storytelling with data 网站上存档。

在该比赛中，你可以进行多种练习。

- ❒ **参赛**！按时参加比赛，制作自己的图表并把它分享出来。如果来不及，可以选择既往参赛者的图表激发自己在数据可视化上的灵感。

  既可以自己一个人做，也可以和朋友组成团队。然后在社交媒体上分享自己的成果。

- ❒ **模仿**！从既往参赛的图表中选一张你喜欢的，用自己的工具把它做出来。和原作者相比，你的做法有什么不同？

- ❐ **评析**！从既往参赛的图表中选 3 张你认为做得不错的，想想可以总结出什么经验为自己所用。选 3 张你认为做得不太好的，想想它们的问题，而自己又将如何改进。可以从中学到哪些教训，避免自己重蹈覆辙呢？
- ❐ **举办自己的比赛**！召集一些同事、朋友，从网站上找一道题（或者自己出一道）进行比赛：每个参赛者会有一段时间来收集数据、制作图表。等大家都完成后聚在一起讨论，让每个人都有机会分享自己的成果并得到他人的反馈。在这个过程中，思考自己的心得体会。这个有趣的过程有助于反馈型文化的形成，练习 9.4 会对此做详细介绍。

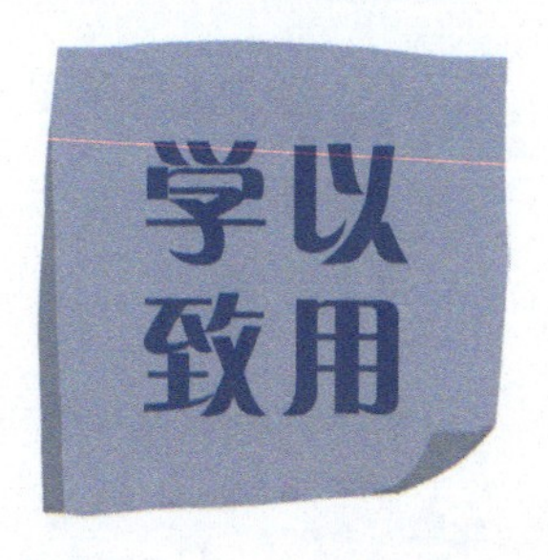

接下来，探索如何将本章所学应用到工作中，看看需要问自己什么样的问题，以及该如何寻求反馈。

找一个项目，完成以下练习！

练习 2.17　画出来！

找一个涉及数据可视化的项目。拿一张纸、一支笔。计时 10 分钟，看看自己能想到多少绘制方案。

计时结束后，整理自己所画的东西。你最喜欢哪一张？为什么？

把你的方案给别人看一看，向他们解释一下你想传递的信息。他们最喜欢哪一张？为什么？

如果你在做的过程中卡壳了，或者想寻求新的解决方案而自己又想不到，可以订一间带白板的会议室，叫上几个富有创意的同事。跟他们讲一下你想展示的东西，反复画一画。在勾勒不同的解决方案时，不妨有些讨论和争辩：哪里做得不错？哪里有所欠缺？哪个方案值得用工具做出来？你能自己做出来吗？如果不行，能找到什么样的帮助把结果实现出来？

练习 2.18 用自己的工具多试试

给自己安排一些灵活的时间，多试试不同的数据呈现方式，有助于加强自己对图表形式的理解，帮助自己更容易地得到受众由衷的赞叹。

找一些你想画出来的数据。打开趁手的画图软件，多画画。你能从多少种角度来观察这些数据？计时 30 分钟，用画图软件把这几种数据表现形式都画出来。

计时结束后，评估每一张图：它们各自的优缺点是什么？你想让受众看到什么东西？哪张图最能达到目的？如果不确定，可以看看练习 2.21，那里介绍了一些有关获取反馈的小技巧。

练习 2.19 思考以下问题

你会自然而然地认为自己制作的图表设计合理，因为你已经熟悉了数据，知道该仔细看图表的哪个部分，也明白哪些元素才是重心。但是对于图表的受众而言并不尽然。做好图表后，不妨问问自己以下问题，看是否还有必要进行深入的优化。

- **你想展示什么？**你想让图表的受众看到什么？你制作的图表达到了这个目的吗？哪些结论是一目了然的？哪些对比是一目了然的？目前的图表呈现形式可能会带来什么困难？
- **你的图表有多重要？**展示的是一个关键性问题吗？还是受众可能感兴趣的小问题？利益相关者有哪些？是临时应急做一下就行，还是需要精雕细琢？需要做到完美吗？需要精确到什么程度？
- **预设的目标受众是谁？**受众熟悉这些数据吗？这与他们的既有观念是否一致？这是否会颠覆他们的既有认知？他们对数据的具体呈现方式有没有特定的预期？传统和新颖的数据呈现方式各有什么优缺点？受众可能会问什么问题？你有何预期，会做何准备来自然地应对这些问题？
- **受众熟悉你采用的图表类型吗？**受众不熟悉的所有东西都会产生一定的障碍。我们可能因此不得不想办法吸引他们的注意，从而有机会对图表的阅读方法进行说明；或者给受众足够的时间，让他们自行摸索。一般来说，不要使用新奇的呈现形式，除非你有足够充分的理由，比如能让数据更加一目了然，或者只有这种新的形式才能让受众以全新的视角来看待问题。同时，思考以下问题：你打算花多长时间介绍图表？只有理解了图表形式才能理解图表中的数据，你认为受众需要花多少精力来理解前者？
- **你打算怎么演示？**你会现场演示，还是会把图表发出去让受众自行阅读？后者尤其需要精心准备，向受众介绍清楚图表的意思和数据呈现方法。

练习 2.20　大声说出来

制作好图表或相应的 PPT 后，试着大声地从头到尾讲一讲。如果需要在会议上现场演示这些数据，不妨事先把它们投影到大屏幕上，预演一遍。就算这些数据是发给受众自行阅读的，这么做也大有裨益。

首先介绍图表展示的内容，如何阅读图表，以及图表中坐标轴的意义；然后介绍图表内的具体数据，以及从中可得出的重要结论。你的介绍过程可能就暗含了图表的改进方法。比如，如果你介绍时说“这不重要”或者“此处可以忽略”，那么这往往意味着相关元素可以在图表中以背景的形式呈现或者直接删除。如果你发现自己在阐述数据时有意无意地把受众的注意往某些元素上引导，就可以考虑在图表设计时在视觉上突出这些重点内容。

如果需要现场演示，那么在准备阶段大声地说出来也会令最终的演示更加顺畅。先对自己说一遍。等到对自己的阐述满意了，就可以给别人讲一讲，获取一些反馈。关于获取反馈，练习 2.21 提供了更多指导。

练习 2.21　寻求反馈

想象一下，你制作好了一张图，觉得自己做得还不错。这是因为你是最了解它的人，它对于你而言自然具备合理性。但是，对于图的受众来说，它是否依然容易理解呢？

再想象一下，你用工具对数据呈现形式不断进行优化，制作了多张不同的图却不确定该用哪张。

对于这些情况，你可以向他人寻求反馈。

制作好图表后，找个靠谱的朋友或同事——靠谱就行，不一定要有数据可视化领域的知识背景。和他们聊一聊，谈谈在理解图表信息时的思维过程，具体包括：

- 他们最关注图表中的哪块内容；
- 有什么问题；
- 能得出什么结论。

这样的对话有助于评估图表质量，判断图表是否能达到预期的效果；即使无法达到预期的效果，也能给图表的后续优化指明方向。对话时可以问些问题。还可以讨论一下图表设计时的一些决策，谈谈哪些决策是有效的，哪些决策则由于对数据的熟悉程度不同而效果有限。从不同地方收集反馈是非常有益的：从一个身份与自己截然不同的人那儿得到意见和建议，无疑会对自己助益良多。

除了对话，还可以观察别人第一时间的面部表情反应：在人们自己意识到之前，这些面部表情其实就已经持续了几毫秒。如果你看到对方眉头紧锁或者撅着嘴，那就意味着图表中有什么地方不太对劲。关注这些面部表情线索，据此优化自己的图表。如果别人在理解图表时遇到困难，不要从他们身上找原因。想想自己做些什么可以让图表中的信息更易于理解：也许你可以用更清晰的方式来呈现标题或图标，也许在色彩的使用上可以更保守一些以突出重点，或者干脆变换图表的类型从而更好地阐述自己的结论。

在练习 9.3 中，我们将介绍更多有关提供反馈和获取反馈方面的内容。

练习 2.22　制作数据可视化工具库

不妨多多收集平时工作过程中的优秀的数据可视化例子，整理成一个工具库。可以自己一个人做，也可以把这件事情当作整个团队或者整个机构的任务。在收集时注意分类，使其易于搜索（比如，可以按图表类型或主题、工具来分类）。把这些例子放到网上供大家下载，让别人也能看到图表的制作过程，并且可以修改后使用。除了收集自己制作的例子，也可以收集平时在新闻、博客和“用数据讲故事”比赛中碰到的优秀案例。

把高效的数据可视化当作整个团队的目标吧。可以定期组织一些友谊赛，让参赛者自荐或推荐其他同事的优秀作品。友谊赛可以每月或者每季度组织一次，选出优胜者，将其作品归档并分享出来。这样持续进行的活动完全可以成为灵感之源：如果有人在设计时遇到困难，就可以去作品的“归档中心”看看，研究一下既有的优秀案例，找找思路。与此同时，它也可以成为公司新人的资料库，刚入职的员工可以上去看看同事们的优秀作品，给自己的工作成果设定一个合理的预期。

练习 2.23　探索更多资源

互联网上存在很多资源，可以帮助你挑选合适的图表形式，或者从别人优秀的作品中获取灵感。实践，获取反馈，然后继续实践——这就是成功之道。一些网站提供了有用的工具，当你根据自己的需求寻找合适的图表形式时，它们也许会有所帮助。

还有一些网站展示了优秀图表，方便你浏览别人的作品找找灵感。对于看到的每一张图，不妨停下来思考一下，图中哪些地方做得不错（哪些地方则不尽如人意），想想自己制作图表时可以吸取哪些经验教训。

练习 2.24 讨论

思考以下与第 2 章内容相关的问题。与朋友或者团队成员进行讨论。

- ❒ 处理表格的方法和处理图形的方法有什么不同？用表格的形式呈现数据有哪些优缺点？哪些场景适合使用表格？哪些场景则需要避免使用表格？
- ❒ 画数据图时经常需要决定是使用 y 轴并在上面做标记，还是忽略 y 轴，直接标记在数据旁边。在比较这两种方案的优劣时，你会做何种考量？
- ❒ 什么时候可以在数据图中采用非零基线？
- ❒ 为什么白纸是画数据图的绝佳工具？本章中需要手工绘图练习对你是否有帮助？你在今后的工作中是否会使用这种科技含量较低的方式？为什么？
- ❒ 对于同一个数据集，用多种方式来绘图有何好处？为什么反复优化很重要？为什么需要从多种角度来看待数据？你计划从什么时候开始这么做？什么情况下无须进行这种反复的优化？
- ❒《用数据讲故事》一书与本书中涉及的大多是基础图表，比如折线图和条形图。在什么情况下需要尝试更加新奇的表现形式？使用受众未接触过的图表类型有哪些优缺点？在使用新型图表的情况下，可以做哪些事情来确保成功？
- ❒ 会不会出现这样一种情况：你所在的团队或机构已经用某种方式为数据画好了图，而你却坚信这张图需要更换？你会如何推动这一变化？预期会遇到什么样的阻碍？你将如何应对？
- ❒ 对于本章介绍的一些策略，你会给自己设定什么具体的目标？你的团队呢？如何确保执行该目标的相关行动？你会向谁寻求反馈？

第3章

原则三：干扰是你的敌人

想象一张白纸或者一块空白屏幕，你在上面添加的每一个元素都会消耗受众的一部分认知精力，也就是消耗他们的脑力去处理。因此我们希望仔细审视沟通中的视觉元素，把无法增加信息量的元素（或者无法有效呈现足够信息的元素）删除。

识别并消除干扰是本章的重点，该操作虽然简单，却能影响信息的有效传递。我们会通过一系列有针对性的练习来阐释并带你体会其中的奥秘。

首先来回顾一下《用数据讲故事》第3章的主要内容。

《用数据讲故事》第3章 首先回顾

干扰是你的敌人

干扰 占据空间但无益于理解的视觉元素

认知负荷 理解新信息需要消耗的脑力

我们添加的每一个元素都会增加受众的认知负担

因此应该删除无法增加信息量的元素

(另一种形式的**干扰**)

视觉无序 ⟷ 使元素对齐，并适当留白

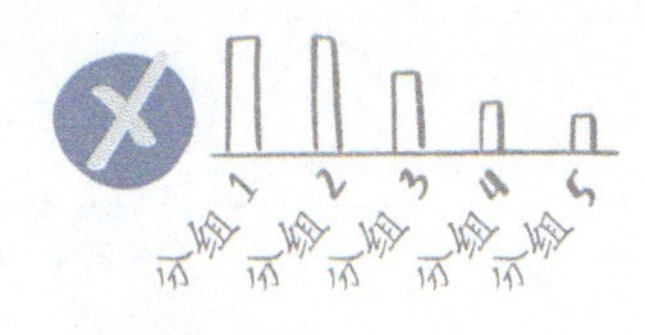

横向或者纵向排列元素，避免沿对角线排列

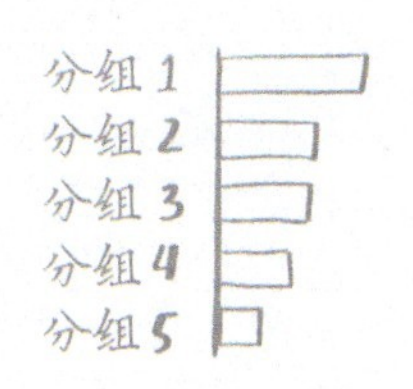

对比的错误使用

有策略地对比能突出需要关注的信息

不要使用过多有差异的元素，否则无法有效传递核心信息

格式塔原则

描述我们从潜意识层面如何认知周围世界的规则

我们可以通过对该原则的理解来识别并消除干扰

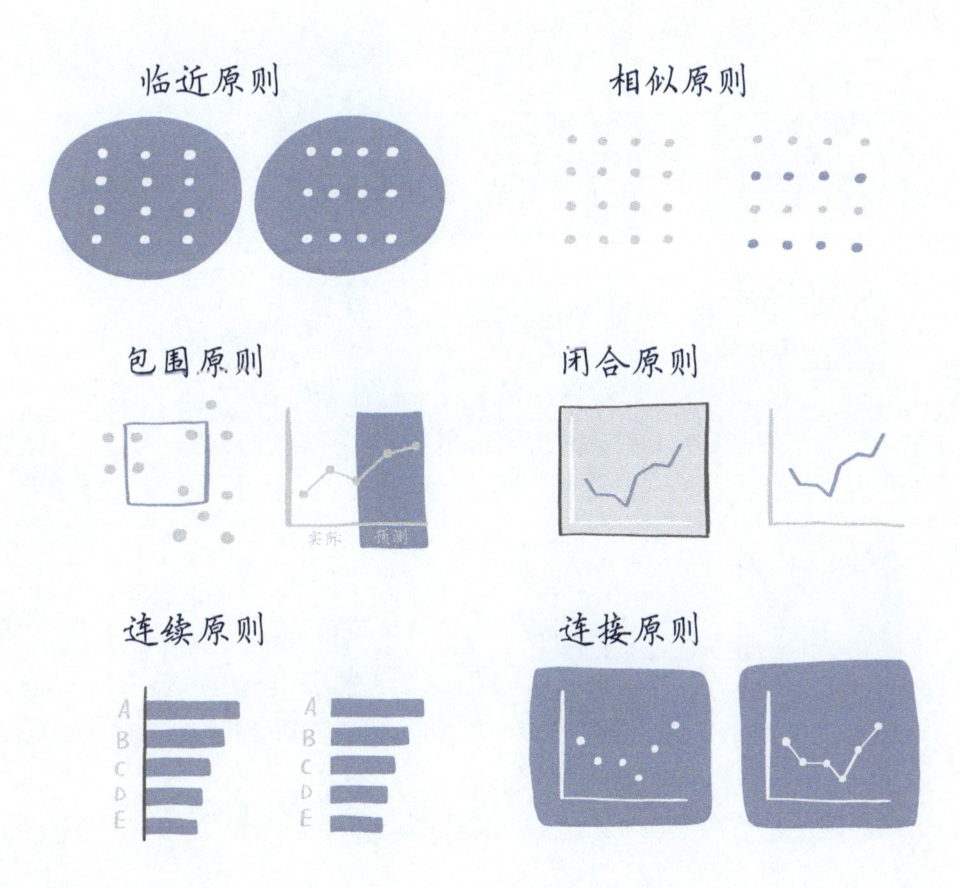

跟练

练习3.1
哪些格式塔原则在起作用？

练习3.2
如何关联图表和文字？

练习3.3
应用对齐和留白

练习3.4
消除干扰！

独立练习

练习3.5
哪些格式塔原则在起作用？

练习3.6
找到优秀的图表

练习3.7
对齐和留白

练习3.8
消除干扰！

练习3.9
（还是）消除干扰！

练习3.10
（进一步）消除干扰！

学以致用

练习3.11
从一张白纸开始练习

练习3.12
你是否需要这些元素？

练习3.13
讨论

我们会从熟悉视觉认知的格式塔原则开始，进而通过应用它们来消除干扰，为受众带来更舒适的视觉沟通体验。

练习 3.1　哪些格式塔原则在起作用？

视觉认知的格式塔原则描述了我们从潜意识层面认知周围世界的规则。《用数据讲故事》一书已经介绍了其中的六大原则：临近原则、相似原则、包围原则、闭合原则、连续原则和连接原则。应用格式塔原则有助于在不同元素间建立显性连接，从而帮助受众更容易地理解沟通内容。

图 3-1 展示了某类药品在不同月份的实际及预估市场规模（以销售总额衡量）。**你能识别出它应用了哪些格式塔原则吗？如果能，你是否可以进一步说明它们是在哪里应用以及如何应用的？**

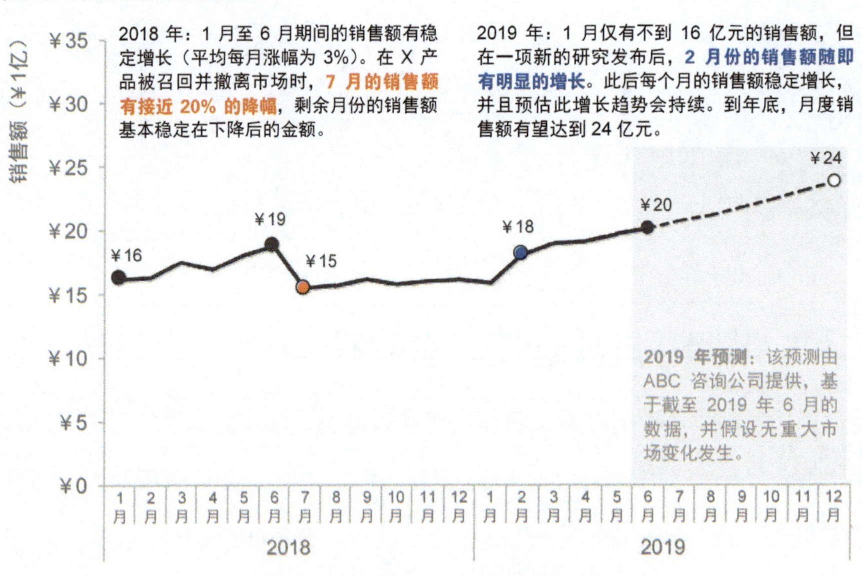

图 3-1　哪些格式塔原则在起作用

答案 3.1　哪些格式塔原则在起作用？

我在图 3-1 中应用了全部的六大格式塔原则，让我们快速回顾一下。

临近原则在不同的地方均有应用。例如，y 轴标题和标签距离很近，有利于我们将其联系起来理解。另外，两个年度的数据标签亦相互临近，可清楚地说明其相关性。

相似原则通过颜色应用，把标签文本中的相关文字和对应的图表数据用相同的颜色（橙色和蓝色）进行关联。

包围原则应用在图 3-1 右下角的浅灰色阴影部分。阴影区域一方面将预测数据与实际数据分隔开，另一方面也将预测数据和右下角的补充说明文字关联在一起。另外，x 轴上 2018 年和 2019 年之间的分隔线也有包围原则的效果。

闭合原则在整张图中均有体现。我并没有在图中使用边框，实际上也并不需要。闭合原则告诉我们，人倾向于将一系列个体元素看作一个可识别的整体，所以也会自然而然地把图表当成整体的一部分来理解。如果我们从闭合原则的角度来审视其他元素，会发现每个文本框都应用了该原则。

连续原则应用于图 3-1 右侧表示预测数据的虚线。虚线中的点虽然没有连在一起，但在视觉体验中，我们仍会将它看作一条线。不过虚线会增加干扰（相比实线，虚线由很多不连续的短线组成），我建议仅在描述不确定数据的情况下使用它，比如这里的预测数据。

连接原则在折线图中应用，通过连接月度数据，使我们更容易理解整体发展趋势。坐标轴亦应用了此原则，让我们在视觉上连接了 y 轴上的销售额和 x 轴上的时间。

当然，图 3-1 中可能还应用了我尚未提及的其他格式塔原则。你发现了哪些呢？你又将如何在未来的实践中应用它们？我们会在接下来的练习中持续探讨格式塔原则的应用。

扩展到《用数据讲故事》第 3 章的其他内容，反思在图 3-1 中如何通过有策略地使用对比、对齐和留白，为受众打造更舒适的图表阅读体验。说到这类设计元素，我们后续会通过练习进一步地扩展和探讨。不过，让我们先看一下如何应用格式塔原则来关联图表和文字。

练习 3.2　如何关联图表和文字？

在解释性分析的数据沟通场景下，我们常采用 PPT 的形式，每一页会同时包含文字和图表。我经常会碰到，PPT 中的图在一侧，文字排列在另一侧；或者文字在页面顶端，一两个图置于文字之下。这些文字和图表对于沟通而言都不可或缺：文字帮助我们理解背景信息或者提供补充说明，图表则为我们提供信息的可视化呈现。

挑战在于，受众往往需要消耗大量的精力来关联这两部分内容。当我们阅读文字的时候，会发现需要自行去图表中搜寻对应的数据来佐证文字内容，反之亦然。

不要让你的受众陷于这种困扰！

我们可以通过应用格式塔原则关联文字和图表，让受众一目了然。下面就来练习。看看图 3-2，**哪些格式塔原则可以帮助我们关联右侧的文字和左侧的图**？请列举出来，并说明你将如何使用它们。你会将哪个原则用于以下数据的沟通？

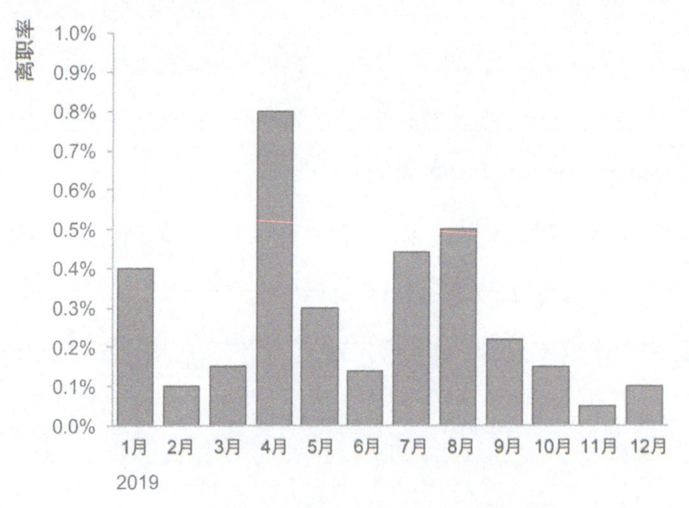

重点关注

4月有一次重组，虽然我们没有取消任何岗位，但很多人选择了离职。

离职率在夏季有所升高，主要是由于部分同事选择重回学校学习。

11月和12月的离职率一般比较低，主要是由于有圣诞节假期。

图 3-2 如何关联图表和文字

答案 3.2 如何关联图表和文字?

当受众阅读右侧的文本时，并没有引导性的线索可以帮助他们找到图表中提供佐证的数据。他们需要先阅读、思考，然后在图表中进行探索。换句话说，他们只有花费一定的时间和精力，才能探究清楚图表和文本的关联。但是我并不希望受众花费很多时间和精力才能“探究清楚”。类似于图 3-2 的设计隐形地让受众承担了这部分工作，而我希望通过精心思考的视觉设计帮助受众尽量减少或者避免不必要的精力消耗。基于格式塔原则的设计尝试能够帮助我们实现这个目标。

我会阐释如何通过应用如下 4 个格式塔原则来关联数据和文本：临近原则、相似原则、包围原则和关联原则。让我们进一步讨论并看一下如何在实际中应用它们。

临近原则。我可以把文本移到临近数据的地方。只要不妨碍阅读，这会是一个不错的方式，如图 3-3 所示。

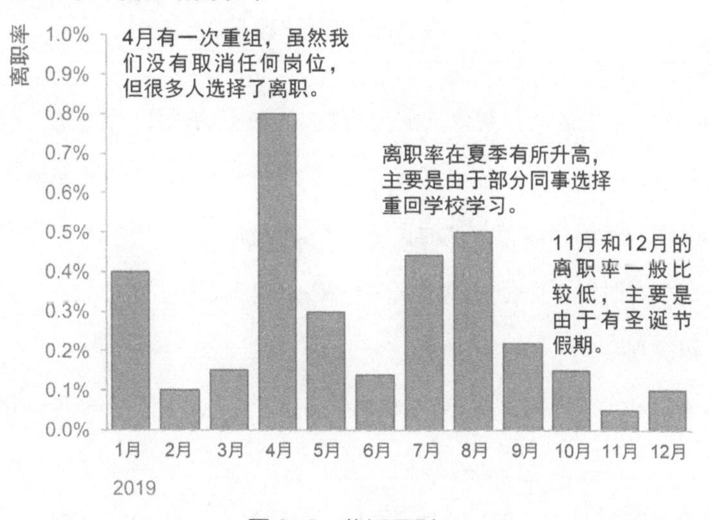

图 3-3　临近原则

文本和对应的数据距离很近，在一定程度上减少了受众阅读的精力消耗。但是，如果需要关联到准确的数据，我们仍然需要做出一定的假设或者阅读 x 轴上的信息。更进一步，我们需要在一定程度上突出这些数据，如图 3-4 所示。

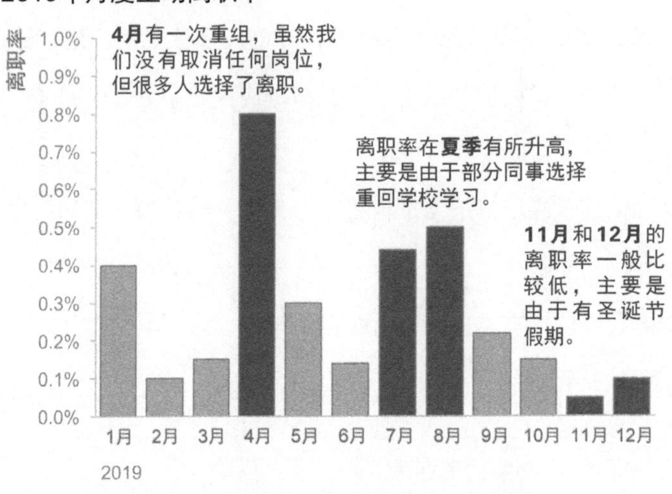

图 3-4　在临近原则的基础上突出重点

在图 3-4 中，我们使用深灰色来突出与文本相关的数据，同时在文本中将对应数据的时间以加粗的方式突出，以便在阅读时能够快速把文本描述的发现和对应的支持数据关联起来，以便于理解。然而，这种直接把文本放置于图表之中的方式有时也会对阅读数据造成干扰。有时候，你会发现图表中已经没有空间来放置文本。在这些情况下，建议考虑以下解决方案。

相似原则。我们仍然可以将文本放置在右侧，但通过颜色来关联图文，如图 3-5 所示。

当我阅读图 3-5 时，眼睛需要来回移动。我从左上角开始向右阅读，视线而后暂停在红色的数据条上，再移动到右侧的第一段文本和红色的“4 月”。我接着向下阅读，看到了橙色的“夏季”，这同时引导我看向左边的橙色数据条。最后，我的视线停在蓝色的数据条和临近的描述性文字上。我很习惯这样的阅读方式，所以经常应用该原则。当然，我们也可以探索其他选项。

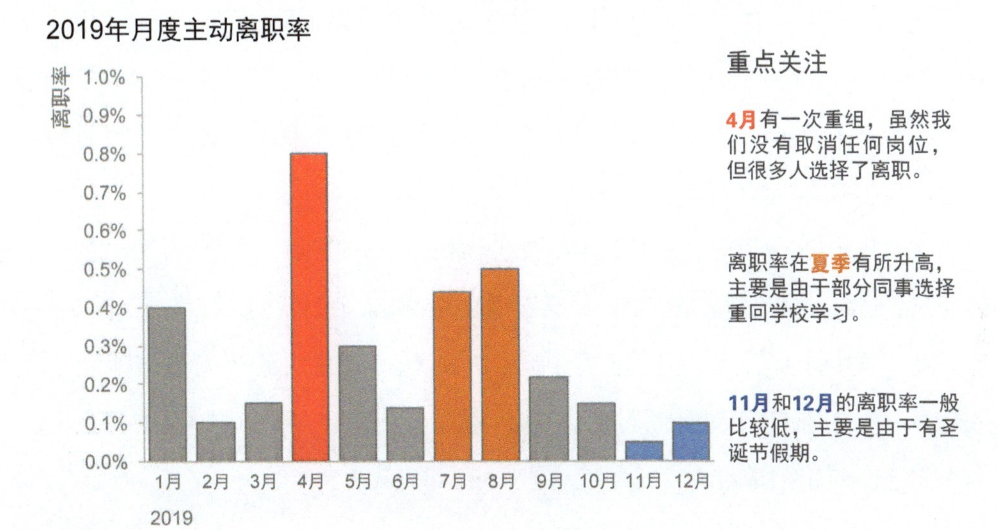

图 3-5　相似原则

包围原则。我们可以将关联的数据和说明性文字包围在一起，如图 3-6 所示。

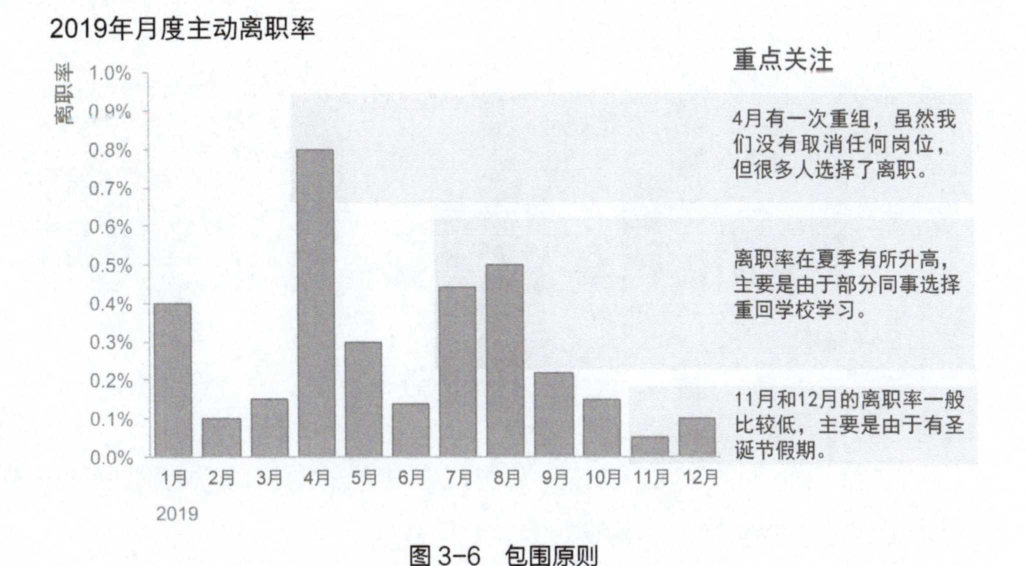

图 3-6　包围原则

在图 3-6 中，浅灰色阴影有效地把数据和对应的文本说明关联在了一起。但是如果数据的排列没有这么规则，这样的方式可能就行不通了。举个例子，如果 9 月的数据为 0.8%，数据条就会同时落在前两个灰色阴影中，引起受众的误解。实际上，9 月的数据和这两个文本说明都不相关。

虽然我喜欢这样的表现形式，但相较之前相似原则的应用，这种表现形式的另一个不足是，当我们讨论图表数据时，缺乏引导性的线索。假设我们在现场展示图 3-5，使用一些引导性的话语，如“让我们看一下红色数据条，它说明了……”或“蓝色数据条表示……”将更有利于我们的沟通。当然，我们可以通过在阴影区域中增加颜色来解决这个问题，如图 3-7 所示。

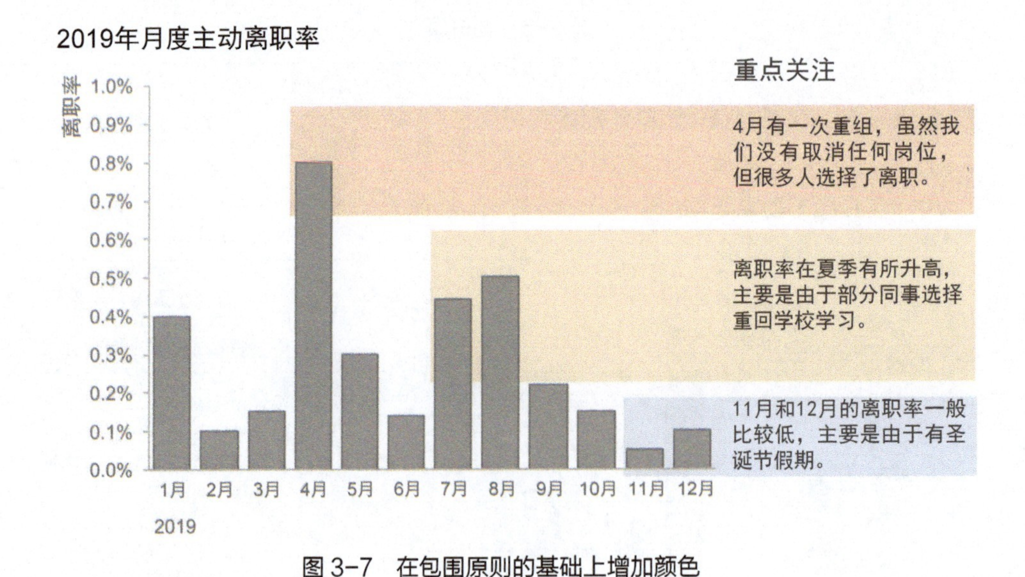

图 3-7　在包围原则的基础上增加颜色

除了使用不同颜色的阴影区域，还可以把数据和相应的文本设置为相同的颜色来突出数据和文本的相关性，如图 3-8 所示。

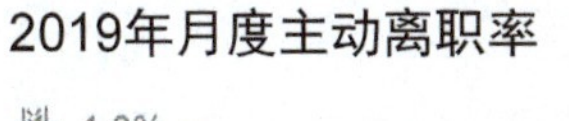

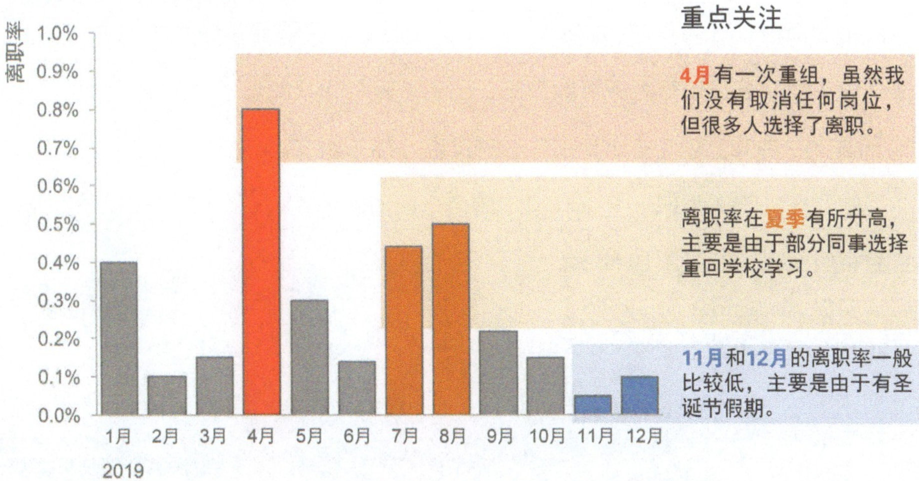

图 3-8　在包围原则的基础上叠加应用相似原则

连接原则。另一种关联文字和数据的方式是增加物理上的连接，如图 3-9 所示。

2019年月度主动离职率

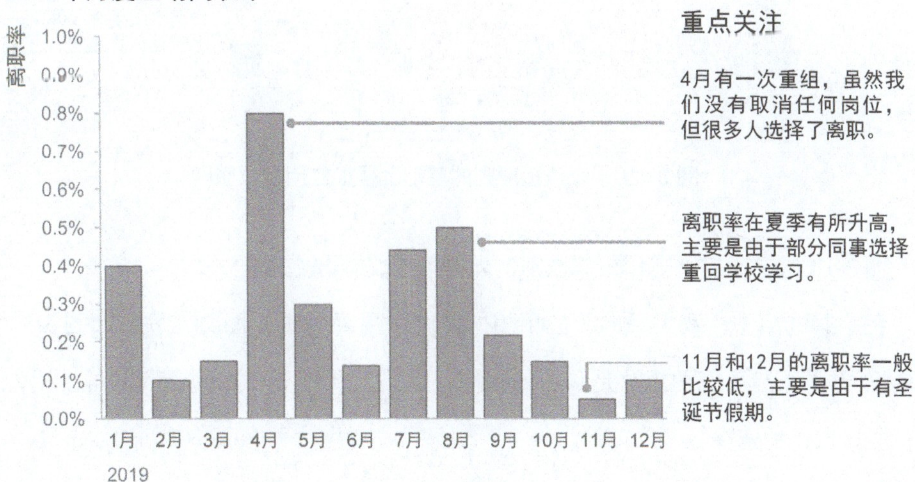

图 3-9　连接原则

基于数据条目前的高度来看，这种方式也是不错的选择。如果能只用少量横线，这种方式最为简洁。（斜线则较为杂乱，相比连接原则，我更建议应用相似原则。）注意这些线条应该细而淡，仅作为指引性信息，不应该吸引受众的过多注意。

当然，图 3-9 还可以进一步改善。我发现，第二段文本不仅对应 8 月的数据，也对应 7 月的数据。与之类似，第三段文本的信息同时对应 11 月和 12 月的数据。因此，可以应用相似原则，如图 3-10 所示。

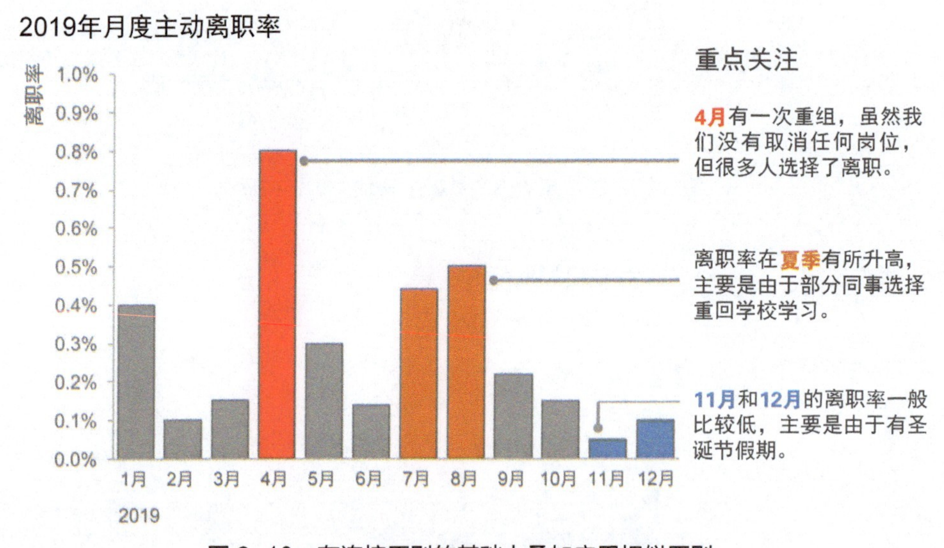

图 3-10　在连接原则的基础上叠加应用相似原则

图 3-10 通过连接原则和相似原则清晰体现了文本和数据的关联。

在这些选项中，我最倾向于应用相似原则，用颜色进行图文关联，如图 3-5 所示。图 3-10 也很不错。你的想法是和我的相似，还是有所不同？在阅读我的解释后，你是否仍坚持自己的选择？

正如我们之前讨论的，并没有唯一的“正确”答案。不同的人会做出不同的选择，最重要的是要为受众打造轻松舒适的沟通体验。当你同时展示文本和数据的时候，要让你的受众在阅读文本时容易找到对应的支持数据，并且在阅读数据时清楚地找到对应的解释性文字。格式塔原则能帮助你实现这个目标。

练习 3.3　应用对齐和留白

我们刚才已经研究了优化图表视觉效果的格式塔原则，接下来会探讨如何进一步消除视觉干扰。在画面元素没有对齐或者没有留白的情况下，受众会受到很强的干扰。消除视觉干扰的理念和清理杂乱的房间一样：如果我们能把每个东西放在它应该在的地方，就会发现，虽然面对的还是同样的东西，但是整理后会有一种秩序井然的和谐感。

让我们快速做一个练习，来说明如何对图表做出类似的改善。微不足道的视觉设计元素经过合理的安排就能对整体沟通效果产生意想不到的重大影响。

图 3-11 展示了一组分析数据，说明在 3 种营销活动（A、B 和 C）中医生开具的药品 X 的处方数占比。斜率图比较了 3 种营销活动对重复处方（医生开具过药品 X，数据置于图左侧）和新处方（医生首次开具药品 X，数据置于图右侧）在数量上的占比有何影响。不要在意案例的细节，也不要争论斜率图是不是最佳的数据呈现方式，只关注如何更好地安排目前的图表元素就好。

从对齐和留白的角度，你会对图 3–11 做出什么样的改善？还有哪些其他的建议？都写下来！也可以把你列出的改善建议直接应用于图 3-11。

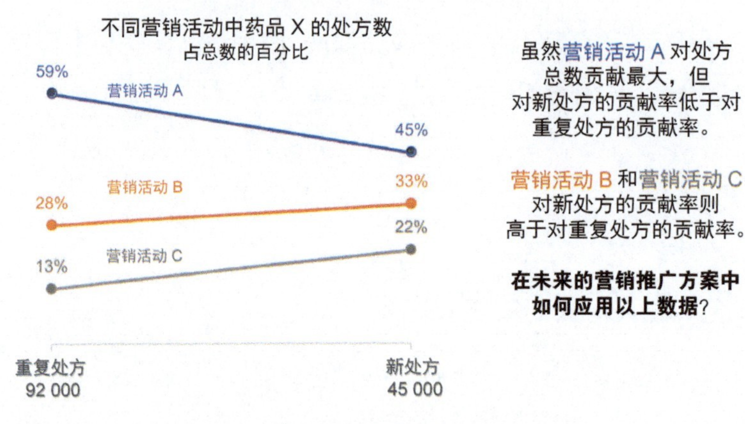

图 3-11 如何更好地应用对齐和留白

答案 3.3 应用对齐和留白

图 3-11 看起来有些随意，就像把元素简单地堆砌在了一起。我们可以花几分钟时间应用对齐和留白的技巧，使图更为规整，也让信息更容易理解。

首先看一下如何对齐。目前图 3-11 中的文字为居中对齐，但是最好避免这样的对齐方式，因为居中对齐一方面会让文本悬空，另一方面多行文字的不规则边缘也会带来干扰。我建议采用左对齐或右对齐的方式排列文字，在元素内创造清晰的水平和垂直对齐线。这也应用了格式塔的闭合原则：当水平和垂直对齐线形成框架时，受众会把其中的元素连接成一个整体进行理解。在本例中，我会把上方的结论、标题和 x 轴左侧标签“重复处方 92 000”调整成左对齐，并且把表格内的数据标签重新排列：把“重复处方”数据标签移至左侧，“新处方”数据标签移至右侧。另外，我会把“营销活动 A”“营销活动 B”和“营销活动 C”从图中央移至右侧，竖向排列在右侧对应的数据旁（也可以选择移至左侧，取决于我希望受众更关注哪部分数据）。最后，我会对右侧文字进行两端对齐。

除了右侧文字，我左对齐了大部分文字（唯一的例外是 x 轴上的标签“新处方 45 000”，我把它调整为右对齐）。选择左对齐或者右对齐（在极少数情况下，居中对齐）取决于元素在页面中的布局排列。我们的核心目标是创造清晰的水平和垂直对齐线，有时候右对齐的文本也能达到很好的效果，你在本书中也会看到一些右对齐的案例。

然后是留白。我先把标题往上移动，这样可以在图和标题中间留出一些空隙，接着把图的宽度缩小，为右侧的数据标签排列和文本说明留出空间。另外，我做的最大也是最快的改变，是在右侧文本中删除了换行符，使得文字更易于浏览，也更美观。

图 3-12 是我应用了以上改变后的版本。

去年的新处方数是45 000

营销活动对重复处方和新处方的贡献率不同

不同营销活动中药品 X 的处方数
占总数的百分比

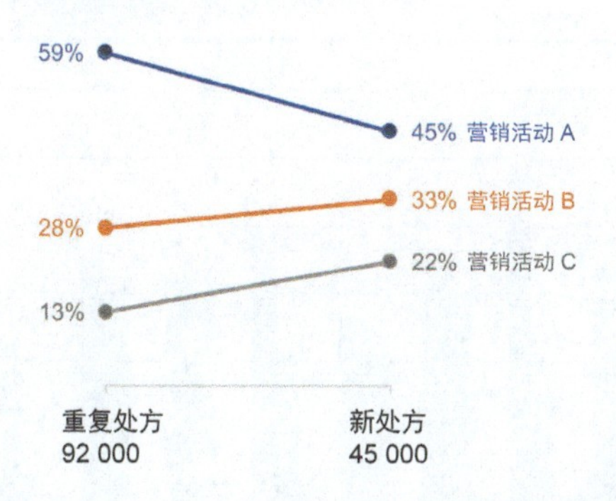

虽然营销活动 A 对处方总数贡献最大，但对新处方的贡献率低于对重复处方的贡献率。

营销活动 B 和营销活动 C 对新处方的贡献率则高于对重复处方的贡献率。

在未来的营销推广方案中如何应用以上数据?

图 3–12　更好地应用对齐和留白

比较图 3-11 和图 3-12，调整后的图和原来的图让你有什么不同的感觉？我觉得图 3-12 更具结构感，我更为欣赏这样的表现形式。

当然也可以采取其他方式重新设计图表，本例主要想传达的一个观点是，我们要周全地考虑对齐和留白的应用，这些小细节也会产生大影响。

第 5 章还会用更多案例介绍设计细节能够给我们带来的益处。

练习 3.4 消除干扰！

不必要的图表元素常常是干扰的源头，比如边框、网格线、数据标记，等等。它们会使图表变得过于复杂，为受众理解信息增加负担。当我们消除这些不必要的元素后，数据会被突出。让我们来进一步看一下，如何通过消除干扰来优化图表。

图 3-13 展示的是直销团队和渠道团队完成交易所需的时间，按天数来衡量。

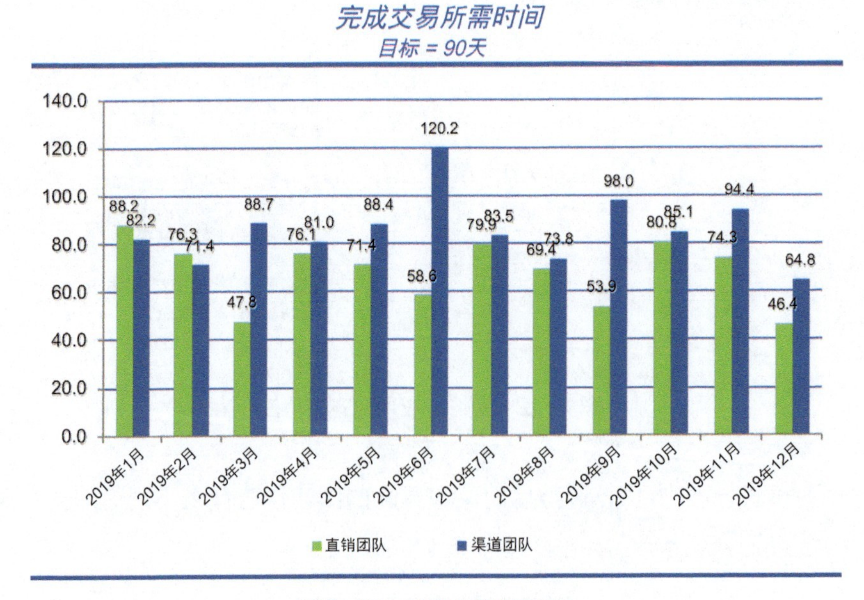

图 3-13 让我们消除干扰

你会消除哪些视觉元素？你还会做哪些改变来减轻受众的认知负担？花些时间考虑并写下你的答案。你会对图表做出多少个改变？

答案 3.4 消除干扰！

对于图 3-13，我一共找出了 15 个需要做出的改变。如果你列出的改变少于 15 个，我建议你在阅读答案前回顾图 3-13 并再花一两分钟思考一下是否还有其他你认为需要做出的改变。

准备好了吗？让我来一步步讲解我要做出的改变以及背后的思考。

(1) **删除粗实线**。标题和图表间的粗实线以及图表底部的粗实线并没有存在的必要。闭合原则告诉我们，我们会自然而然地将图表作为整体的一部分来阅读和理解，并不需要额外的边框线。如果需要区分，可以在标题、图表和其他元素之间适当留白，如图 3-14 所示。

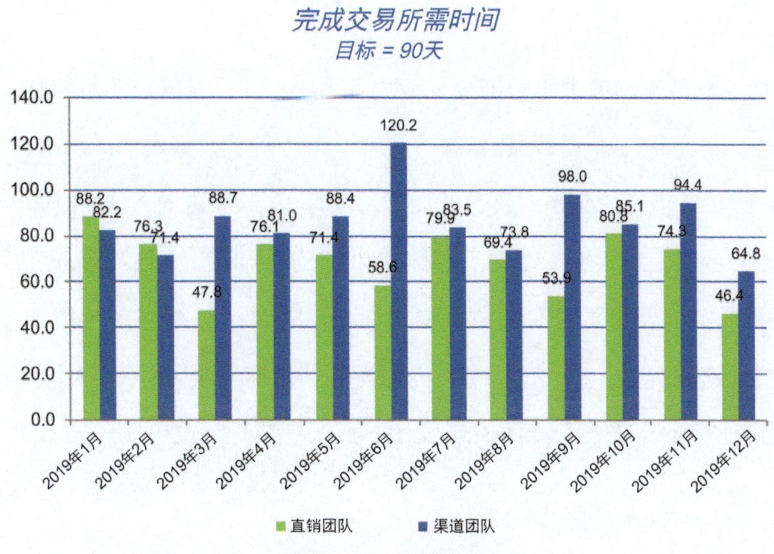

完成交易所需时间
目标 = 90天

图 3-14 删除粗实线

(2) **删除网格线。**网格线也是没有必要的。仅仅删除图表边框和网格线就能达到使数据一目了然的惊人效果，如图 3-15 所示。

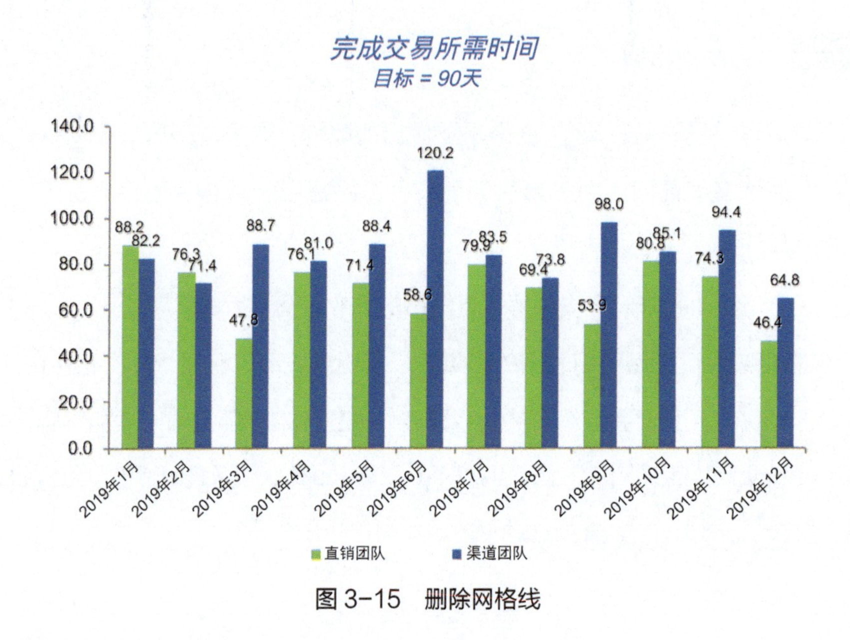

图 3-15　删除网格线

(3) **删除 y 轴数据标签的小数部分。**小数点后的 0 并没有带来任何信息，可以直接删除。同时，我也要改变 y 轴数据标签的频率。虽然基于数据规模，以每 20 天设置数据标签是合理的，但考虑到是对天数的计算，以每 30 天（约 1 个月的时间）设置数据标签可能更为合理。我做出了尝试，但发现 30 天的间隔会让 y 轴看起来过于稀疏，所以最终选择了以 15 天为间隔设置数据标签。我们还需要给 y 轴添加标题，从而清楚地展示 y 轴数据代表的意义。我主张直接添加轴标题，这样受众就不会对数据有任何疑问，也不需要自行“破译”数据，如图 3-16 所示。

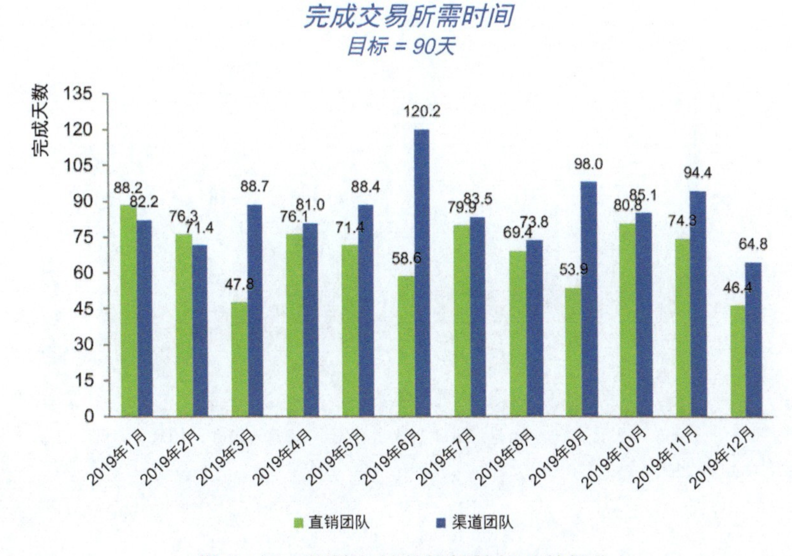

图 3-16　删除 *y* 轴数据标签的小数部分

(4) **调正 *x* 轴数据标签**。倾斜的文字看起来散乱无序，而且研究发现，相比水平排列的文字，阅读倾斜文字需要耗费更多的时间。如果你认为信息传递的有效性是数据沟通的一大目标，那我建议你尽可能使用水平排列的文字。

我们还发现，年份在每一个标签中重复出现，这不但冗余，还占据了空间。空间不足也会迫使我们选择将文字倾斜。做些调整即可避免这样的情况：我们可以直接把年份作为 *x* 轴的轴标题，如图 3-17 所示。

(5) **加粗数据条**。数据条的间距比数据条本身还要宽，让人难以忍受。这也涉及格式塔的连接原则的应用，当缩小数据条的间距后，我们就更容易把数据条连起来看，如图 3-18 所示。如果把条形图改成折线图是你的建议，别担心，这也是我的建议，稍后就会说明。

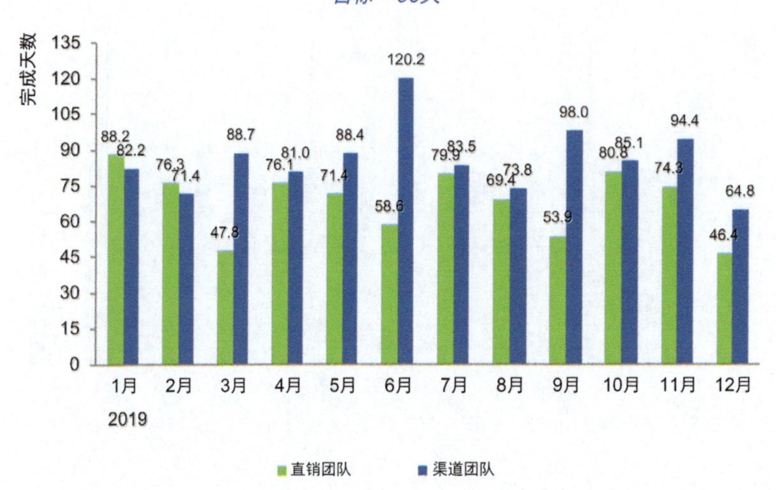

图 3-17　调正 *x* 轴数据标签

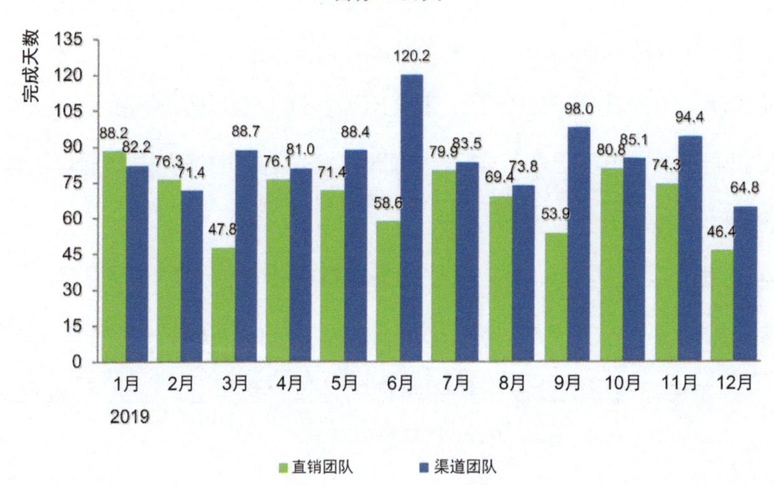

图 3-18　加粗数据条

(6) **把数据标签置于数据条内。**加粗数据条也给我们留出了空间，可以把数据标签放置在数据条内。这是一个认知技巧。回到图 3-18，把数据标签放在数据条上方会让受众认为数据条和数据标签是两个分离的元素。把数据标签嵌入加粗的数据条顶部，就把两个分离的元素变为一个统一的元素。这样的调整既没有减少我们想展示的数据，也可以达到减轻受众认知负担的效果。

之前，我们在每个数据标签上都保留了一位小数。小数点的使用通常由情境决定。在本例中，考虑到数值较大，我们并不需要特别展示小数。但要当心答案 2.1 中讲到的精确度假象。在这里，删除小数点还有另外一个好处：可以更简洁地把数据标签嵌入数据条顶部。注意我还把标签改成了白色（之前是黑色），因为白色在深色背景上更显眼，如图 3-19 所示

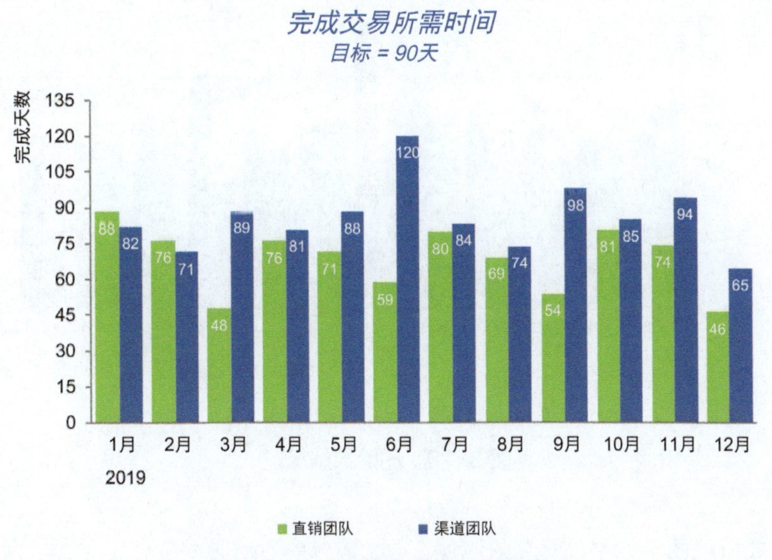

图 3-19 把数据标签置于数据条内

(7) **删除数据标签**。在之前的步骤中，我们已经把数据标签置于数据条内了。然而，*y* 轴和每个数据标签并不需要同时出现。这也是数据可视化过程中常见的一个决策：我要直接保留轴线，还是数据标签？对于该决策，数值的重要性是主要的考量点。如果受众需要准确地知道直销团队完成交易所需的时间在 11 月为 74 天，在 12 月变成 46 天，就需要保留数据标签，直接删除 *y* 轴。如果你只需要受众关注数据的形态、总体趋势或关系，那我会建议保留轴线，删除数据标签，以减少过多图表元素的干扰。

本例假设数据形态和总体趋势比具体数值更为重要，所以我会保留 *y* 轴并且删除每个数据条对应的数据标签，如图 3-20 所示。

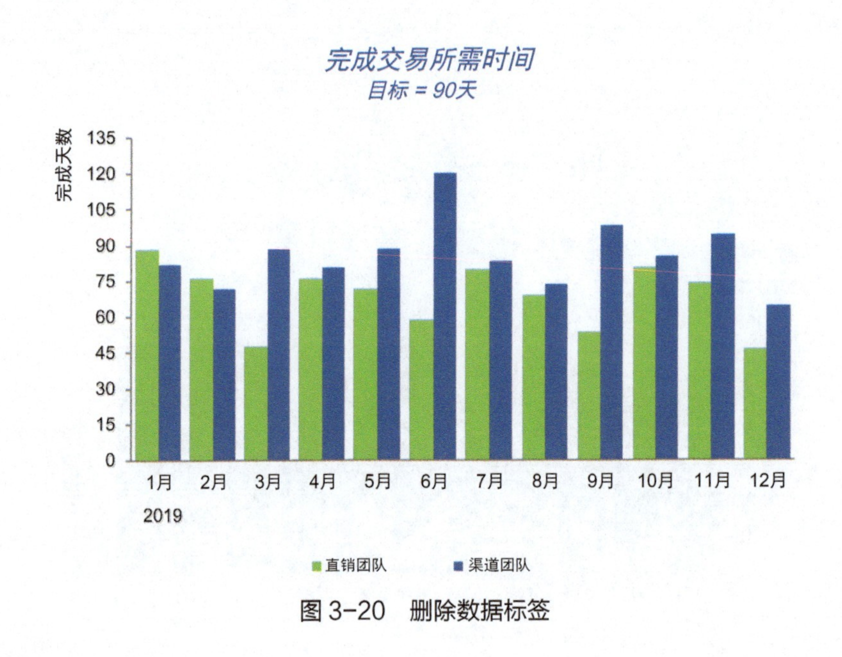

图 3-20　删除数据标签

(8) **改成折线图**。如果你一直在考虑："这是一系列随时间变化的数据，为什么不使用折线图呢？"，那么我们想到一起去了！图 3-21 是把条形图改为折线图的效果。折线图用墨更少，所以整体设计更为简洁。另外，用两条折线替代之前的 24 个数据条，对于减轻认知负担亦大有裨益。

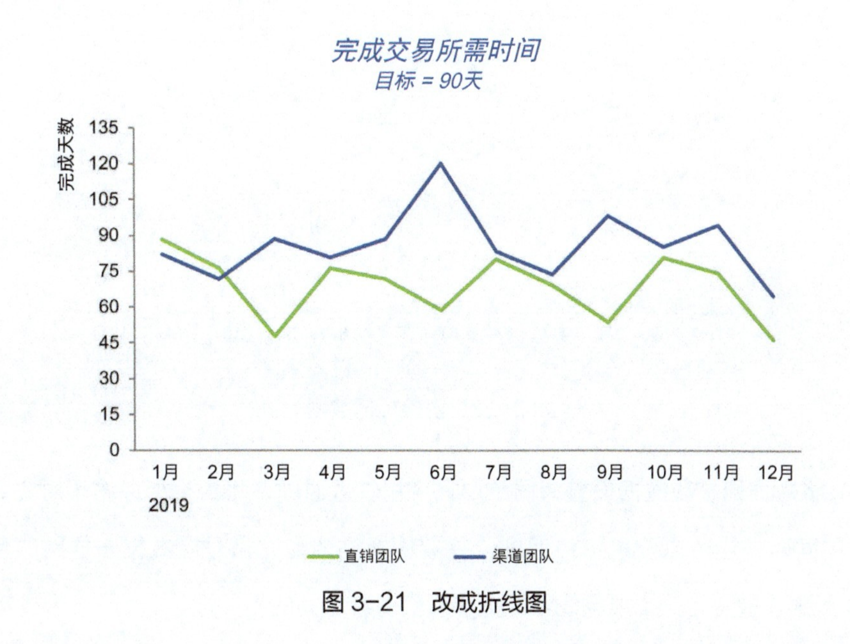

图 3-21　改成折线图

(9) **直接标记数据。**回顾图 3-21 并找出图例。你的眼睛需要来回移动才能找到，对吗？这也是受众需要做的工作。基于我们之前做的改善，这可能已经变得容易了一些，但是作为信息的设计者，我希望能够识别并承担这部分工作，而非让受众努力去寻找、辨别。

我们可以应用格式塔的临近原则，把数据标签直接放在对应数据的右侧（如图 3-22 所示），这样受众无须搜寻图例就能清楚如何解读数据。

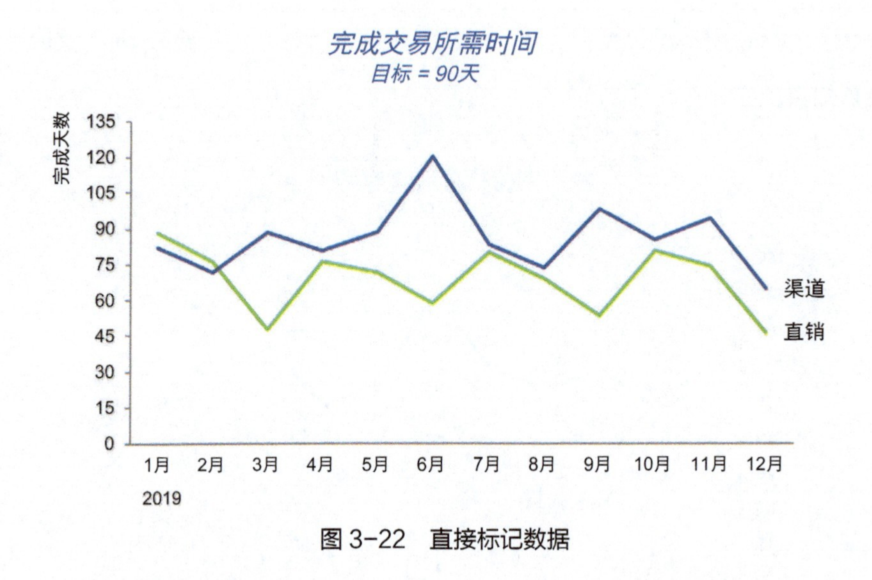

图 3-22　直接标记数据

(10) **将数据标签和数据设置为同色。**在应用临近原则（将数据标签置于对应数据的右侧）的同时，还可以应用相似原则，将数据标签调整成和对应数据一样的颜色，如图 3-23 所示。这是另一个视觉线索，提醒我们两者之间的相关性。

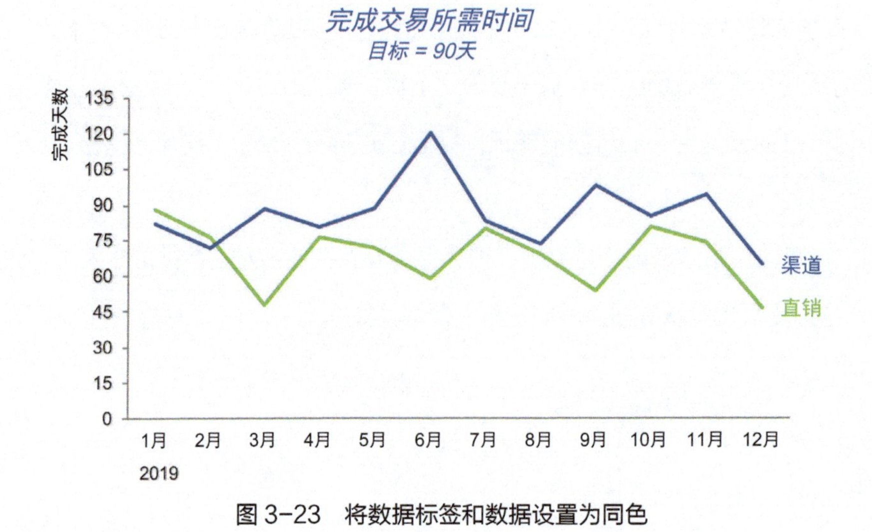

图 3-23　将数据标签和数据设置为同色

(11) **将标题移至左上角**。如果没有视觉上的引导，受众在读材料时往往会从左上角开始，然后像画“之”字一样移动视线。因此，我建议把图和坐标轴的标题、标签向左上角调整，如图 3-24 所示。这样受众在看到数据之前就可以了解如何阅读数据。如我们在练习 3.3 中讨论的，我倾向于避免居中对齐，因为这会导致文本悬空（看看图 3-23 中的标题），而且多行文字的不规则边缘也会带来干扰。我在调整标题位置的同时，也取消了文字的斜体设计，这样的设计并无必要。

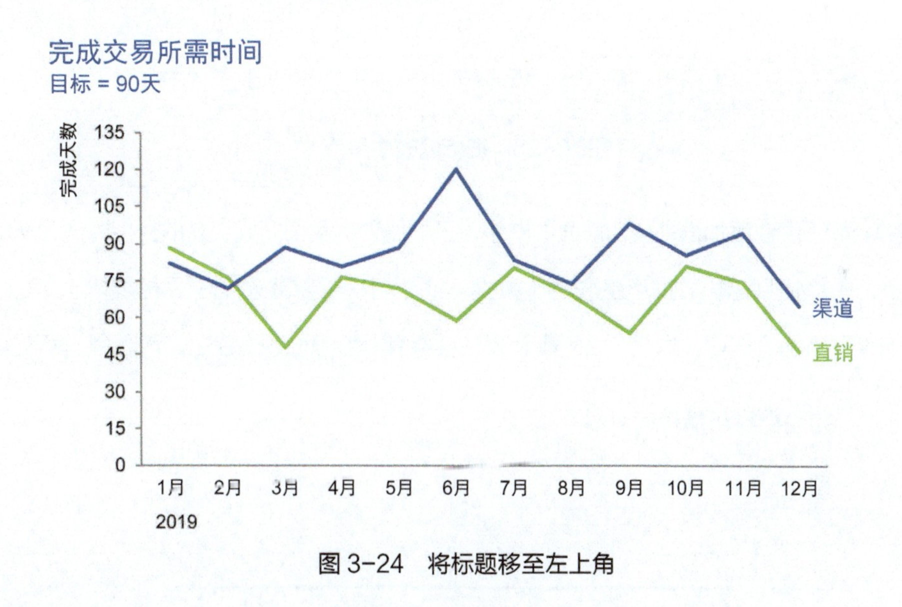

图 3-24 将标题移至左上角

(12) **把标题改成黑色**。到现在为止，图的标题一直是蓝色的，你是否发现自己会不自觉地把标题和渠道团队的数据关联起来？这也是格式塔的相近原则在起作用，我们会自然地把颜色相近的元素关联起来。但在本例中，这种关联反而会引起误解。让我们把标题改成黑色以消除误解吧（如图 3-25 所示）。稍后，我们还会探讨利用这种关联来设置标题颜色的另一种方式。

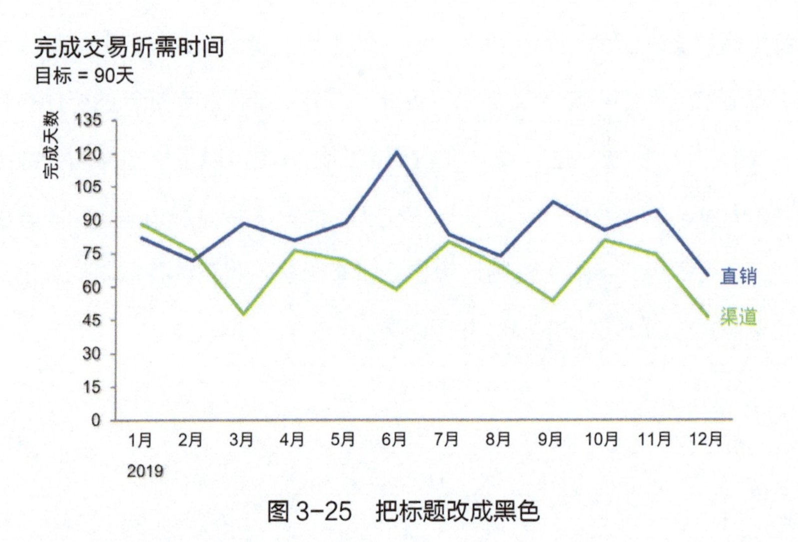

图 3-25　把标题改成黑色

(13) **将“目标”添加进来**。在前面的图中，子标题告诉我们完成交易的目标时间为 90 天。如果我们希望让目标和数据产生联系（数据是高于目标要求还是低于目标要求），就应该把目标直接添加进图中（如图 3-26 所示），这样可以直观地比较数据，而无须进行思考。

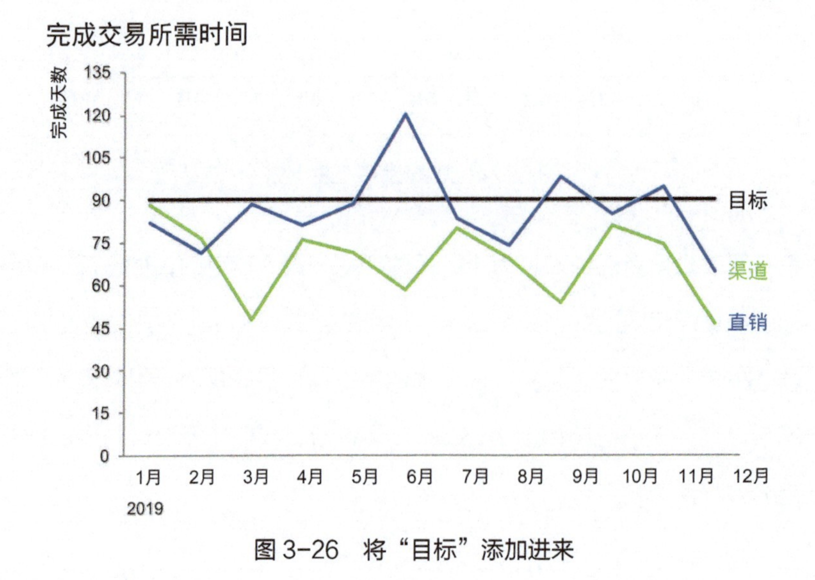

图 3-26　将“目标”添加进来

(14) **把“目标”调整至最佳呈现方式。**“目标”线在图 3-26 中过于突出，我们可以试试不同的做法，如图 3-27 所示。这也很好地展示了，花时间探索不同的表现方式在许多时候可能有用。我喜欢用虚线来代表目标，但是如果线条过粗，则会让人受到干扰。我会把线条调细，弱化它的影响——既容易让人看到，又不至于吸引过多注意。把“目标”二字加粗也能引人注目。对于较短的英文单词或短语，我喜欢统一使用大写字母（比如 GOAL），这样便于阅读，并且文字的形状更为规整。

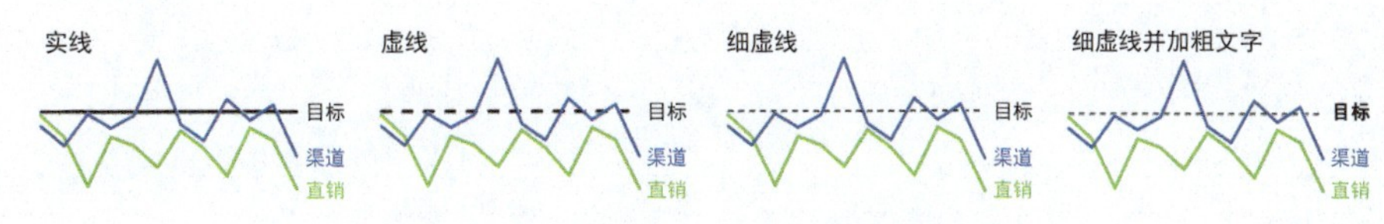

图 3-27　把“目标”调整至最佳呈现方式

让我们放大看一下调整后的版本，如图 3-28 所示。

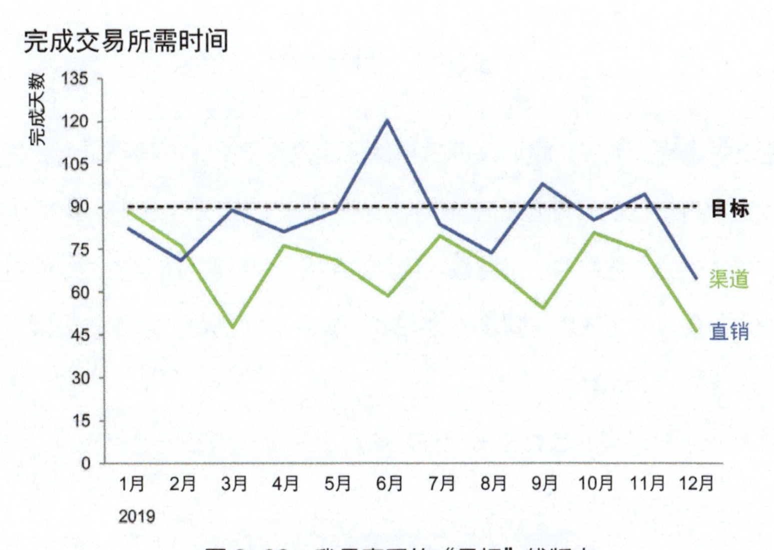

图 3-28　我最喜爱的“目标”线版本

(15) **去掉彩色**。考虑到我们已经用足够的空间隔开了图中的两条折线，其实并不需要再用颜色来进一步区分。我会先把图 3-28 中的元素改成灰色（如图 3-29 所示），在稍后讨论如何引导受众视线的时候则会再次添加彩色。

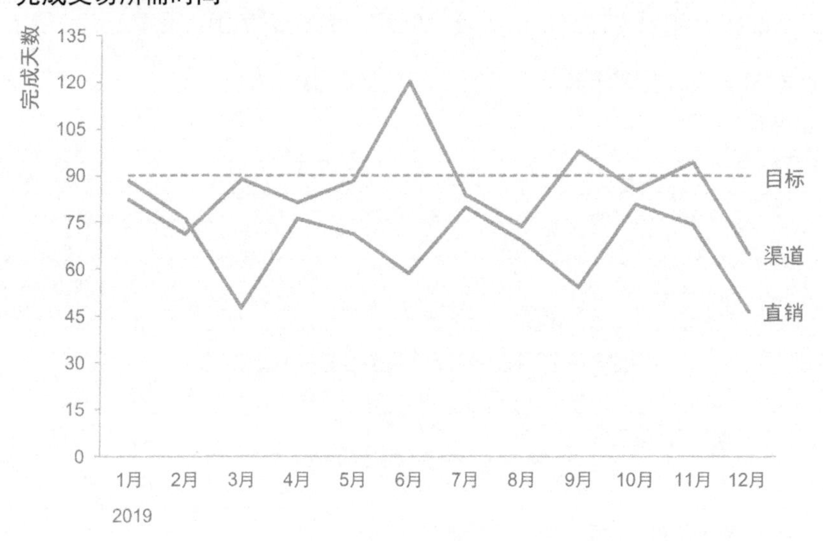

图 3-29　去掉彩色

引导受众的视线。现在，我们改进的步伐已经停不下来了。接下来，我将不再对修改编号，因为这些修改的目标已经不再是消除干扰了。在图 3-29 中，我把所有的元素都设置成了灰色，仿佛它们都成了背景。因此，我们需要周全地考虑，如何引导受众的视线，以及让受众的视线聚焦在**哪里**。这些数据能告诉我们很多事情，假设当下我们希望受众关注的是图中渠道团队的表现。

图 3-30 展现了可以实现该目标的一种方法。

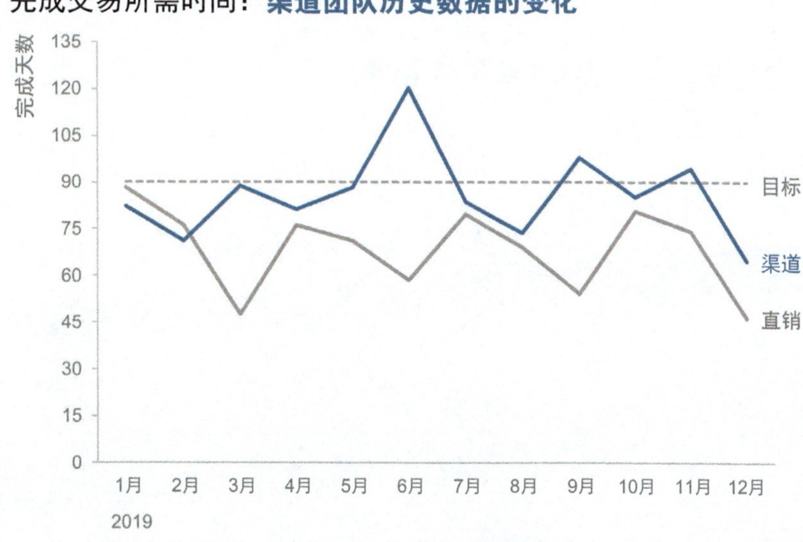

图 3-30　引导受众的视线

请注意图上方的文字是如何通过相似的颜色在视觉上与“渠道团队”数据关联起来的。这类似于之前将蓝色标题与蓝色趋势线关联起来，只是这一次我是故意这样做的，因为这样非常合理。通过阅读图上方的文字，受众在看到数据前已经清楚了他们要在数据中查找的内容。另外，从速读的角度来看，即使只有几秒钟的时间浏览，蓝色的文字和线条也会引起我的注意。我可以清楚而迅速地得出结论：渠道团队完成交易所需的时间每个月都有所不同。

引导受众的视线至别处。我可以使用相同的策略，并且突出显示一些数据，来展现不同的观点（如图 3-31 所示）。

多用一两种颜色。对于图 3-31，我们也可以再添加一种颜色以达到进一步突出的效果，如图 3-32 所示。当然，我一般不使用红色和绿色，因为这两种颜色难以被色觉障碍人群识别。明亮的橙色是个不错的选择，能很好地代替红色表示突出的信息（这里使用蓝色主要是因为它匹配客户的品牌颜色）。

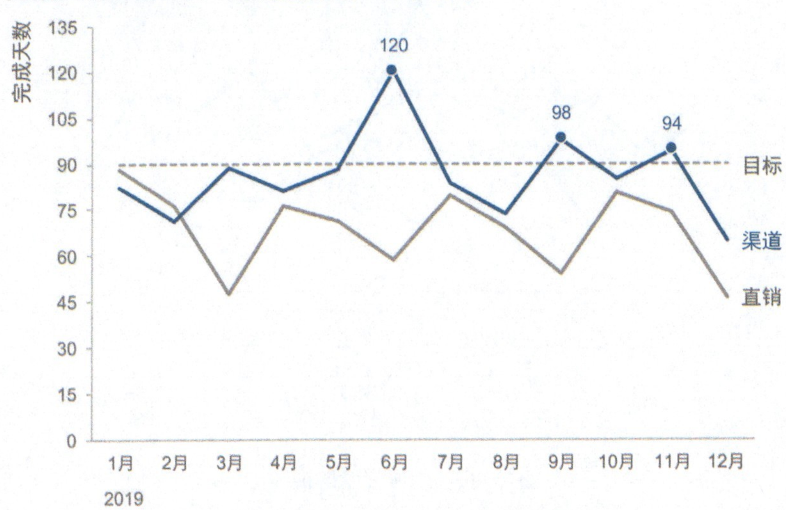

图 3-31　引导受众的视线至别处

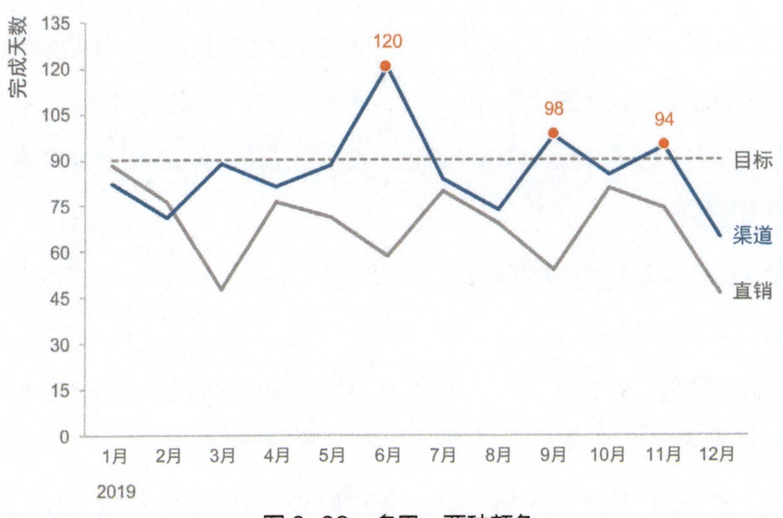

图 3-32　多用一两种颜色

把受众的注意引导到另一个关键信息上。如果未达标次数并不是我们想传递的关键信息，可以突出另一个关键信息：渠道团队和直销团队在大部分时间里完成了目标。还可以用文字和颜色来进一步说明这一点，如图 3-33 所示。在这个观点下，受众还可以基于结束标记和数据标签清楚地比较两个团队在 12 月的交易表现。

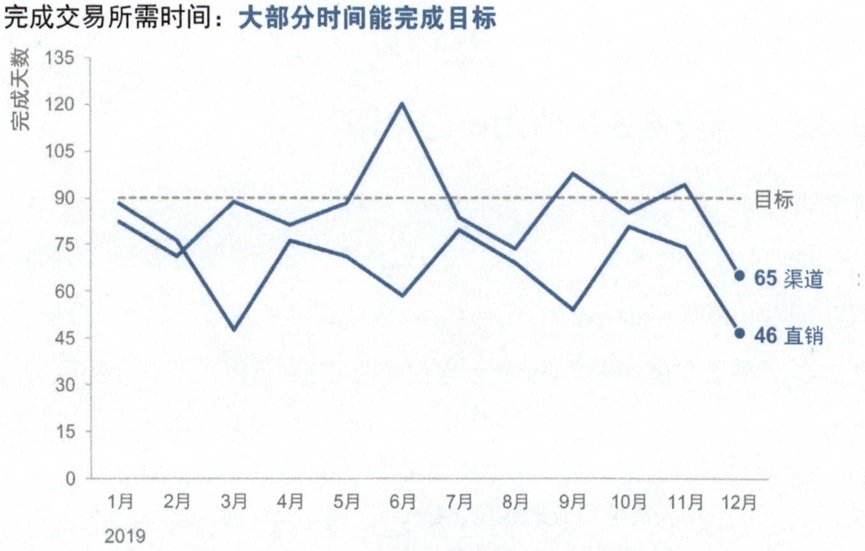

完成交易所需时间：**大部分时间能完成目标**

图 3-33　把受众的注意引导到另一个关键信息上

我们将在第 4 章中介绍引导受众注意的更多策略。

接下来，请独立做一些练习。

小小的改变累积起来也能产生明显的效果——减轻认知负担，让我们的图表更易于理解。我们将继续练习识别并消除干扰。

练习 3.5 哪些格式塔原则在起作用？

正如我们迄今为止通过一些例子看到的，格式塔原则可以帮助我们组织视觉元素，从而提示我们可以删除哪些干扰因素，能以何种方式将元素关联起来。回忆六大原则（临近原则、相似原则、包围原则、闭合原则、连续原则和连接原则），并分析图 3-34。

图 3–34 中使用了哪些格式塔原则？它们分别应用在哪里？是如何应用的？达到了什么效果？

按增长类型划分的钱包份额

增长类型	账户数	获取份额商机（¥100万）	维持份额商机（¥100万）
增长较快	407	¥1.20	¥16.50
有所增长	1275	¥8.10	¥101.20
不增不减	**3785**	**¥34.40**	**¥306.30**
有所减少	**1467**	**¥6.50**	**¥107.20**
减少较快	623	¥0.40	¥27.70
总计	7557	¥50.60	¥558.90

不增不减和有所减少占：

69% 的总账户数

81% 的获取份额商机

74% 的维持份额商机

图 3–34 哪些格式塔原则在起作用

练习 3.6　找到优秀的图表

找一张你眼中的好图，它可以来自你的工作、其他人的工作、新闻，等等。**该图是否应用了任何格式塔原则？**我认为答案是肯定的。然后进一步分析：它应用了哪些原则？是如何应用的？请列举出来！你发现的格式塔原则帮助实现了哪些目标？你还能做哪些改善？是什么使它在视觉沟通中变得有效？

用一两段话回答这些问题。可参考以下内容。

格式塔原则

描述我们从潜意识层面如何认知周围世界的规则

我们可以通过对该原则的理解来识别并消除干扰

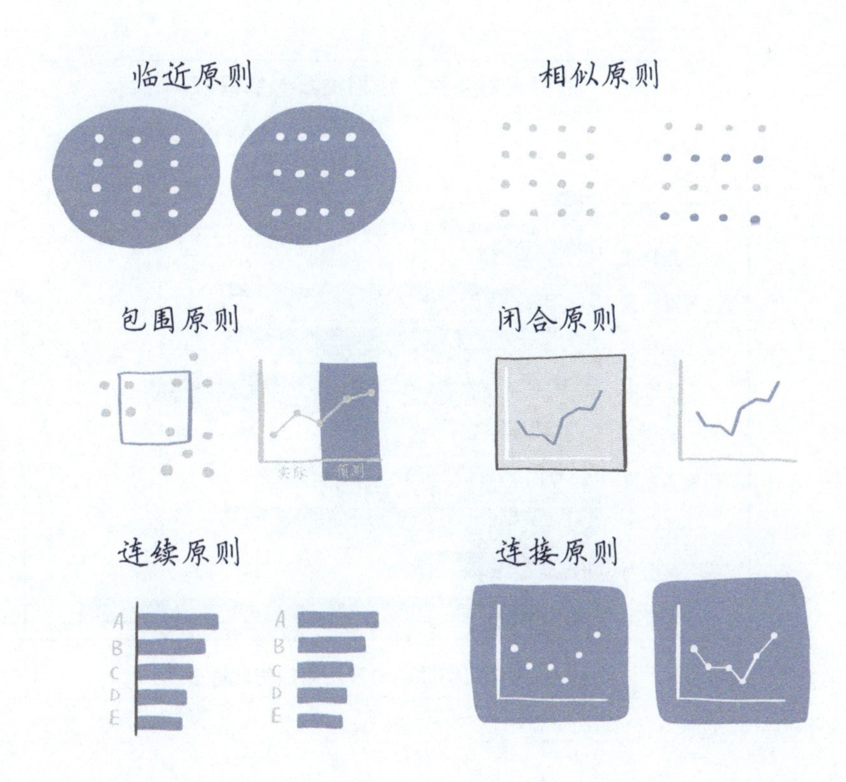

练习 3.7　对齐和留白

在处理得当的情况下，对齐和留白这两个视觉设计的要素并不会占用我们的注意力。然而，如果处理不当，它们就会让图表显得杂乱无章，分散我们对数据和信息的注意。

图 3-35 基于调研数据，展示了消费者对于某食品生产公司的几种饮料生产线的意见。阅读后完成后续步骤。

第 1 步　在有效应用对齐和留白方面，你能提出哪些具体的修改建议。请列举出来。

第 2 步　回顾本章涵盖的其他内容（利用格式塔原则，消除干扰，应用对比，等等），你还可以做哪些修改来改善视觉表达效果？

第 3 步　在图 3-35 上应用你的修改建议，也可以用你的工具直接创建一张应用了对齐和留白的简洁图片。

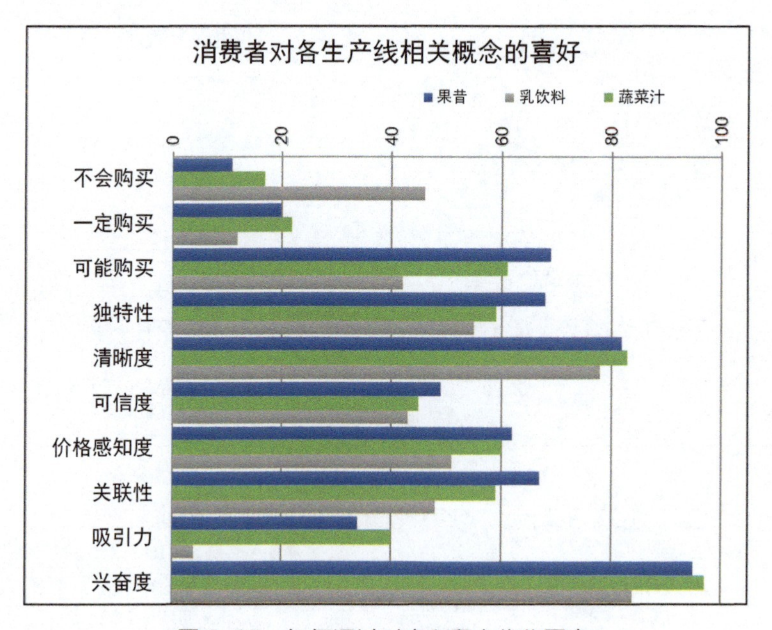

图 3-35　如何通过对齐和留白优化图表

练习 3.8 消除干扰！

在我们看过的许多例子中，识别并删除无效元素能带来巨大的价值。删除无效元素可以让数据脱颖而出，并且释放更多空间，以便我们添加真正重要的内容。让我们继续练习在视觉设计中识别并消除不同类型的干扰。

图 3-36 展示了一段时间内客户的满意度打分。**你会删除哪些无效的视觉元素？**你还会进行哪些修改以减轻认知负担？记录你的修改建议。

更进一步，在图 3-36 上应用你的修改建议，也可以用你的工具直接创建一张整洁的图片。

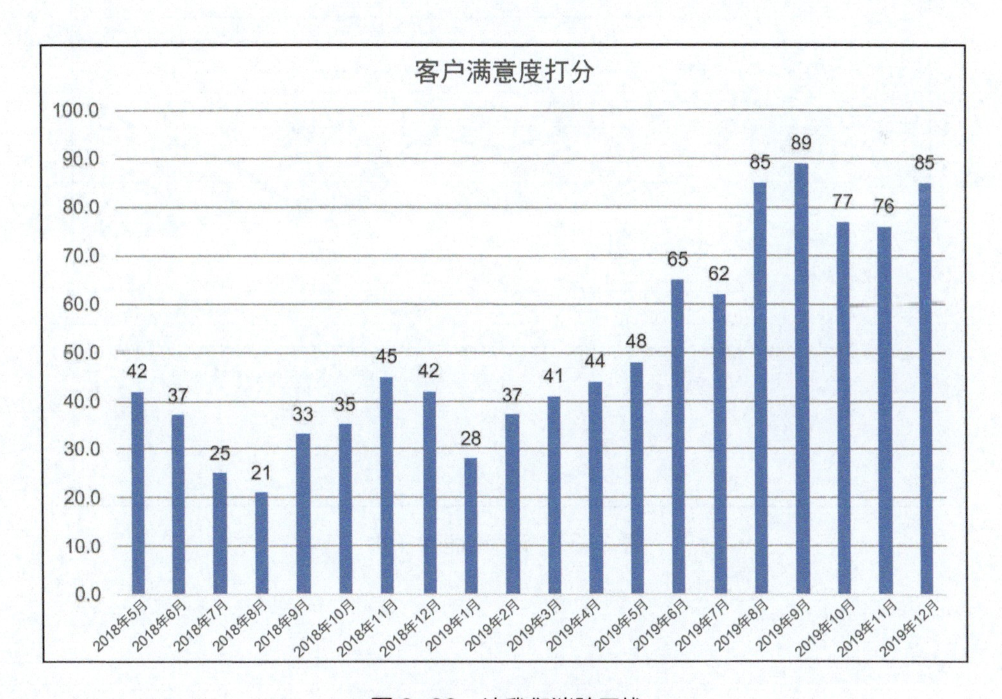

图 3-36 让我们消除干扰

练习 3.9 （还是）消除干扰！

干扰有很多表现形式，让我们来看另一张可以改进的图。

图 3-27 展示了一家汽车经销商每月售出的汽车数量。**你会删除哪些无效的视觉元素？**你还会进行哪些修改以减轻认知负担？记录你的修改建议。

更进一步，在图 3-27 上应用你的修改建议，也可以用你的工具直接创建一张整洁的图片。

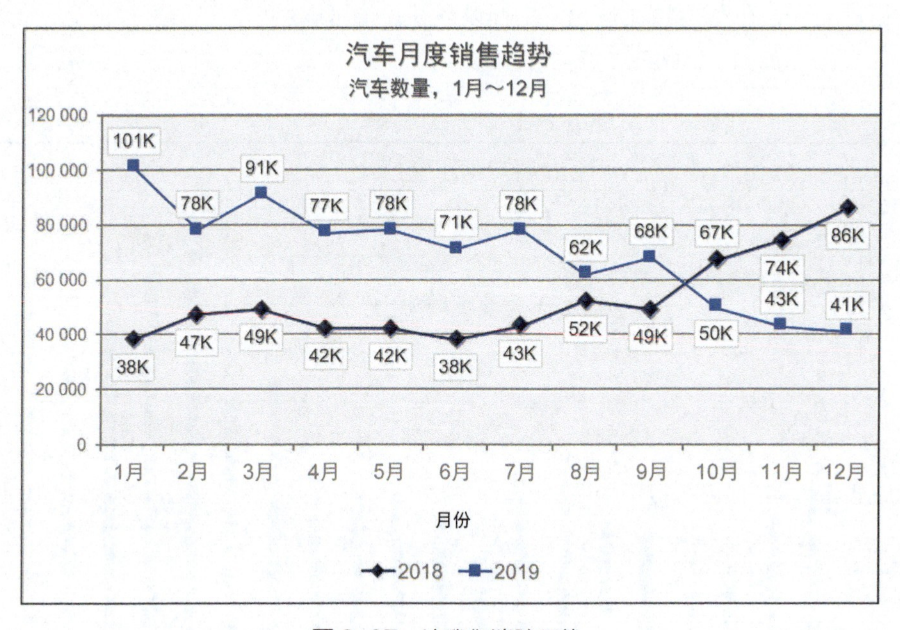

图 3-37　让我们消除干扰

练习 3.10 （进一步）消除干扰！

图 3-38 展示了某银行的客户通过不同产品自动付款的百分比。**你会删除哪些无效的视觉元素？**你还会进行哪些修改以减轻认知负担？记录你的修改建议。

更进一步，在图 3-38 上应用你的修改建议，也可以用你的工具直接创建一张整洁的图片。

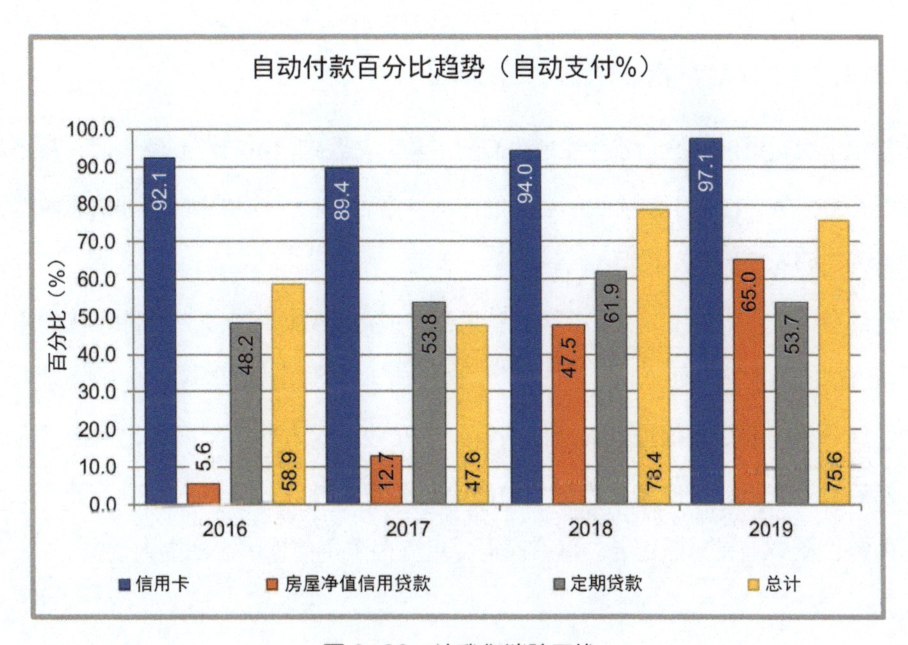

图 3-38　让我们消除干扰

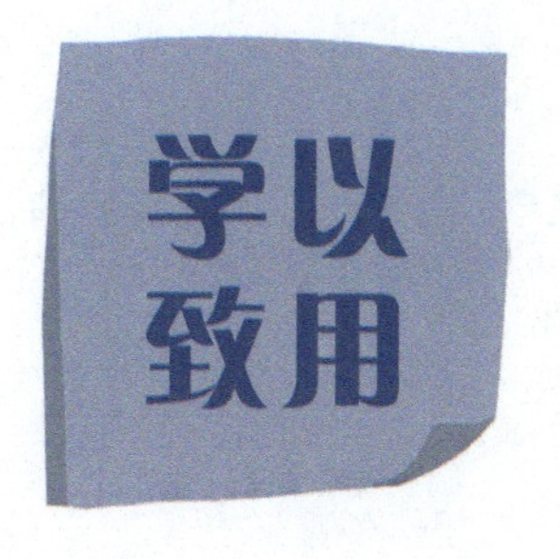

再应用几个简单的技巧，考虑几个问题，即可完成消除干扰的练习。不要让无效元素妨碍有效沟通！

练习 3.11　从一张白纸开始练习

导致干扰元素出现的元凶往往是我们的工具。在我们用纸笔绘制图表时，每个笔画都需要花费力气，所以下笔前我们会仔细评估这是否值得。这也意味着非信息承载元素更难进入我们的设计。

我们在第 2 章中使用纸笔完成了头脑风暴，优化了数据图表。从消除干扰的角度来看，用纸笔绘图也有好处。

选择一个需要用数据进行沟通的项目，花一些时间来熟悉数据和你想要沟通的内容，**然后拿一张纸、一支笔，大致勾勒出你的图表**。考虑清楚你是否纳入了某些不必要的内容，在纸上完善好之后，再来确定使用哪些工具使你的想法变为现实。

练习 3.12　你是否需要这些元素？

我们一旦已经花时间将某些元素放在一起，就很难用全新的视角看待它们并确定哪些是应该删除的元素。创建一张图后，停下来问问自己以下问题。也可以从常规报告或仪表板中找一张图，看看如何通过消除干扰来优化它。

- ❒ **哪些干扰元素可以删除？**是否有无效元素在干扰你的数据或观点？通常可以删除图表边框和网格线。是否有些元素显得过于复杂？应该如何简化？哪些元素看起来是必需的？你还会做哪些修改以减轻认知负担？
- ❒ **哪些多余信息可以简化？**虽然清楚地命名和标记所有内容很重要，但要寻找可以删除的冗余部分。例如，确定是坐标轴还是数据标签最能满足你的需求——通常不需要两者兼有。单位应该清晰，但不需要附加到每个数据上。使用有效的标题来进行简化。
- ❒ **展示的数据是否都有必要？**浏览图表或 PPT 中的每条数据，问问自己是否需要它。每当你打算删除任何数据时，都要评估数据缺失是否会影响背景信息。在某些情况下，保留数据仍然有意义。在此过程中需要考虑：数据展示的时间范围应该是什么？重点需要比较哪些数据？它们都同等重要吗？思考怎样的集合或频率是合理的，有时将每日数据整合到每周数据中，或将每月数据整合到季度数据中可以简化总体趋势。
- ❒ **哪些元素可以化为背景？**并非图表或页面上的所有元素都同等重要。你可以在哪里使用灰色将次要元素化为背景，并用策略性对比来引导受众的注意？
- ❒ **寻求反馈。**邀请一个同事阅读图表并提些探究性问题，这将迫使你把要展示的内容讲明白。如果你发现自己说“忽略这一点”或者认为问题的答案已经非常清晰了，就可以将这些次要元素化为背景或全部删除，进一步优化图表。修改后与其他人一起重复该过程。根据反馈不断迭代，可以帮助你把工作从优秀做到卓越。

练习 3.13　讨论

思考以下与第 3 章内容相关的问题。与朋友或者团队成员进行讨论。

- ❒ 为什么识别和消除干扰很重要？今后，你会在视觉沟通中删除哪些常见的干扰元素？在什么情况下无须花时间删除？
- ❒ 回顾格式塔原则，你会在工作中更多地应用哪些原则？你将如何去做呢？是否有不太合理的地方，或者你还不清楚如何使用的地方？
- ❒ 哪些干扰元素通常是绘图程序添加到图表中的？应该如何简化，以提高使用绘图程序的效率？
- ❒ 在一些例子中，随时间变化的数据是以条形图的形式绘制的。从消除干扰的角度看，用折线图展示数据有什么益处？在什么情况下选择使用折线图更为合理？在什么情况下仍应使用条形图？
- ❒ 你从本章学到并准备应用的一个技巧是什么？在什么时候，用什么方式来应用？你能预见无法应用它的例外情况吗？
- ❒ 对齐元素、留白和策略性对比，仅仅是为了让图表变得更好看，还是有更多意义？这种对细节的关注重要吗？为什么？
- ❒ 你能想象出需要保留干扰元素的情况吗？什么时候？为什么？
- ❒ 对于本章介绍的一些策略，你会给自己设定什么具体的目标？你的团队呢？如何确保执行该目标的相关行动？你会向谁寻求反馈？

第 4 章

原则四：引导受众的注意

你想让受众看图表的什么地方？这是个很简单的问题，也是一个经常被忽略的问题。当我们制作图表时，很少对该问题进行深入的思考。事实上，我们可以在图表中有意识地进行设计，以主次更加分明的形式呈现数据，让最重要的东西一目了然。可以用各种具有吸引力的元素来实现这一点，比如颜色、大小、策略性的布局等。对于数据的理解，往往见仁见智，不过我们还是可以用精心的设计来引导受众关注正确的内容。

接下来，我们就来练习一下如何引导受众的注意。

首先回顾一下《用数据讲故事》第 4 章的主要内容。

《用数据讲故事》 首先回顾
第4章

引导受众的注意

如何阅读的简图

用脑阅读

3种记忆

形象记忆* 短期记忆 长期记忆

超短，仅存留几分之一秒

* 与前注意属性有关！

大脑在同一时间只能存储大概4块信息

这些东西要么会被遗忘，要么会转化为长期记忆

我们希望能在受众中产生的效果

讲故事的方式很有帮助，稍后将详细讲述

前注意属性

吸引视线的信号，可据此创建视觉层级来简化大脑的信息处理

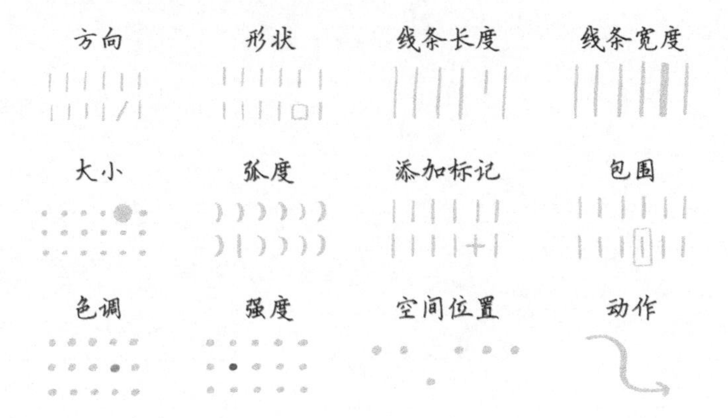

注意

值得记住的几种属性

大小　大小对比可以反映不同的重要性程度

色调（颜色）　在少量使用时，颜色是吸引受众注意的最强大的工具之一

空间位置　当没有其他视觉线索时，我们会从左上角开始，按"之"字形阅读信息

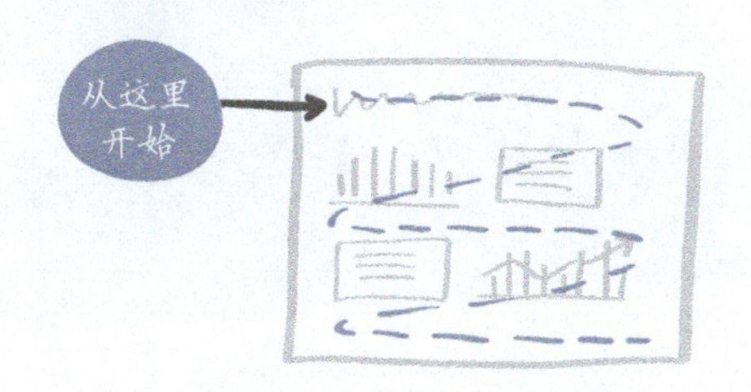

尽量适应这种自然的处理方式，将重要信息放在左上角，或者清晰地展示顺序

你的视线停在哪里？

测试一下当前是否利用了前注意属性

闭上眼睛……

然后睁开眼睛看自己做的图表……

记录视线停留在哪里……

受众的视线大多也会被吸引到此处

评估并做出适当的改变

跟练

练习4.1
你的视线
停在哪里？

练习4.2
关注……

练习4.3
用多种方式
引导注意

练习4.4
绘制所有
的数据

独立练习

练习4.5
你的视线
停在哪里？

练习4.6
在表格内
引导注意

练习4.7
用多种方式
引导注意

练习4.8
如何引导
注意

学以致用

练习4.9
你的视线
停在哪里？

练习4.10
用自己的
工具练习

练习4.11
找到关注
的目标

练习4.12
讨论

我们将先观察一些图片，以便更好地理解可吸引视线的元素，然后练习应用这些元素，在明确目标后，通过一系列步骤将受众的视线吸引过去。

练习 4.1　你的视线停在哪里？

我经常会用一种简单的方法来评估图表是否正确地吸引了观众的注意，这就是“你的视线停在哪里”测试。这个测试做起来很简单：制作好图表或 PPT，然后记下视线首先停留的地方，这个地方很可能也是受众首先会注意到的。可以用这种方法检查对注意的引导是否正确，并做出相应的调整。

我们来看几张图片（图 4-1 ~图 4-5），试一试这种检查方法，然后讨论一下该方法对数据型沟通的启示。

在看每张图片之前，都闭上一会儿眼睛，然后睁开观察图片，注意自己的视线首先停留在什么地方。你觉得为什么会这样？从这个练习中可以总结出什么经验？如何应用于数据可视化领域？对于上述问题，写下你的答案。

图 4-1　你的视线停在哪里

图 4-2　你的视线停在哪里

图 4-3　你的视线停在哪里

图 4-4　你的视线停在哪里

图 4-5　你的视线停在哪里

答案 4.1　你的视线停在哪里？

我很喜欢做这种测试。观察现实生活中的哪些东西会吸引我们的注意，并提炼出一些结论是非常有意思的。下面我们就来看一下图 4-1 ～图 4-5 中首先抓住你视线的地方，然后看看该如何对其中的原理进行应用。

图 4-1　我的视线第一时间就被吸引到了右侧的限速牌上，其中有很多原因：与图中其他元素相比，限速牌占的面积更大；牌内的黑色数字使用大号粗体，在白色的背景上格外显眼。此外，限速牌的红色外圈也成功地吸引了我的注意，一是由于这种颜色与背景对比明显，二是因为红色已经深入人类的骨髓，成为警示的象征。不过，对于红绿色觉障碍人群来说，这个策略就未必能起效果了。正因为如此，我们需要多提供一些信

号来吸引受众的注意，确保所有人都能看到重点。最后，限速牌的外圈上还有一圈白色的边线，成功地将其与背景区分开。

我们来看一下如何将这些设计元素应用到自己的图表中。大小、字体、颜色、包含关系，当深思熟虑地使用这些元素时，它们可以有效地对图表中各区域的重要性进行区分，引导观众关注重点。

图 4-2 我会先看到太阳，然后是车，之后视线再次被吸引到太阳上。当视线停留在太阳上时，余光能扫到旁边的车子，反之亦然。我们可以从这个例子中学到，当在一张图片中同时突出多个元素时，要注意协调各元素间的张力。

图 4-3 我的视线首先停留在 Queens Bronx 这块路标上。原因有很多：该路标处于镜头的焦点上，而图片中其他的一些元素则被虚化了；阳光刚好打在这块路标上，有效地起到了高亮的作用；与其他路标相比，这块路标面积更大、文字更少，因此留白更多，这一特点让它在拥挤的背景下格外显眼；它是从左数第一块路标，因此我会先注意到它，然后再往右看其他路标。值得注意的是，这几块路标本身也利用了多种前注意属性来吸引观众的注意：字体加粗、大写英文字母、箭头符号和颜色。说到颜色，最右侧路标上的 EXIT ONLY 黄色区域也相当惹眼。这张图片里有很多元素，给统一视线焦点带来了麻烦。但我们依旧可以从这张图中学到不少东西。

在进行数据可视化操作时，如何应用上述技巧？我们需要让关键元素清晰易读，有策略性地进行高亮，从而让某个元素在一系列相似的元素中脱颖而出。给重要的元素分配更大的显示空间（同理，重要性差别不大的元素应当具有相同的大小）。

请注意我们是如何在页面上组织元素的，尝试模仿这种组织方式，有意引导受众的视线。

图 4-4 我的注意一下子就被吸引到那辆黄色的汽车上了。请回顾图 4-4，重新练习一次。注意你在第一时间看到了什么，以及紧接着看到了什么。我首先看到的是那辆

汽车，然后视线会沿着公路转移到图片左侧。其他人可能会先看到汽车，然后视线沿弯曲的公路转移到图片右侧。图片左上角和右下角的树林则吸引不了太多目光。

当考虑图片或 PPT 时，我们会希望理解引导注意的机制，无论这种引导是有意的还是无意的。确保自己不犯错误，不将受众的视线从设定好的目标上转移开。

图 4-5 对于这张色彩丰富、汽车排列整齐的图片，我的眼睛出现了选择困难，视线反复在各种颜色间跳跃。对于汽车经销商来说，色调丰富是一个值得追求的目标，因为只有这样才能匹配客户多种多样的需求和偏好，但对于数据可视化来说，就另当别论了。由于图中的颜色太多，因此我们无法利用这一前注意属性来引导注意，也无法构造对比效果来有效地吸引视线。当少量使用时，颜色是引导受众注意的最有效的方式之一。这一点可以在图 4-6 中得到有力的佐证。

图 4-6 你的视线停在哪里

练习 4.2 关注……

接下来，我们继续探索如何在制作图表时应用在练习 4.1 中学到的知识，引导观众的注意。当进行数据可视化工作时，我们总是可以对一些要点进行高亮。在引导受众关注数据的不同侧重点时，用不同的高亮方式反复展示同一张图有时可以收到很好的效果。当进行演示时，或者当受众自己阅读时，这种方式能有效引导受众的视线，使其明白当下应该关注的重点。接下来，我们通过一个具体的例子来进行练习。

图 4-7 展示了一家宠物食品公司生产的多个猫粮品牌在销售额上的年度同比变化数字（以销售额的变化百分比来表示）。回答下面的问题，并用自己的工具尝试优化。

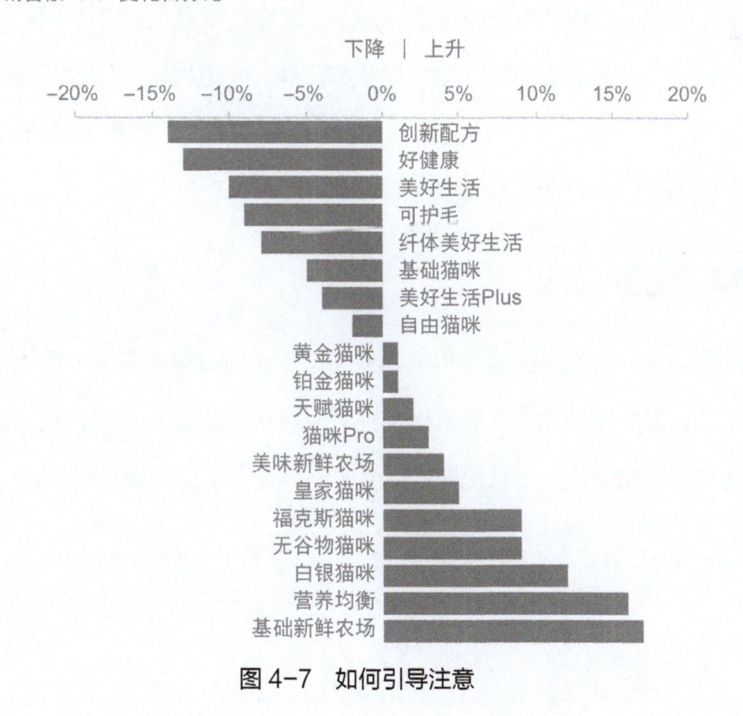

图 4−7 如何引导注意

问题 1 假如你将对这些数据进行演示，并且希望以介绍“美好生活”系列品牌（“美好生活”“纤体美好生活”“美好生活 Plus”）来开场。怎样才能在视觉上引导受众关注这几个数据？

问题 2 假设你想在此之后讲一下“猫咪”系列（名称中包含“猫咪”一词的品牌），该系列品牌的 logo 都是紫色的，应该如何将受众的注意引导到该系列的数据上呢？

问题 3 之后，你想讨论一下销售额年度同比下降的品牌，此时又该怎么做？

问题 4 想象一下，在同比下降的品牌中，你打算着重谈论降幅最大的两个品牌：“创新配方”和“好健康”。你会怎么做？

问题 5 假设你想讨论一下销售额年度同比上升的品牌，此时又该怎么做？与之前把注意引导到销售额年度同比下降的品牌上有什么相似之处？又可能会有什么不同？

问题 6 最后，你想制作一张综合性的图，其中会强调之前几个问题中所包含的所有重点：“美好生活”系列品牌，“猫咪”系列品牌，年度同比下降的品牌（尤其强调降幅最大的品牌），年度同比上升的品牌（尤其强调升幅最大的品牌）。你会怎么做？该如何使用解释性文字？如何让这些文字与对应的数据相关联？

答案 4.2 关注……

就本练习而言，有很多元素可用来吸引注意，比如数据本身，以及数据旁边的品牌名。在本例中，颜色和加粗将是我首选的注意引导工具。与此同时，我还会使用标题文字来描述想要强调的重点，并且把原先标题中的部分文字移到副标题里。

问题 1 为了强调“美好生活”系列品牌，我用黑色来表示该品牌的数据和标记，同时加粗标记文字，如图 4-8 所示。虽然其他颜色也能起到相同的强调效果，但在没有更多背景信息的情况下，我选择了黑色这样的中性色。在后续深入研究时，我们将看到使用颜色的更多方式，以及这些的方式背后的考量。

为了让这几个特定的数据更加显眼，我使用浅灰色来表示其余的数据及其标记。最后，我还对标题中的要点进行了同样的加粗处理。

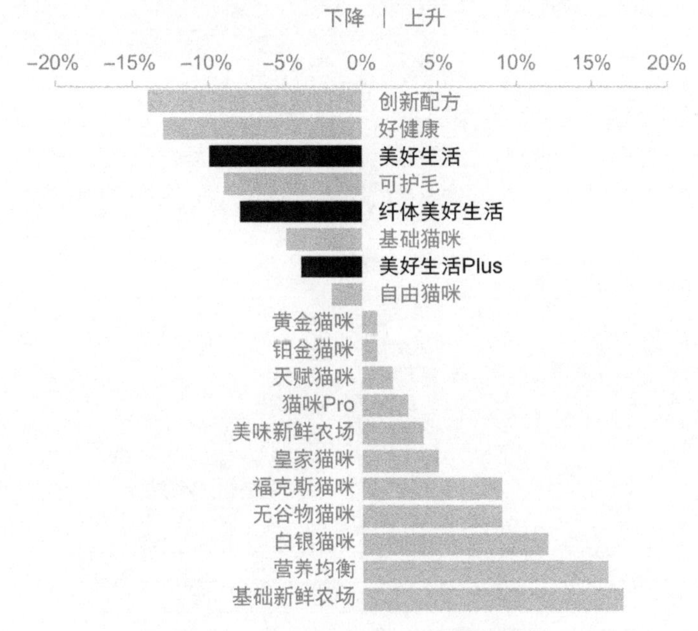

图 4-8 关注“美好生活”系列品牌

问题 2 既然品牌色是紫色，就可以借此来强调“猫咪”系列品牌，如图 4-9 所示。同样，还是对品牌名加粗，并在标题中进行要点描述。在设计过程中，我使用了颜色这一前注意属性来引导注意，还利用了格式塔的相似原则，用颜色将空间上散布的元素联系在一起。若论其他格式塔原则，还可以考虑将所有的“猫咪”系列品牌放在图的上方，只是这样会打乱已有的设计顺序，使图更难以理解。

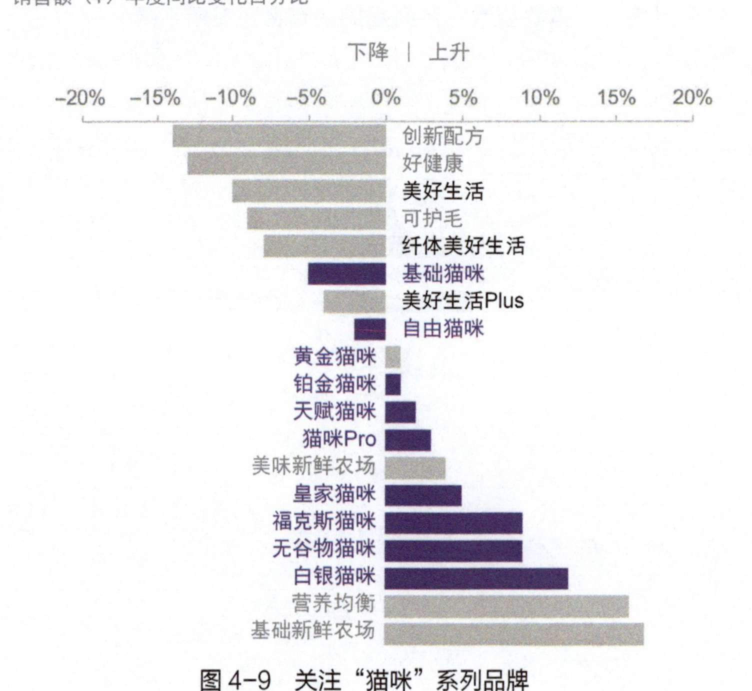

图 4-9　关注“猫咪”系列品牌

问题 3 若想将受众的注意吸引到销售额年度同比下降的品牌上，不妨使用颜色来强调它们。对于这种涉及正面或负面性质的数据，考虑到数量较大的红绿色觉障碍人群的存在，我倾向于使用橙色来表示负面数据，使用蓝色来表示正面数据，希望这么做符合你的认知习惯。参见图 4-10，其中就使用了橙色来强调那些销售额下降的品牌。除了图标题、数据条和品牌名，我还对顶部的“下降”标记使用了橙色。这一次，我没有加粗数据标记，这是因为橙色已经足以吸引足够的注意了，加粗数据标记反而显得画蛇添足。

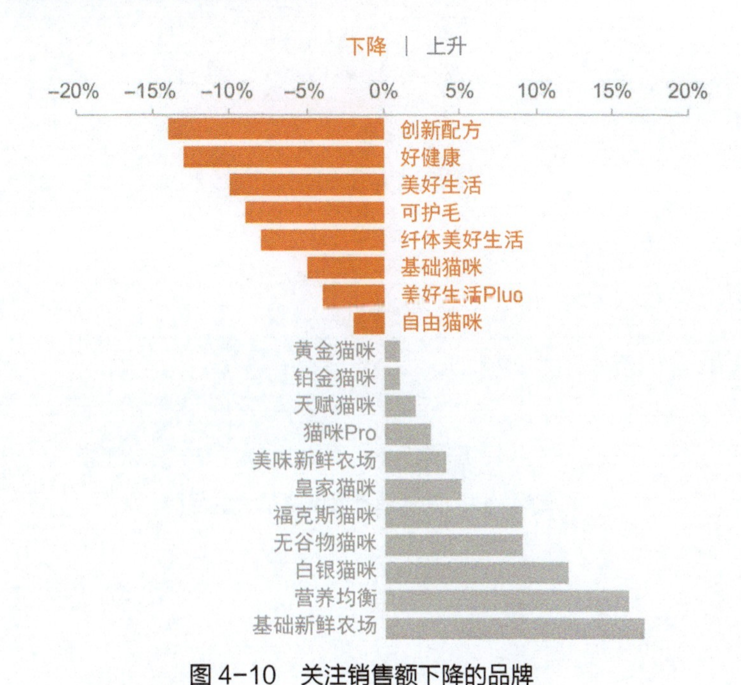

图 4-10　关注销售额下降的品牌

问题 4 若想将受众的注意吸引到销售额降幅最大的两个品牌上，则可将这两个品牌标记成橙色，将其余的品牌都标记成灰色。不过，如果是在演示过程中从图 4-10 切换到该效果，我会这么做：将销售额下降的所有品牌都标记为橙色，然后通过改变颜色的深浅，突出销售额降幅最大的两个品牌，如图 4-11 所示。

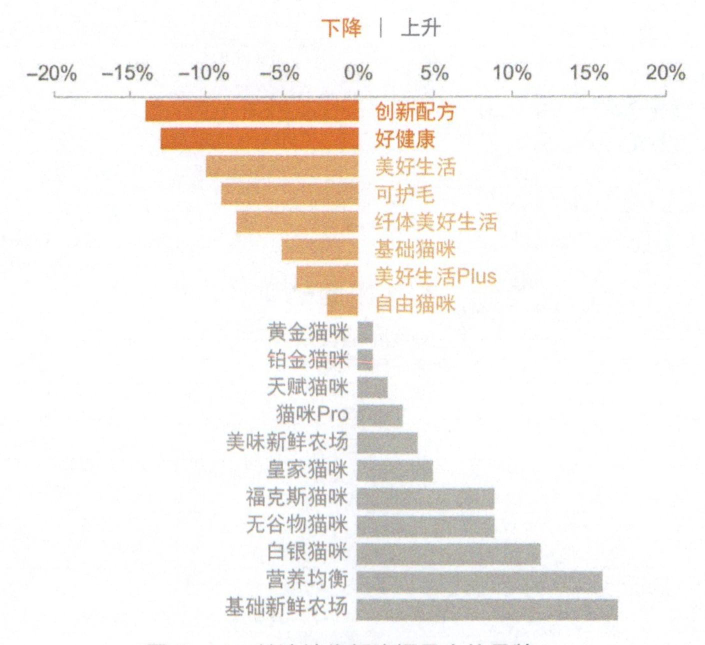

图 4-11 关注销售额降幅最大的品牌

问题 5 为了将受众的注意吸引到销售额上升的品牌上，出于和问题 3 中同样的考虑，我选择使用蓝色来进行标记，如图 4-12 所示。

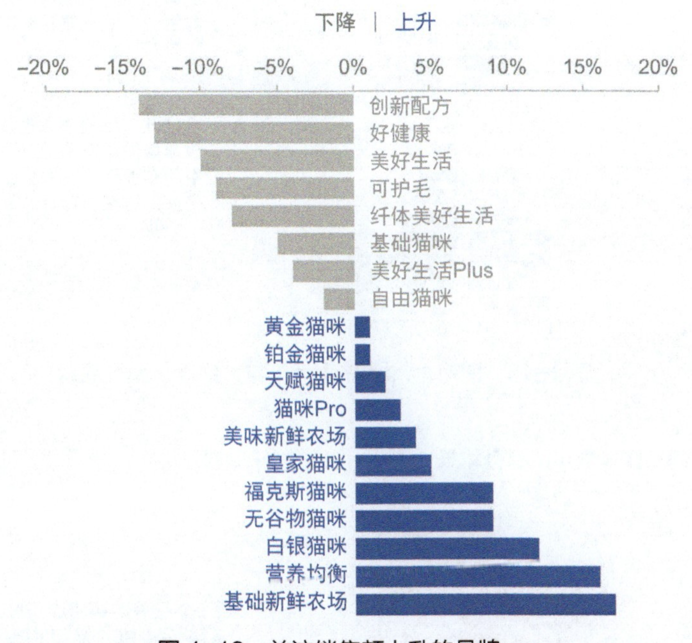

图 4-12 关注销售额上升的品牌

问题 6 最后，如果需要将这些因素都综合到一起，我会使用两张 PPT 来展示。这样可以让自行阅读数据的受众获得和观看演示相同的效果。请注意，这两张 PPT 中的文字大多是解释性的。在理想情况下，我们应该能看到数据变化背后的原因，了解到一些可以分享的信息，或者得出某个结论。

要把这么多内容塞进一张 PPT 似乎有些困难，因此我选择将数据分成两张图的形式来呈现，从而对之前几个步骤中强调的信息进行高亮，如图 4-13 和图 4-14 所示。

猫粮品牌：**销售额年度综合结果**

销售额（¥）年度同比变化百分比

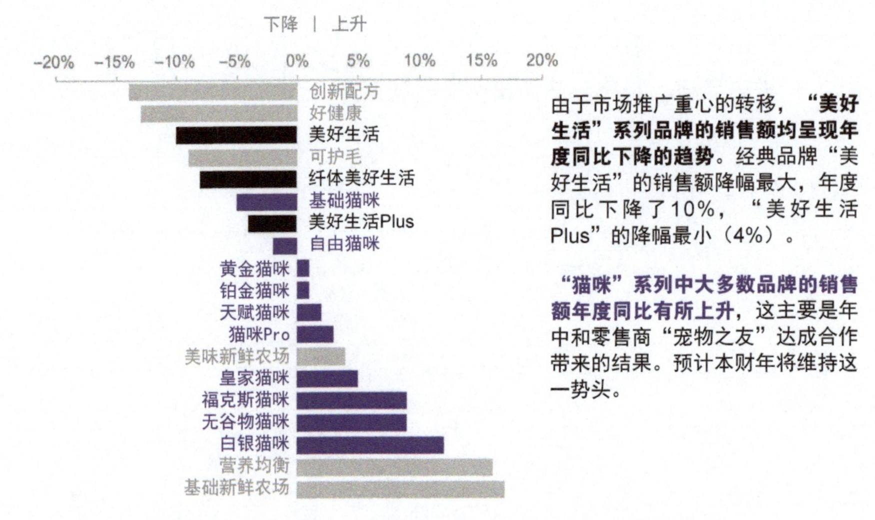

图 4-13 PPT1：“美好生活”与“猫咪”系列品牌

猫粮品牌：**销售额年度综合结果**

销售额（¥）年度同比变化百分比

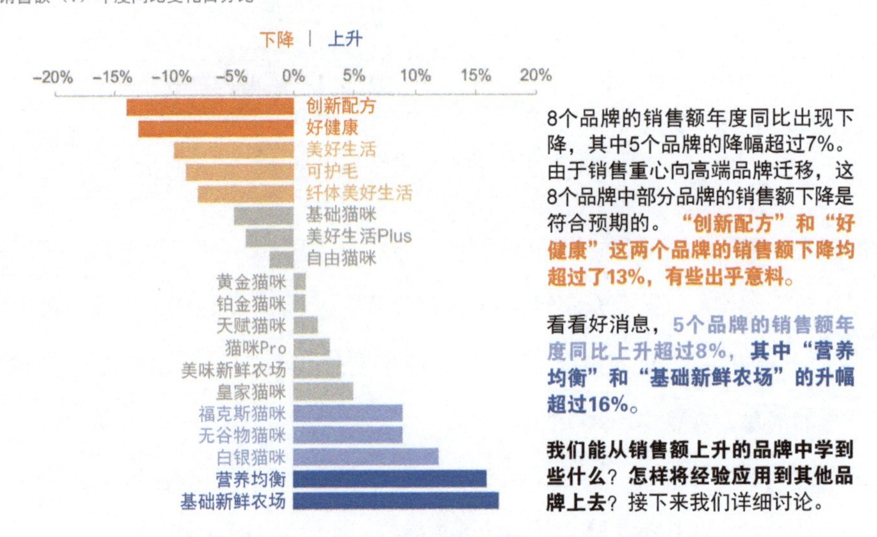

图 4-14 PPT2：销售额下降和上升的品牌

练习 4.3　用多种方式引导注意

正如练习 4.2 展示的，当少量使用时，颜色可以有效地引导受众的视线。就这一目的而言，颜色并非唯一的选择。从更广泛的意义上来说，像颜色这样的前注意属性无疑是视觉引导领域的重要工具。除了颜色，还可以使用大小、位置和强度等属性来引导受众的注意，当深思熟虑地使用这些属性时，效果非常显著。换言之，视觉设计中有很多属性可用，而问题的具体情况及其限制条件则决定了我们会采取的最佳策略。接下来，我们来看一个具体的例子，探索用多种方式引导受众的注意。

观察有关获客渠道转化率的图 4-15。假设你想将受众的注意引导到“友情链接流量”那条折线上去，该如何应用前注意属性呢？**你能想到多少种引导受众注意的方式**？列举一下！更进一步，用你自己的工具把这些方法都画出来。

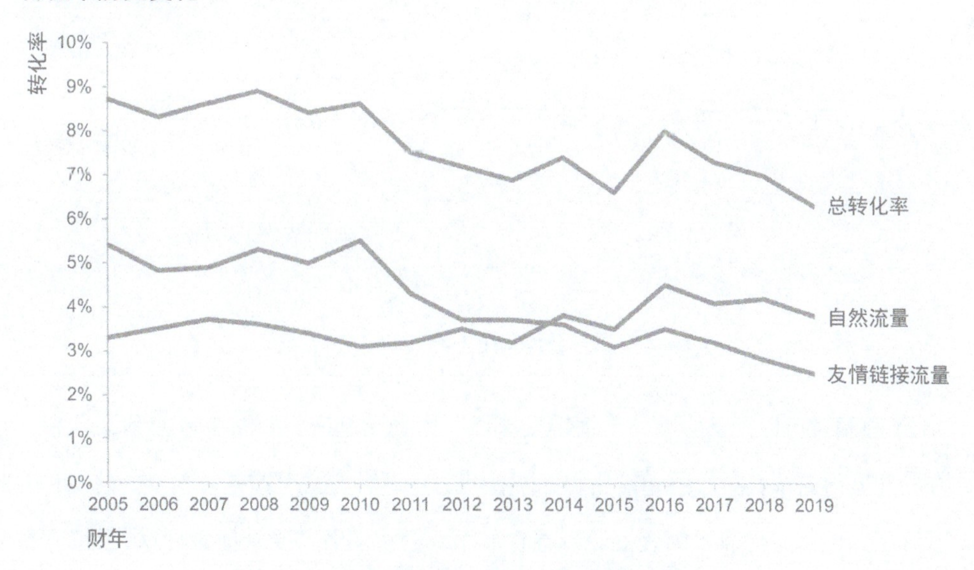

图 4-15　如何将注意引导到“友情链接流量”上

答案 4.3 用多种方式引导注意

我会展示 15 种方法，你想到了这么多种吗？如果没有，停下来想想看是否还能想到更多方法。

准备好了吗？来看看能引导注意的这些方法吧。我们会从一些简单的方法开始，然后介绍更为细致的策略。

(1) **箭头**。可以使用一个箭头，显式地指向引导注意的目标：“友情链接流量”折线，如图 4-16 所示。

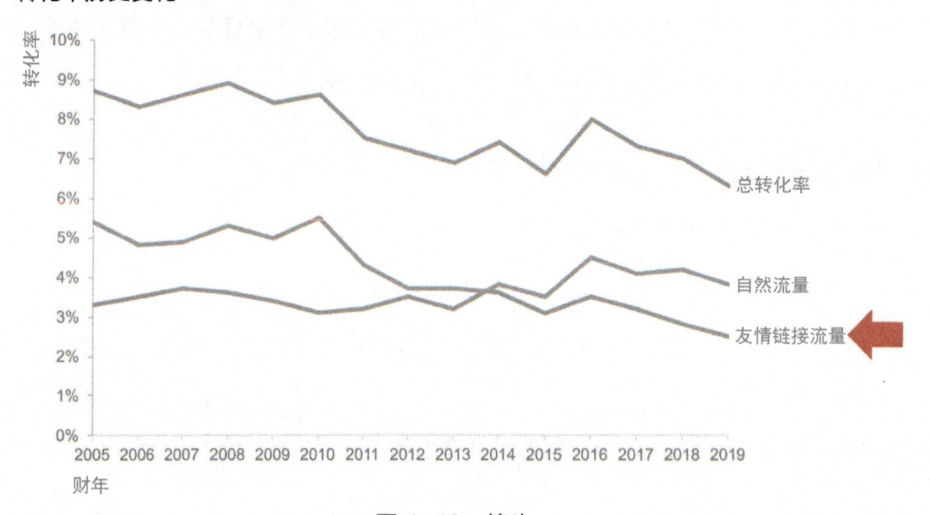

图 4-16 箭头

(2) **圆圈**。可以用圆圈将“友情链接流量”折线圈起来，如图 4-17 所示。没错，这种方式也显得简单直接。说起箭头和圆圈，我对这两种方式可谓爱恨参半。这两种方式可以很明确地传递信息：图表设计者看着数据，心里想着“受众应该往这儿看”，然后就在上面画上箭头和圆圈。但这么做的不足之处在于：箭头也好，圆圈也罢，都是人为添加的额外元素，本身并不承载任何信息。所以，从这个角度来看，箭头和圆圈增加了干扰。但即使如此，相较于没有任何引导性元素，这两种方式也算是更胜一筹。我宁可使用简单的方式告诉受众他们应该注意什么，也不希望出现引导信息缺失的情况。当然，如果能够对数据自身的某个方面进行修改以突出重点，那就更好了。

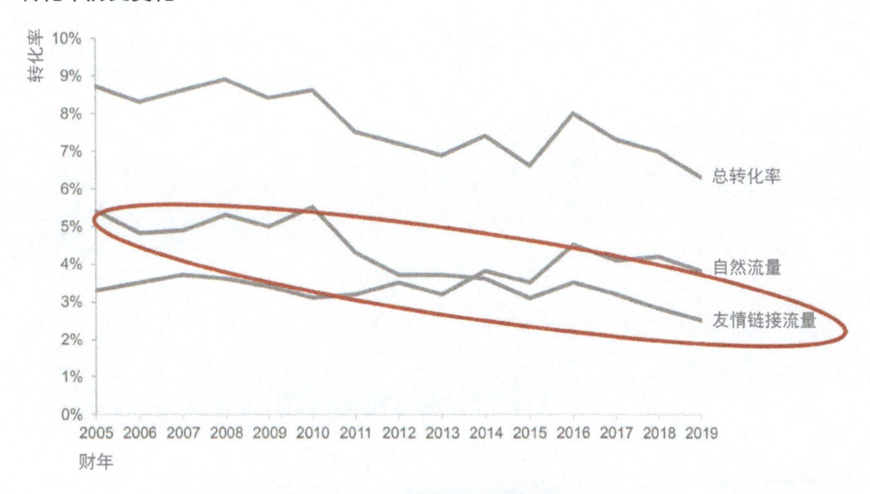

图 4-17　把目标数据圈起来

(3) **半透明白框**。在了解更细致的引导策略前，我们来看最后一个简单方法：半透明白框。在只能对图表结果的截图上进行修改，无法直接调整数据设计的情况下，半透明白框这种方法非常有用。用半透明白框将所有需要淡化到背景中的元素遮盖起来，可以有效地降低被遮盖元素的颜色深度，同时保持目标元素原来的样子，就能让目标元素吸引到足够的注意，如图 4-18 所示。

根据折线的形状，可能需要用到多个白框，或者用到其他形状的半透明白色区域来遮盖。如果仔细观察图 4-18，可以发现该图做得并不完美——在折线交叉的中央区域，可以看到“自然流量”这条折线并没有被完全遮盖住。图 4-19 用黑色边框展示了我所使用的多个半透明白框（有些经过旋转以更好地贴合数据折线），可供了解半透明白框策略的具体做法。

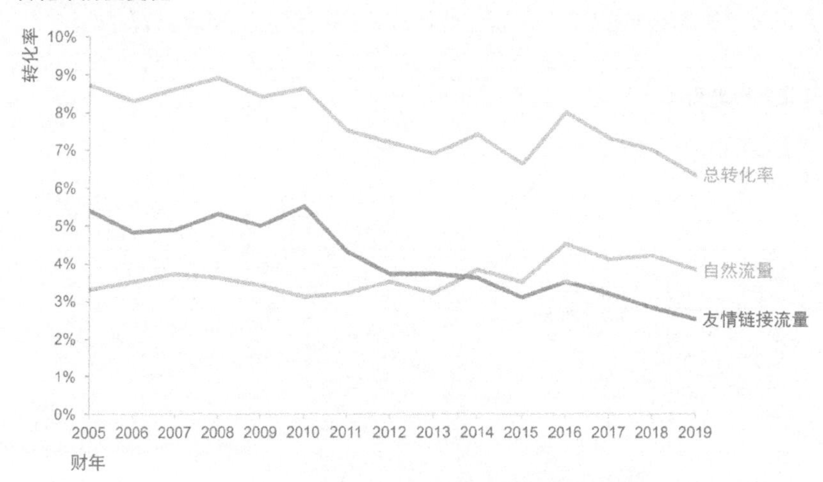

图 4-18　用半透明白框遮盖所有非目标元素

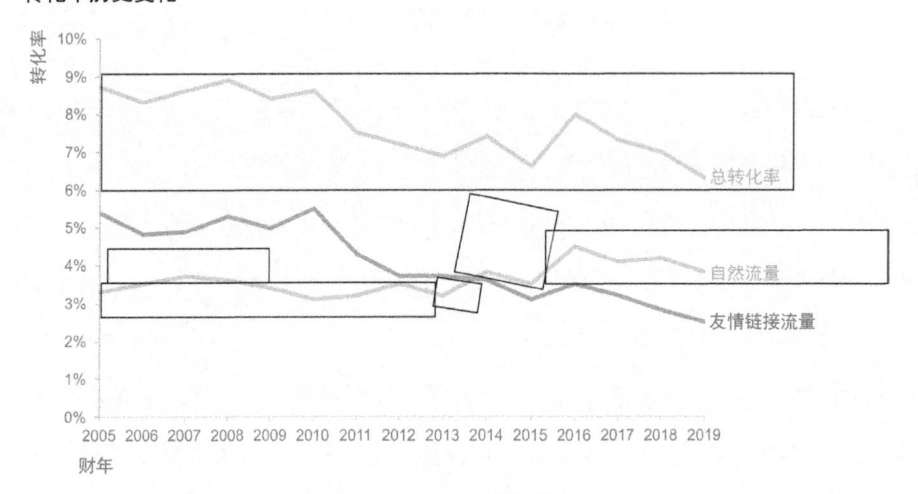

图 4-19　标记半透明白框

半透明白框也是一种简单的方法，但在某些有局限的情况下，该策略可能非常有用。接下来，我们来看一些更为细致的策略。

(4) **加粗线条**。我们可以加粗“友情链接流量”折线，或者把其他折线变细，也可以同时应用这两种方式。我们还可以对折线上的标记进行相同的操作。在本例中，我对“友情链接流量”折线及标记进行了加粗，如图 4-20 所示。

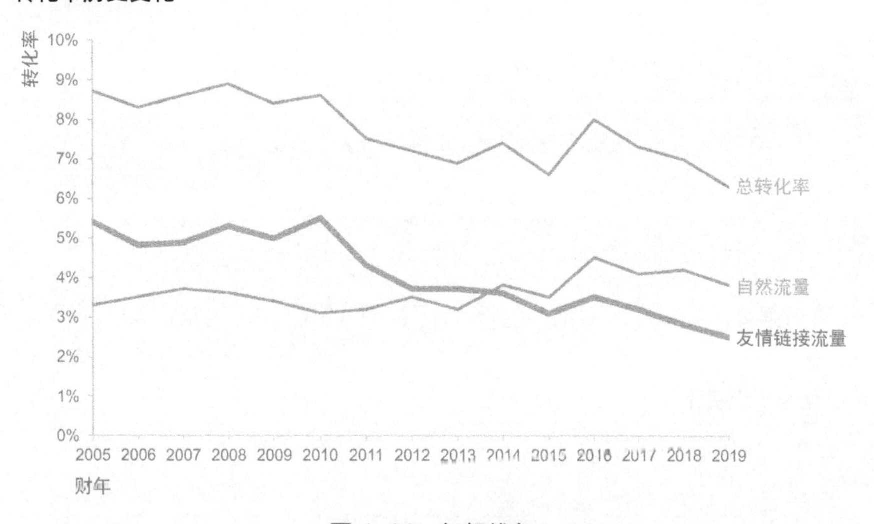

图 4-20　加粗线条

(5) **更改线条样式**。另一种标新立异并能有效吸引注意的方式是改变线条的样式，如图 4-21 所示。当和实线同时显示时，虚线或者点划线非常惹眼。这种方式的不足之处在于：从认知负担的角度来看，本来好端端的一条线被切成了多段，从而引入了视觉噪声。出于这个原因，我建议只在绘制某种不确定数据时才使用点划线：比如预报、预测，或者未来的目标等。在这些场景下，点划线能造成不确定之感，这对视觉上的干扰是一种有利的弥补。

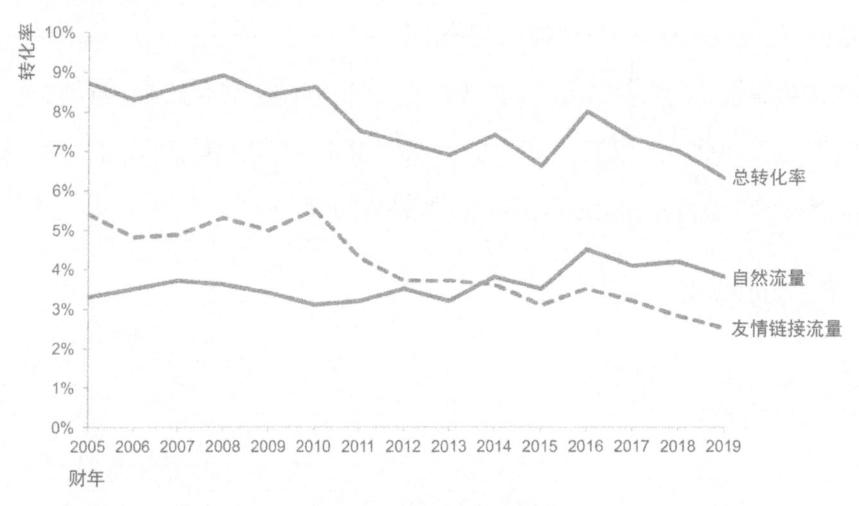

图 4-21　更改线条样式

(6) **利用强度**。可以在想要强调的折线上使用更深的颜色，如图 4-22 所示。

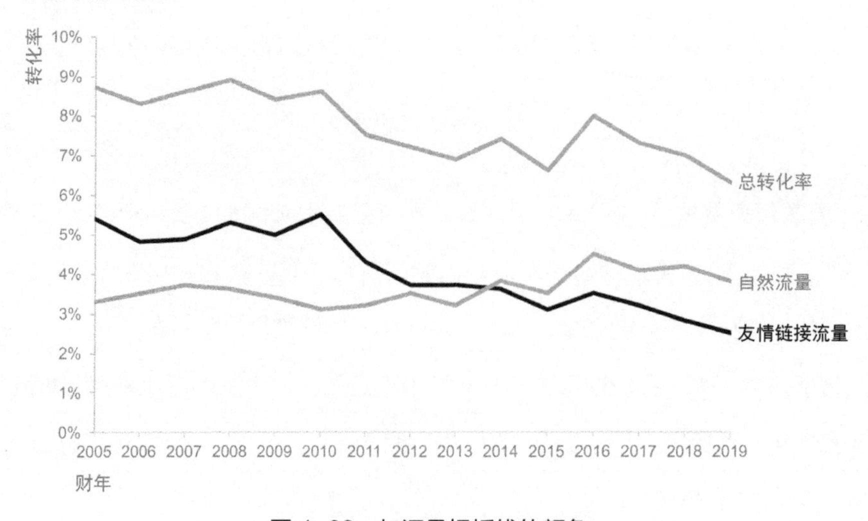

图 4-22　加深目标折线的颜色

(7) **置于其他数据之前**。位置是另一种前注意属性。对于折线图而言，我们无法改变数据点的顺序——数据点顺序由其值来决定。不过，我们至少可以确保目标折线不被其他折线遮挡。注意图 4-22 中灰色的“自然流量”折线在“友情链接流量”折线上穿过。我们可以调整这两者之间的相对关系（这基本上与画图工具里数据序列的先后顺序有关，在大多数工具中可以设置），如图 4-23 所示。

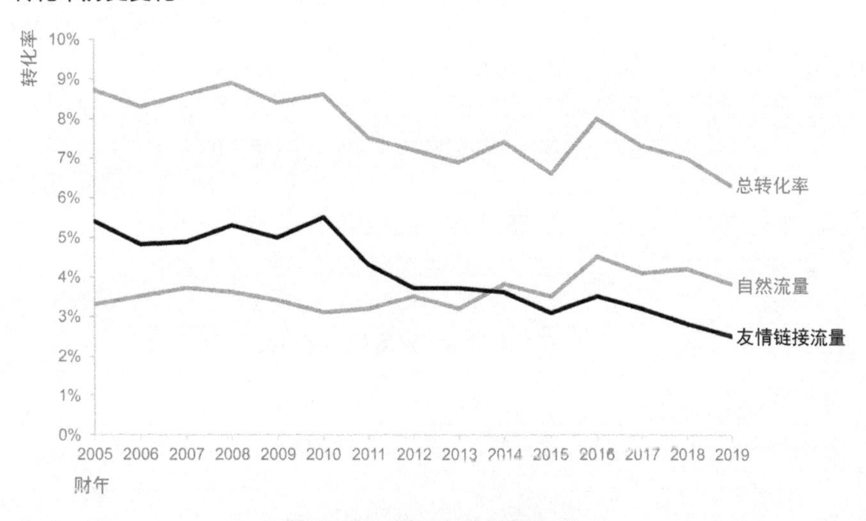

图 4-23 置于其他数据之前

(8) **改变颜色**。可以对目标折线进行着色，同时以灰色来表示其他折线，如图 4-24 所示。

(9) **用文字来解释**。在图 4-25 中，我在标题里加入了有关友情链接流量的要点信息。一旦受众阅读了这些要点文字，他们就会理解应当重点查看图中的“友情链接流量”折线。在第 6 章介绍故事的背景文字时，我们会再次看到更多这样放在标题里的要点信息。

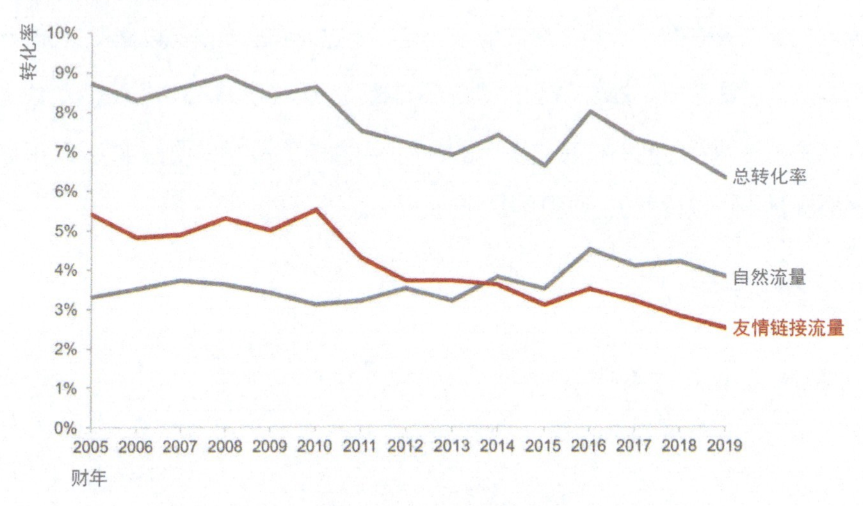

图 4-24　改变颜色

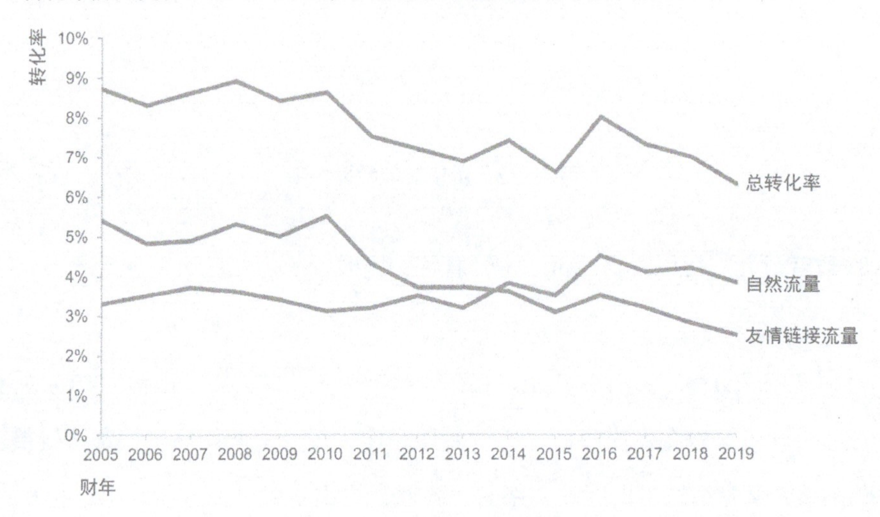

图 4-25　用文字来解释

(10) **擦除其他数据。**还有一种办法可以有效地将受众的注意引导到目标数据上来，那就是擦除其他数据，让目标数据成为唯一可见的元素，如图 4-26 所示。在制作图表时，始终应该思考：目前展示的数据真的全部是必需的吗？与此同时，也应当考虑：当擦除某些数据时，我们会丢失什么背景信息？根据沟通的目的，这么做是否值得？

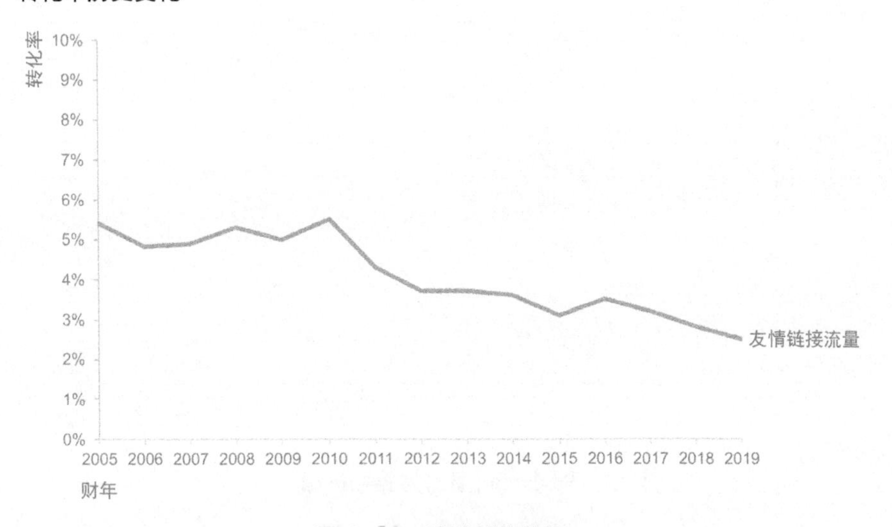

图 4-26　擦除其他数据

(11) **设置进入的动画效果。**在现场演示中，你可以用 PPT 展示图表并来回翻阅，因此动画是最能抓人眼球的前注意属性，尽管这种属性很难在书中展示。想象一下，我们从一张只有 x 轴和 y 轴的图开始，然后在上面显示“总转化率”折线并加以讨论，之后再让“自然流量”折线出现，最后把“友情链接流量”折线加上。从无到有的显示过程可以有效地吸引注意。

动画的不足之处在于，它容易打扰受众对图表的正常阅读。因此，我只推荐 3 种动画效果：出现、消失和透明。不要使用飞入飞出、渐隐渐现、弹跳之类的花哨效果，它们不会带来任何价值，还会在某种形式上成为图表里的干扰元素。

(12) **添加数据点标记**。再次回到图 4-15，我们可以在上面添加数据点标记来吸引注意，如图 4-27 所示。

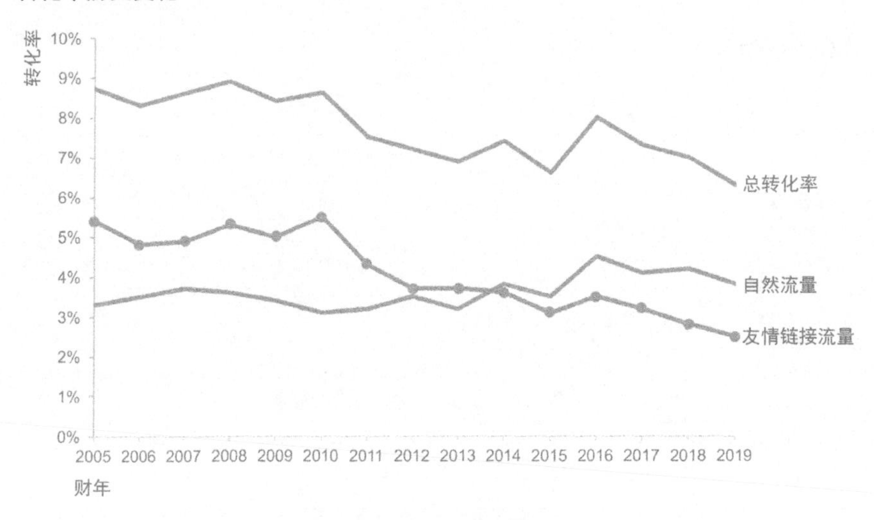

图 4-27　添加数据点标记

(13) **添加数据标记**。我们还可以在目标折线上的每一个数据点旁边添加数据标记。这等于在向受众说："注意，这些数据非常重要，所以我把数值也放了上去，方便你查看。"如图 4-28 所示，文字标记可以对背景信息进行解释，或者指出图表中值得注意的微妙之处。

如果标记所有的数据，有时会让图表变得一团糟。不过，若少量标记，则可以有效地引导受众对比部分数据。接下来，我们来看一个例子。

(14) **标记最后一个数据点**。如图 4-29 所示，标记每条折线上的最后一个数据点，可以很容易地引发受众对这些数据点间差别的对比。但是这么做无法将受众的注意引导到

“友情链接流量”这条特定的折线上，下面就来看看如何才能实现这样的效果。

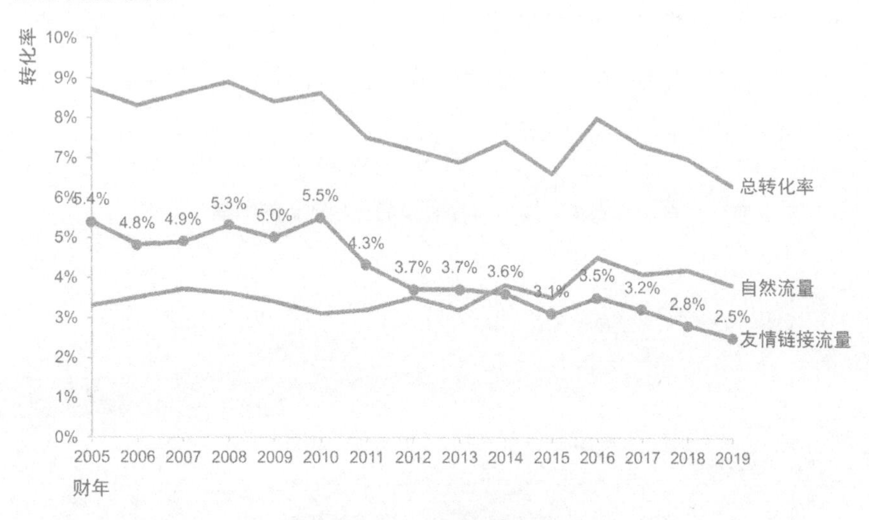

图 4-28 添加数据标记

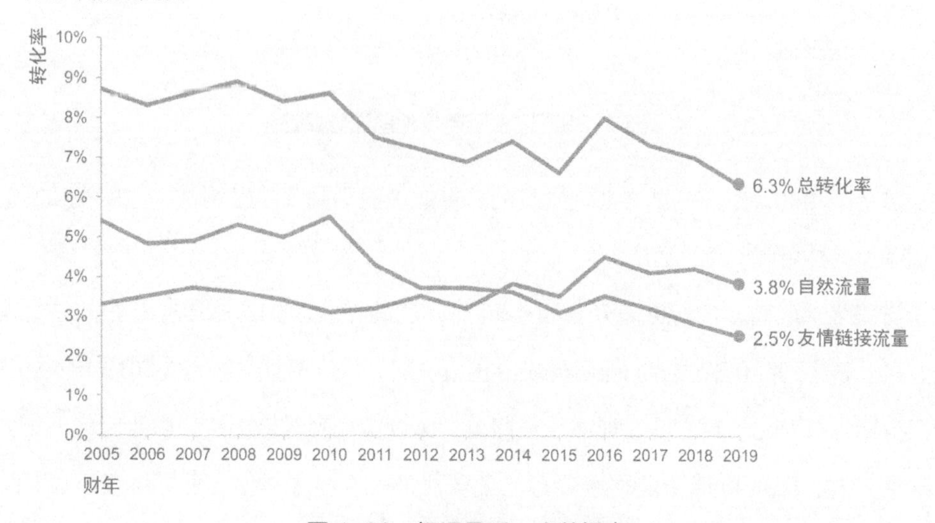

图 4-29 标记最后一个数据点

(15) **综合运用多种前注意属性。**可以综合运用多种前注意属性，明白无误地将受众的注意引导到目标上。如图 4-30 所示，标题用文字对要点信息进行了介绍（这些文字和对应数据的颜色一样，从而有效利用了格式塔的相似原则）。与此同时，目标折线和上面的标记进行了加粗和上色处理。某些有意思的数据点还加上了注解文字，对背景信息进行了一定的解释。

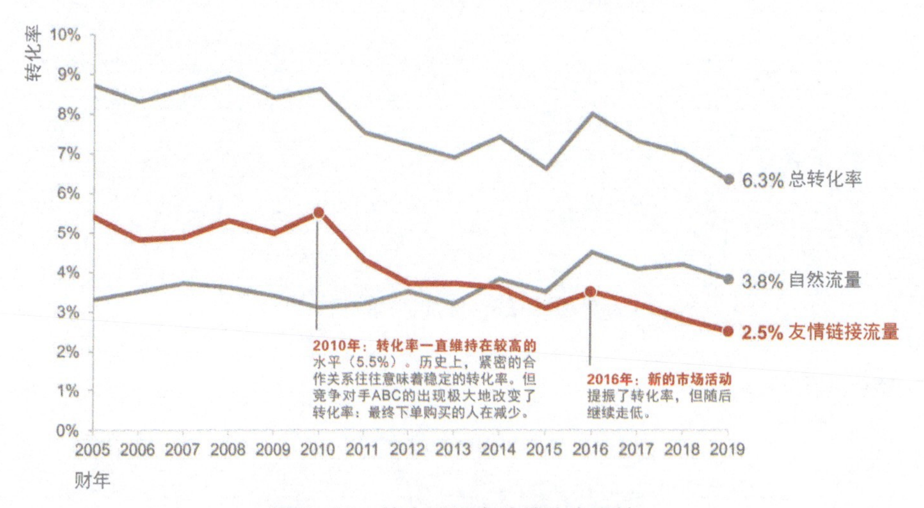

图 4-30 综合运用多种前注意属性

对于图 4-30，不妨试试之前提到过的“视线被吸引到哪里”测试。你的视线首先会落在哪里？然后呢？再然后呢？

当我闭上眼睛，然后再睁开看图 4-30 时，我的视线首先会落在标题中的红色文字上，之后转移到红色折线上。随后视线沿折线往右，很容易地对最近（2019 年）的 3 个数据指标进行对比。再之后，视线往左移动，阅读折线旁对转折点背后原因的注解。通过这种方式，图 4-30 成功地利用了前注意属性来引导注意并创建视觉层级，让整体的视觉效果更易于理解。

练习 4.4　绘制所有的数据

我们来回顾一下第 2 章中的一个例子。还记得你在金融储蓄银行工作并试图对比自家公司和竞争对手的表现吗？你手头有自家公司和一些竞争对手的银行指数（网点满意度）历史数据。原始的图如图 4-31 所示。

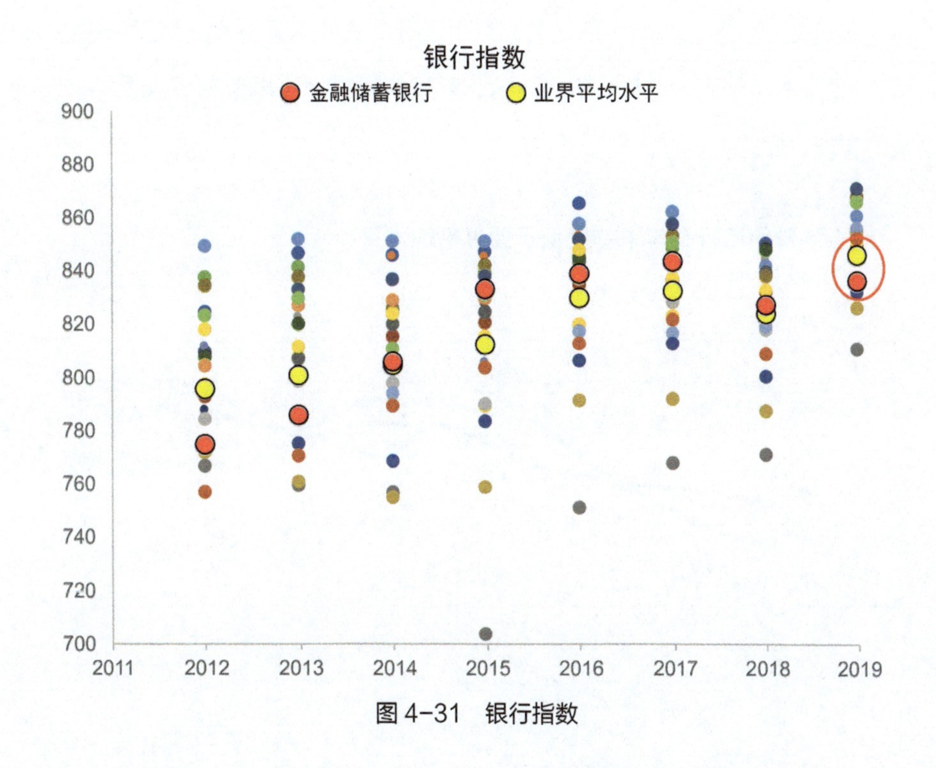

图 4-31　银行指数

我们之前展示过一种改进策略：将散点图转换为折线图，并把所有竞争对手的数据都综合为一条“业界平均水平”折线（见答案 2.7）。

但如果我们确实想展示所有的数据呢？如何才能在实现该目标的同时，不让数据变得密密麻麻？请画出你自己的优化方案。

答案 4.4 绘制所有的数据

事实上，可以在一张图中显示非常多的数据，只要将数据中的绝大多数淡化成背景即可。

在我之前举办的培训班中，就有学员向我反馈说他们从未意识到灰色居然有那么大的魔力。灰色是一种不起眼的颜色，尤其适用于既需要展示又不希望过度吸引注意的元素，比如坐标轴上的标签、坐标轴的标题、背景信息数据。思考灰色在图 4-32 是如何帮助我们实现目标的。

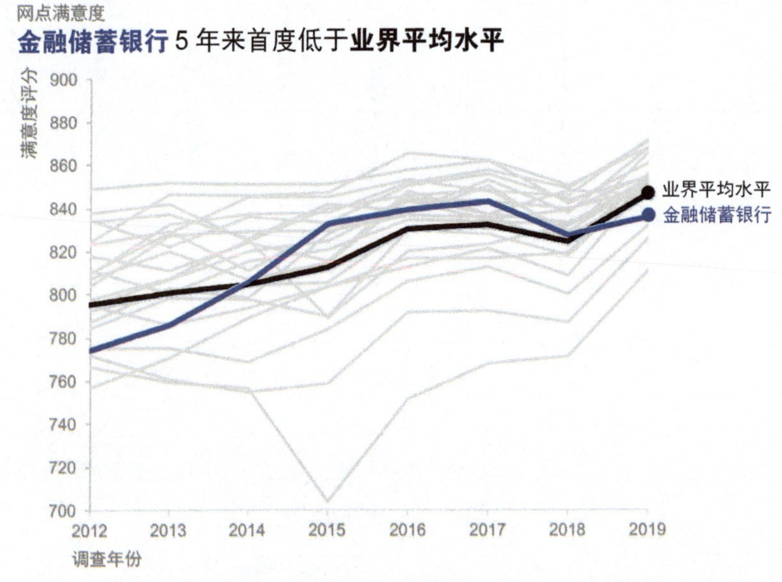

图 4-32 只要将数据中的绝大多数淡化成背景，就能在一张图里显示所有的数据

除了将竞争对手的曲线变灰，我还调整了它们的粗细，让它们比“业界平均水平”和“金融储蓄银行”两条折线都细。这是淡化数据重要性的另一种方法。如此一来，这些数据既可供参考，又绝不会吸引过多的注意。调整之后，如果需要分辨出某个特定竞争对手的折线，可能会遇到困难。当然，在现场演示的情况下，我们可以逐条呈现竞争

对手的折线。在静态图表中，也可以直接标记一两条。只是这么一来，可以想象图表很快就会变得一团糟。如果金融储蓄银行与某些竞争对手的对比非常重要，则上述方案就不是最佳选择了。在此情况下，我会关注各家银行最近的数据点，并以水平条形图的形式来绘制。

在保持现有方案不变的情况下，我们来继续探索。假设在将受众的注意引导到“业界平均水平”和“金融储蓄银行”折线的基础上，我们还希望呈现最近一年的变化趋势。此时，可以尝试使用新的颜色，如图 4-33 所示。

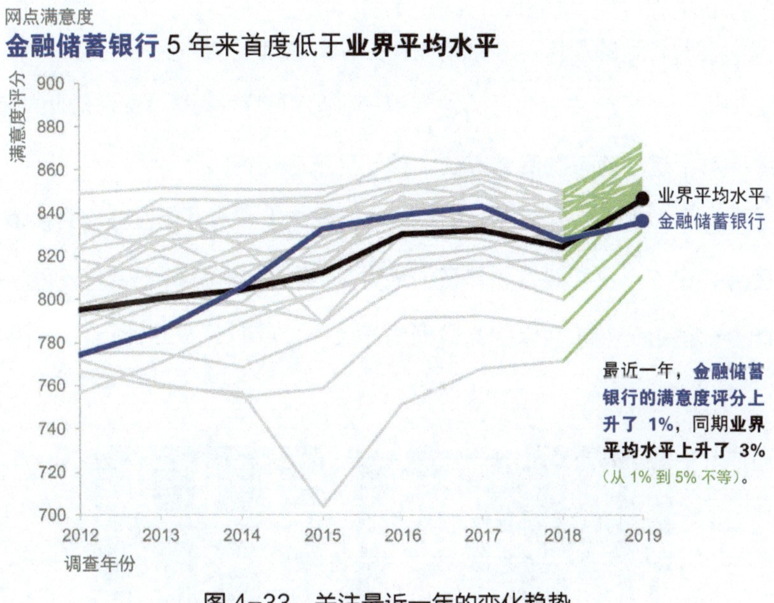

图 4-33　关注最近一年的变化趋势

少量使用强调性元素，可以让我们在显示大量数据时有效地引导注意力。思考一下，如何在日常工作中使用这一策略。

至此，你已经看到了几个引导注意的练习，以及我是如何解决问题的。接下来的练习请你独立完成。

我们再来看一些图片，理解引导注意的微妙之处，然后看看在沟通中如何加以运用。原理、技巧不一而足，在接下来的练习中我们将继续探索。

练习 4.5　你的视线停在哪里？

正如我们之前看到的那样，观察视线在图片或 PPT 上首先停留之处，可以帮助我们判断是否合理地运用了前注意属性将注意引导到最重要的区域，是否借此创建出了清晰的视觉层级。对于这种简单的测试方法，我们再来练一练。

观察图 4-34 ~ 图 4-39，**在看每张图片之前，都闭上一会儿眼睛或者转头看别的地方，然后观察图片并记下自己视线首先停留的地方**。为什么会这样？从这个现象中，你学到了什么？能否归纳出一些东西以提高数据沟通效率？针对每张图片，写一小段话回答上述问题。

图 4-34　你的视线停在哪里

图 4-35　你的视线停在哪里

图 4-36　你的视线停在哪里

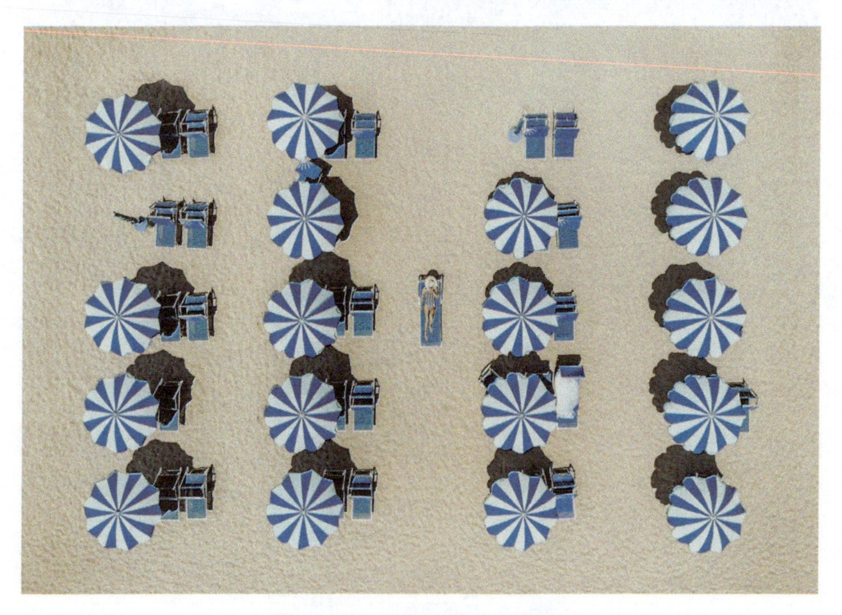

图 4-37　你的视线停在哪里

图 4-38　你的视线停在哪里

图 4-39　你的视线停在哪里

练习 4.6　在表格内引导注意

至此，本章所有的示例都是图片，但对于表格，我们同样可以使用前注意属性来引导注意。

观察图 4-40，所示表格中的数据是某咖啡品牌最近 4 周来前 10 名销售代表的销售业绩。回答以下问题。

维咖咖啡

前10名销售代表：截至1月31日，4周来的销售业绩

销售代表	销售额	变化（%）	UPC均值	ACV（%）	每500克价格
A	¥15 753	3.60	1.15	98	¥10.43
B	¥294 164	3.20	1.75	83	¥15.76
C	¥21 856	−1.20	1.00	84	¥12.74
D	¥547 265	5.60	1.10	89	¥9.45
E	¥18 496	−4.70	1.00	92	¥14.85
F	¥43 986	−2.40	2.73	92	¥12.86
G	¥86 734	10.60	1.00	100	¥17.32
H	¥11 645	37.90	1.00	85	¥11.43
I	¥11 985	−0.70	1.00	22	¥20.82
J	¥190 473	−8.70	1.00	72	¥11.24

UPC是Universal Product Code的缩写，表示通用产品代码。
ACV是All-Commodity Volume的缩写，表示所有商品量分销率。

图 4-40　练习在表格内引导注意

问题 1　假设销售额是表格中最重要的数据，剩下的则都仅供参考，或者我们知道受众最关心的就是销售额。可以看到，我们已经将销售额放在表格的第 1 列中。除此之外，还可以做些什么事情来引导注意，或者让销售额数据更显而易见吗？

问题 2　说到销售额，销售代表 D 的数字比其他所有人的都要高，但我们依旧需要盯着这张表格看好一会儿才能发现这一点。如何才能让受众的注意更快地被吸引到销售代表 D 上呢？列出你能想到的 3 个办法，将这一行与其他数据区分开。你最喜欢哪一个？为什么？

问题 3　我们继续关注销售代表 D。如果我们想强调 D 在销售时每 500 克价格较低的事实，你会怎么做？

问题 4 如果想让受众关注表格中“每 500 克价格”这一列，你会改变这一列在表格中的位置吗？你会如何调整表格中每一行的顺序？为了让受众关注每 500 克价格，你能想出哪 3 种不同的办法？

问题 5 练习一下你想到的方案，用自己的工具画一画。

练习 4.7 用多种方式引导注意

正如之前所讨论的，我们有多种办法将受众的注意引导到某些特定数据上。

图 4-41 展示了某类产品市场占有率的历史数据。假设我们希望将受众的注意引导到自家产品上来。该如何应用前注意属性来实现这该目标呢？**你能想到多少种方式来引导受众的注意？**请列举出来！

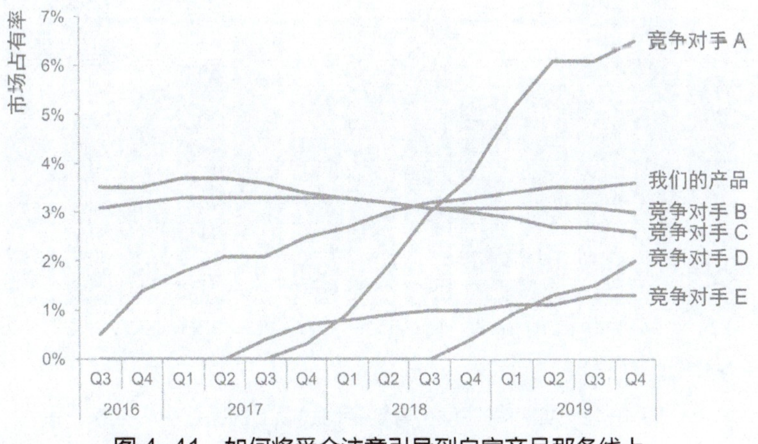

图 4-41 如何将受众注意引导到自家产品那条线上

更进一步，用你自己的工具把这些方法都画出来。

练习 4.8　如何引导注意

至此，你已经练习过如何在表格和折线图中引导注意了，接下来看看如何在条形图中实现这一点。

我们来回顾一下第 2 章中的一个例子。假设你在一家医疗中心工作，需要对本地区最近的流感疫苗教育及管理活动是否成功进行评估。图 4-42 对原始图片进行了微小的改动。

假设我们希望将注意引导到那些成功率超过平均线的医疗中心上来。该如何应用前注意属性来实现这一点呢？**你能想到多少种方式来引导受众的注意？**请列举出来！

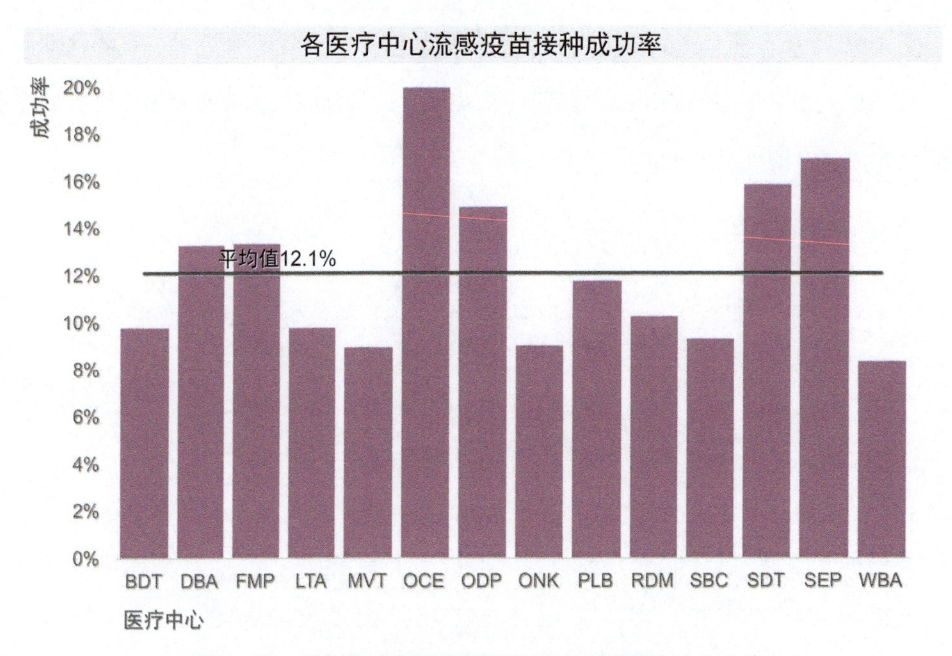

图 4-42　如何将注意引导到平均线以上的医疗中心上来

更进一步，用你自己的工具把这些引导注意的方法都画出来。

为了引导注意，我们需要知道如何在工具中对图片的各方面进行修改和调整，还要知道应该把受众的注意引导到何处。以下练习可以帮助你在视觉沟通过程中有效地引导注意。

练习 4.9 你的视线停在哪里？

你可以用自己的眼睛和注意力对最终的受众进行模拟。创建好图表或 PPT 后，闭上眼睛或者转头看别处。然后再观察图表，记下自己的视线首先停留的地方。结果和你的预期是否一致？如果不一致，应该做哪些改动？思考自己是如何使用前注意属性的，如何用这些属性来引导注意并创建视觉层级。

不过，需要清醒地认识到：由于你是数据图表的设计者，对内容了然于胸，对需要关注之处也有预置倾向；而这一切都是受众不具备的。因此，在完成“你的视线停在哪里”测试，并经迭代得出自己满意的结果后，还需寻求其他人的帮助。找个朋友或同事，给他看一下自己做的图表或 PPT，问问他的视线首先会停留在什么地方。结果和你的预期一致吗？收集反馈信息，如果需要，继续迭代优化。

除了询问视线首先停留的地方，还可以问问他们处理图表信息的具体过程。他们最关注图表中的哪块内容？然后呢？再然后呢？有什么疑问？能得出什么结论？从对数据较为陌生的人那里获取反馈并理解上述问题，可以帮助自己了解图表的优缺点，最终保证受众阅读图表时的注意会被引导到正确的地方，并以预期的方式处理图表信息。

练习 4.10　用自己的工具练习

可以用很多不同的工具来绘制数据，每种工具都有自身的优势和局限。为了高效地对数据进行绘制和沟通，我们需要熟练掌握数据绘制工具，从而有效利用本书和《用数据讲故事》一书中的诸多策略。在某些情况下，这意味着我们还需要编写代码。代码的美妙之处在于：一旦写好，代码中的一部分就可以在未来绘制其他数据时复用。（漂亮！）这有时还意味着在工具中找到正确的下拉菜单及选项。

无论怎样，我们都要对工具的使用进行练习，更好地了解工具能做什么。

找一张你做好的图片，任何图片都可以。如果手头没有合适的例子，也可以在本书的练习中找一个，自己画一画。做一张折线图或者条形图，探索在自己的工具中实现以下效果的方法。

加粗。在图片中找一处文字元素，将其加粗。将某条折线或者某个数据条加粗，使其与周边的数据区分开。

颜色。首先，把所有的元素置灰。然后，选一条折线或者几个数据条，将其变成蓝色。再另找一条折线或一个数据条，将其变成自己公司的主题色。在刚才的折线上找一个数据点，或者在那几个数据条中选择一个，更改其颜色。

位置。我们来练习一下移动元素的位置。如果你手头的是条形图，那么对数据条的顺序进行调整：先将其以升序进行排列，再以降序进行排列。如果你手头的是折线图，找一条存在交叉情况的折线，将其置于其他折线之前或之后。

虚线或点划线。在你做的图表中，有没有哪条线是可以做成虚线或点划线的？我认为肯定有。如果你手头的是折线图，则将其中某条折线变成虚线。如果你手头的是条形图，则将其中某些数据条的轮廓变成虚线。

强度。使用不同的强度，用较深的颜色显示某些数据，用较浅的颜色显示对其余的数据。可以通过透明度、颜色样式或较低的色值来实现这一效果。思考一下，如何通过设置数据格式来直接实现该效果，又如何通过更改透明度等方式来达到该目的。

标记数据点。首先，对某个数据序列上的所有点添加标记。然后，寻找移动标记的方法。在折线图中，将标记置于数据点上方，之后再置于数据点下方。在条形图中，将标记置于数据条的上方，之后再置于数据条内的顶部区域。最后，找到仅对某一个（或某几个）数据点进行标记的方法。如果你使用的是图表绘制软件（不是在编写代码），也许会简单地进行单独添加 / 删除数据标记的操作。事实上，你可以额外添加一条包含目标数据的折线，并且将折线本身隐藏起来。这样就能利用这条这线的位置及其标记，将标记目标数据点的过程自动化。

关于如何使用工具，你还想学习些什么？列个清单，想想哪些资源（同事、搜索引擎、教程）能帮助自己实现目标。学习任何工具都需要时间，但这方面的时间消耗总是物有所值的。当能用工具完全实现自己心中的效果时，自豪感会油然而生。

练习 4.11　找到关注的目标

《用数据讲故事》和本书都预设了一个大前提：在对数据进行全面的分析后，你已经清楚地意识到应该向目标受众沟通哪些具体的信息。就数据分析而言，我倾向于分清楚探索型分析和解释型分析，在假设已经完成前者的情况下，主要对后者进行讲述。这有时会引出一个问题：如何才能找到需要首先关注的目标呢？

这一点学起来更难，在艺术和科学上的挑战丝毫不逊于我们目前关注的解释型信息沟通。虽然我将整个沟通过程分为了探索型和解释型这两个截然不同的阶段，但在现实生活中，两者之间的界限往往是模糊的。在项目中，我们经常在这两个阶段间来回跳跃。如果遇到“我该关注哪里”之类的困惑，你可以思考以下问题，帮助自己找到答案。思考以下问题。

- 什么时候适合对数据进行聚合？
- 应该在什么时候，用什么方式取消数据的聚合效果？
- 正确的目标时间范围是什么？应当回顾多久之前的数据？
- 将数据分解的意义是什么？从多种角度来审视目标：商业、地域、产品、时效，等等。数据在哪些地方是类似的？在哪些地方有所不同？为什么会这样？
- 这和你的预期是否相符？哪些元素上有所不同？
- 不同的元素间是否有关联？元素间是否存在因果关系？
- 哪些对比是有意义的？哪些对比可以激发灵感？
- 是否缺失了什么有价值的背景信息？可以向谁询问到这些信息？
- 观察这些数据的其他人会问哪些问题？
- 你做过什么假设吗？如果假设有误，影响大不大？
- 有没有缺失的东西？数据往往并不能讲述所有的故事。你会如何补上缺失的环节？
- 未来会重演历史场景吗？还是说会和历史场景截然不同？

练习 4.12　讨论

思考以下与第 4 章内容相关的问题。与朋友或者团队成员进行讨论。

- 在绘制数据并用数据进行沟通的过程中，哪些设计元素可用来引导注意？你觉得哪一个的效果最好？为什么？

- “你的视线停在哪里”是一个什么样的测试？你会在何时应用该测试？为什么要应用该测试？
- 在文字、表格、散点图、折线图和条形图中，都有很多种方式可用来引导注意。有哪些将受众的注意引导到目标上的常用方法？在不同类型的图表中使用这些方法时，方法有哪些差别？
- 当在图表中选择颜色时，需要注意些什么？有没有适用性较强或者需要避免使用的颜色组合？为什么？
- 在解释型沟通中应该少量使用强调性元素，这与概览类图表中放置的探索型数据有何区别？在概览类图表中，你会如何使用颜色？这与有的放矢地设计结论性图表有何区别？
- 视觉层级是什么？为什么在数据可视化及相关页面的设计中，视觉层级如此有用？
- 为什么只有当少量使用时，强调性元素才会有用？
- 对于本章介绍的一些策略，你会给自己设定什么具体的目标？你的团队呢？如何确保执行该目标的相关行动？你会向谁寻求反馈？

第 5 章

原则五：像设计师一样思考

当好的设计展现在你眼前时，你肯定知道它的美妙，但你自己如何才能实现相同的效果呢？如果你并非设计师，做到这一点尤其困难。《用数据讲故事》介绍了 4 个主题帮助你以设计师的方式来思考：可供性、美观度、无障碍和接受度。本章将对这 4 个主题进行练习，展示如何略施小计即可化腐朽为神奇。首先，我们来快速回顾一下这 4 个主题的意思。

在视觉设计领域，**可供性**指的是让产品功能显而易见的属性。它构成了第 3 章和第 4 章中一些内容的理论基础：将相关的元素视觉放在一起，让次要的元素淡化到背景中，突出关键元素，从而有意识地引导观众的注意。

在视觉设计的**美观度**上下功夫能让受众更有耐心，愿意花更多时间来倾听细节。细节决定成败，微不足道的改进积少成多就能带来赏心悦目的体验，而各种小毛小病不断堆积也能毁掉一个设计。为了取得良好的设计效果，必须对设计过程采取高标准、严要求的态度。

人群间存在差异，**无障碍**就意味着能意识到这种差异，并让设计适用于各种不同的人群。在之前的章节中，我们提到过色觉障碍因素，但考虑该因素仅仅是无障碍设计的冰山一角而已。本章的练习能帮助读者以更稳健的方式来思考设计。在提升设计的稳健性上，有一种简单的方法效果奇佳，那就是谨慎地斟酌字词。

最后，只有被受众接受，视觉设计才称得上成功，而这种**接受度**是有办法提升的，本章会对此进行详述。

接下来，我们就来练习一下如何像设计师一样思考。

首先来回顾一下《用数据讲故事》第 5 章的主要内容。

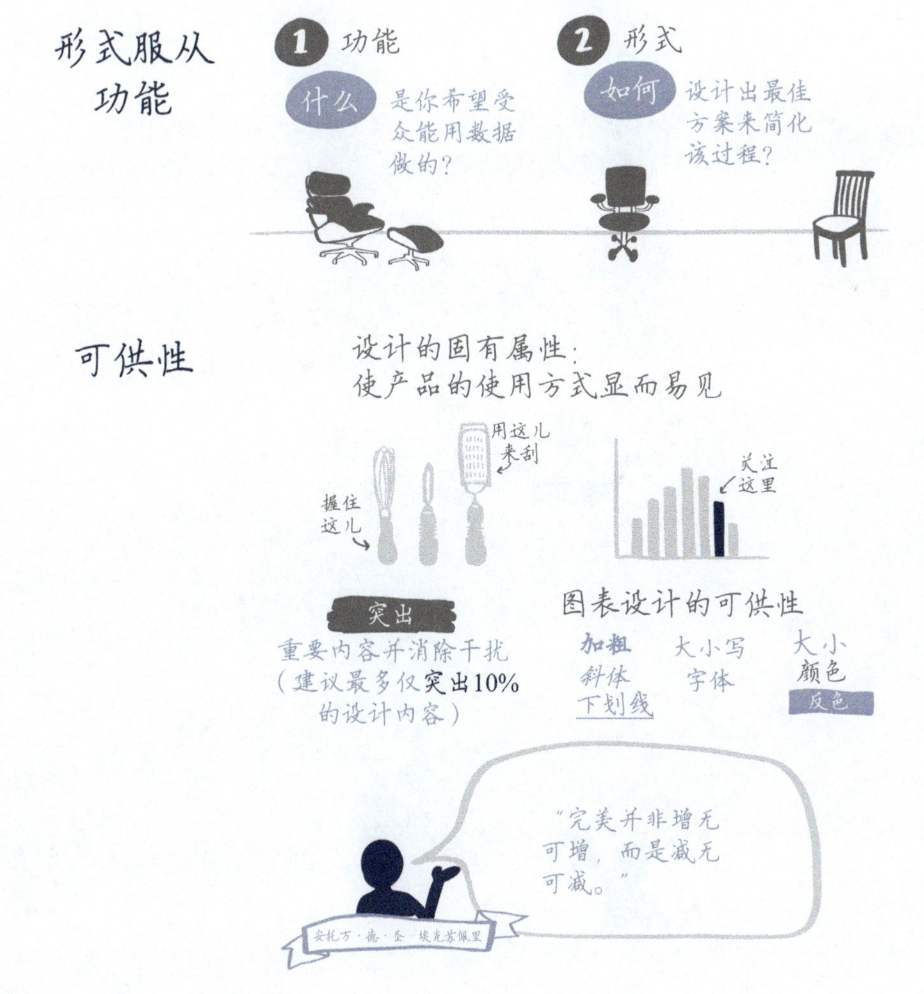

无障碍

设计应该对不同的人都适用

1. 保持图表易读
2. 保持图表简洁
3. 平铺直叙
4. 删除不必要的细节

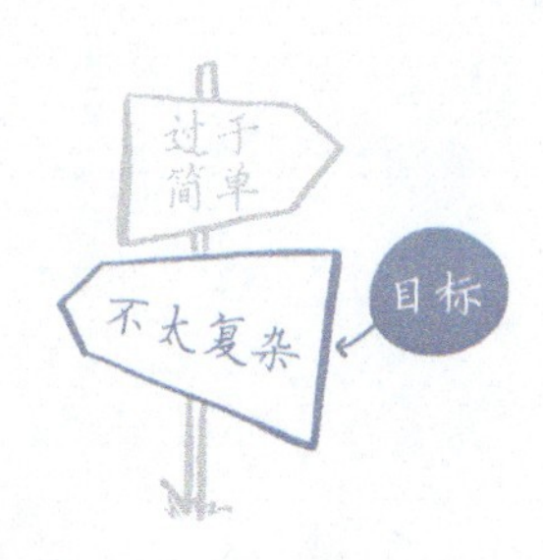

美观度

设计越美观，就越令人感觉容易使用，接受度也越高

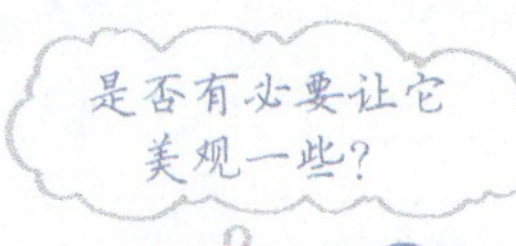

当然！

1. 明智地使用颜色
2. 注意对齐
3. 利用留白

接受度

设计必须被目标受众接受才算有效

1. 阐释新方案的益处
2. 将新旧方案并排展示
3. 提供多种选择并寻求反馈
4. 与有影响力的受众合作

跟练

练习5.1 谨慎斟酌字词

练习5.2 精益求精！

练习5.3 注意细节，考虑直觉

练习5.4 设计样式

独立练习

练习5.5 检查、模仿

练习5.6 略施小计，化腐朽为神奇

练习5.7 如何改进？

练习5.8 品牌形象！

学以致用

练习5.9 用文字提高数据的可读性

练习5.10 创造视觉层级

练习5.11 注意细节！

练习5.12 无障碍设计

练习5.13 提高接受度

练习5.14 讨论

图表中的文字非常重要，它可以让图表整体变得更易理解。接下来，先看一个文字方面的练习，然后练习一下注意细节、品牌形象等其他视觉设计改进策略。

练习 5.1　谨慎斟酌字词

当我们用数据进行沟通时，有时候会错误地低估文字的重要性，或者认为应当尽量避免使用文字。事实却恰恰相反，若想使图表和数值更易为受众所理解，文字的作用不容小觑。图表中的文字可以帮助受众更好地理解内容，同时引导他们对数据形成感知。

我们来快速做个练习，演示一下图表中文字的重要性。

图 5-1 中绘制了 4 个洗衣粉品牌的历史销售数据。可以看到，图中已经有了一些文字说明，但这些文字说清楚什么了吗？字词的运用可以再推敲一下吗？在观察数据的同时思考这些问题，然后完成后续步骤。

第 1 步　对于图 5-1 中所展示的数据，你有哪些问题？请列举出来！在解读这些数据时，你需要做哪些假设？

第 2 步　对于在第 1 步中列举的问题，你会在图 5-1 上添加哪些文字来解答？请自由发挥，修改标题和各种标记，让内容清晰易懂。

第 3 步　在图 5-1 上放置不同的字词，会对数据的解读有何影响？能否通过更改坐标轴的标题及其他文字来改变对该图的理解？这对你应该在图中添加哪些文字说明有何启发？用一两段话总结你的练习心得。

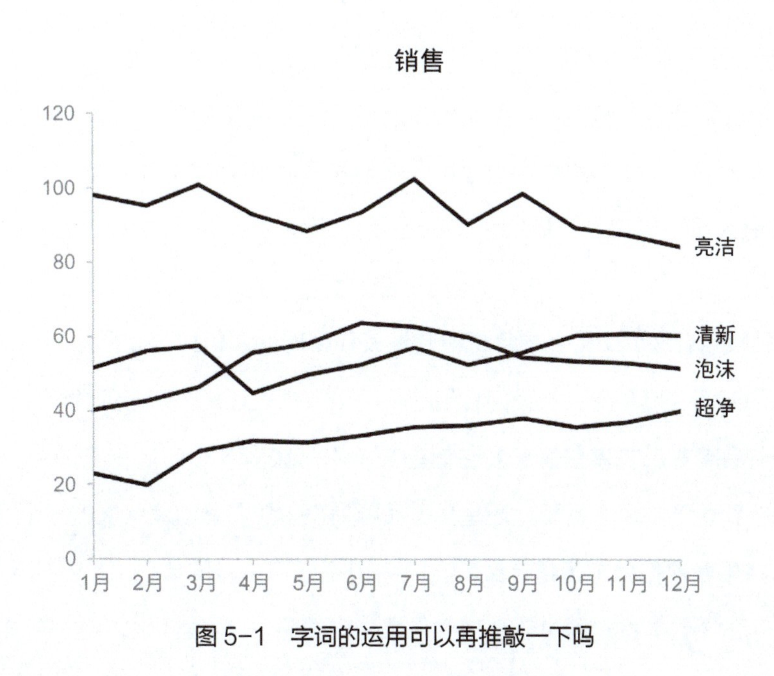

图 5-1　字词的运用可以再推敲一下吗

第 4 步　对于这样的动手实践，你既可以在白纸上写写画画，也可以使用自己的工具；既可以直接在图表上加文字，也可以画张新的。无论采用哪种方式，都可以练习通过谨慎斟酌字词来提高设计的可供性。

答案 5.1　谨慎斟酌字词

当创建图表时，各种细节对于图表的作者而言总是清晰的。但是，对图表的受众来说就未必如此了，因为他们对图表的预期或者对背景信息的理解很可能和作者并不相同。如果缺少必要的文字说明来解释数据，受众就不得不自己来做一些假设。这个过程不仅耗费脑力，而且可能造成更严重的后果——假设也许是错误的！

来看一下我为这个练习给出的答案，看看选择不同的文字对最终数据的解读有何影响。

第 1 步 对于本例中的数据，我有 4 个问题。

- ❒ **y 轴表示什么？**从标题中我们知道 y 轴表示的是销售数据，但这样的描述显得含糊不清。y 轴上的数字表示的是实际的商品销售量，还是单位为 100 件的商品销售量？也许这个数字表示的是销售额，比如单位为 1000 美元或者 100 万英镑。
- ❒ **x 轴表示什么？** x 轴上的月份清楚地表明了时间，但仅仅如此是不够的。x 轴表示的时间跨度是什么？我们看到的是历史数据，还是对未来的预测？
- ❒ **4 个品牌背后有哪些信息？**它们是某个网站或者某个门店售卖的 4 个品牌，某个公司生产的 4 个品牌，还是某个品牌列表中排名靠前或垫底的 4 个？
- ❒ **这些销售数据的范围是什么？**在没有引用任何资料的情况下，我假定这些数据表示的是整体的销售量（全球销量或全国销量）。但实际上，它完全有可能表示局部数据：某个特定的城市或地区，某条特定的生产线，某个特定的公司或者某家连锁店等。

对于上述问题，不同的思考角度和答案将引导我们对数据做出完全不同的解读。接下来是更具体的讨论。

第 2 步 图 5-2 展示了在图 5-1 上添加文字的一种方案，该方案可以很好地回答我在第 1 步中提出的问题。

在图 5-2 中，我假设图中的折线表示这 4 个洗衣粉品牌在某家特定门店的销量，并通过文字来清晰地表示这一点：使用更具描述性的图表标题，同时在 x 轴和 y 轴上添加轴标题。

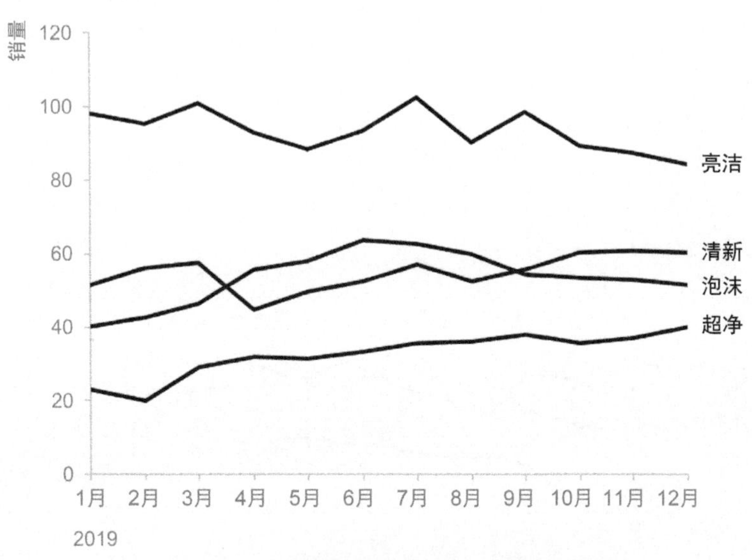

图 5-2 明晰无误的标题文字有助于理解

我们来回顾一下在图表中添加文字时涉及的设计方面的决策。在图 5-2 中，我对图标题进行了对齐处理。在之前的章节中，我们多次讨论过典型的“之”字形信息处理顺序。这里复习一下：如果没有其他视觉上的引导，那么受众在阅读材料时往往会从左上角开始，视线的移动轨迹像“之”字一样。将图标题放在左上角，受众就能在阅读具体数据之前看到这些说明性文字。基于同样的考虑，我把 y 轴的标题放到左上角，把 x 轴的年份标记放到左侧。

说到 x 轴和 y 轴的标题，我尤其关注两者在对齐关系上的细节：y 轴标题的顶端与 y 轴顶部的数字标签对齐，而 x 轴标题的左侧则与 x 轴的最左侧月份对齐。另外，坐标轴旁的文字和坐标轴上的数值一样是灰色的。这明白无误地显示了文字指代的对象，同时又不过多地吸引注意，也不会对数据观察造成干扰。

第3步 使用不同的文字可能会令受众对数据的解读出现完全不同的结论，如图5-3所示。

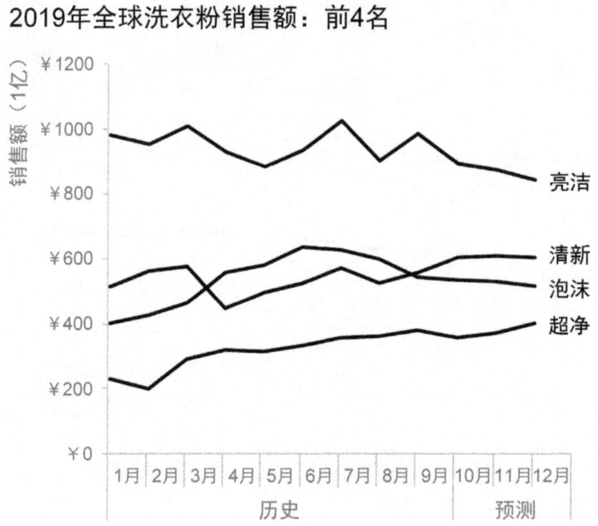

图5-3 不同的文字会令对数据的解读出现截然不同的结论

这个例子启示我们，对于图表而言，文字说明是必需的。事实上，我可以总结出几条指导方针。比如，每张图表都必须有一个标题。当用 PPT 进行沟通时，我会给图表取个描述性的标题，而给 PPT 自身取个总结性的名称。当然，这并不是唯一的做法。事实上，本书也展示过一些例子，其中图表的标题既具有描述性，又突出了总结性词语。请注意，让报告或 PPT 中的标题保持一致。

再比如，图表上的每条坐标轴都必须有自己的标题。这一点很少存在例外。对标题进行显式声明，可以让受众无须猜测坐标轴的含义，从而避免他们对看到的东西做出无谓的假设。

文字说明能让视觉设计更易于理解。开始用起来吧！

练习 5.2 精益求精!

数据可视化软件旨在满足形形色色的场景需求。这就意味着对于某个特定的场景来说，软件的默认设置基本上无法满足需要。这也正是图表设计者的价值所在：基于对背景信息的理解和设计意识，在默认设置的基础上极大地改善设计效果，让信息更易于理解，也让设计更赏心悦目。

我们来分析一个具体的例子，思考一下如何用所学的设计知识来改进软件的默认输出，从而创造出更令人满意的结果。图 5-4 展示了某地区汽车经销商历年来的汽车销售数据。

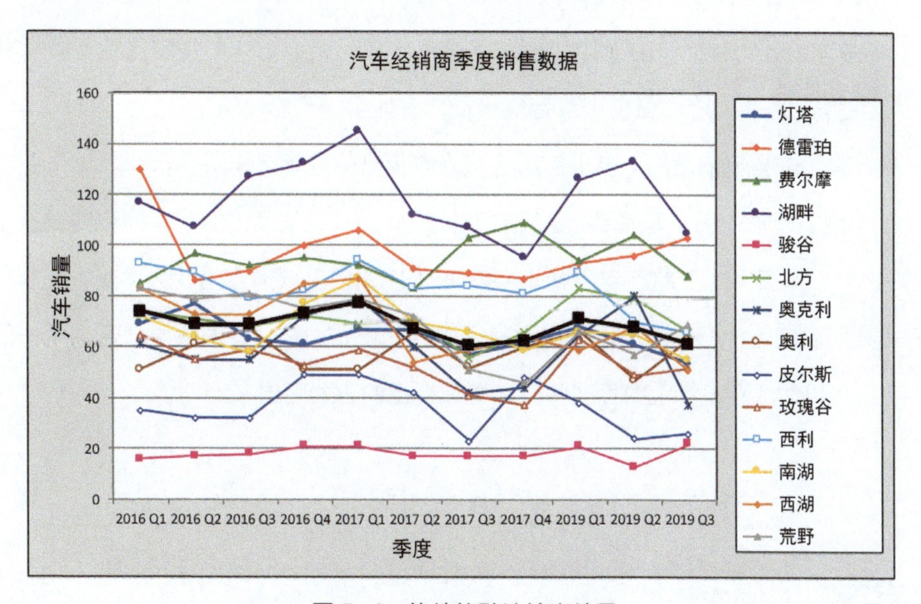

图 5-4 软件的默认输出结果

第 1 步 首先，我们来简单地谈谈对图 5-4 的印象。如果要你形容对这张图的感受，你的脑海中会浮现出哪些词语？列个小清单。

第 2 步 如果你需要就图 5-4 中的数据进行沟通，你会做什么样的修改？具体来说，有如下方面。

- **字词**：正如之前讨论的，文字有助于对数据的解读。我们需要挑选合适的字词，也需要斟酌字词的位置。对于图 5-4 而言，你会对标题进行怎样的修改？将标题置于何处？背后的考量有哪些？除此之外，你还能想到哪些方式来对本例中的文字进行优化？
- **视觉层级**：在之前的章节中我们学习过，谨慎地对部分元素进行高亮，同时将次要的元素或者信息量较少的元素进行淡化会助益良多。那么在本例中，你会怎么办？你会突出哪一块信息或者区域？又会对哪些元素采取刻意淡化的态度？
- **总体设计**：就目前的设计而言，有没有什么元素会对你的注意产生干扰？能否更好地利用对齐和留白来改善现状？你有什么修改建议吗？

第 3 步 在自己熟悉的工具上应用这些修改策略，重新制作图表。

第 4 步 想象一下，管理团队会观看有关这些汽车经销商的演示，而你需要就上述数据制作一张演示用的 PPT。这种情况会对 PPT 中的内容选择产生什么影响？内容的显示方式会因此产生什么变动？你会在图表周围放置哪些文字，让图表更合情合理？除此之外，还可以做哪些设计上的优化？请选择你自己的方式画出来。

答案 5.2 精益求精！

第 1 步 我看到这张图后本能想到的词有：困惑、混乱、庞大、复杂。当用数据进行沟通时，这些正好是我有意识想要避免的！

第 2 步 如果让我来修改这张图，我会采用以下做法，更好地传递信息，同时营造出更赏心悦目的体验。

- **字词：**图 5-4 显示了所有标题，这一点很好，但无论是图本身的标题还是坐标轴的标题，居中的做法令我无法苟同。如果让我来做，我会把所有的标题都放到左上角并对齐。这样当别人从左上角开始看这张图时，他们就可以在查看具体数据前一眼看到图的阅读方法。从 x 轴上的标签来看，“季度”信息是显而易见的，因此无须用轴标题的形式来显式地说明。我会直接把 x 轴的标题去掉。另外，x 轴标签中的年份信息反复出现，显得非常冗余，所以将其提为更高一级的标签会好一些。
- **视觉层级：**首先需要确定图表中的哪些元素会是关注的重点。图 5-4 中有太多东西在干扰注意，给阅读带来了很大的困难。仔细观察的话，可以发现“地区平均值”是一条加粗的黑色折线（由于图中还有颜色和形状大不相同的其他许多折线带来干扰，黑线加粗的方案效果有限）。对此，我会将除了“地区平均值”以外的所有数据进行淡化。为了排除干扰，我还会清除灰色的背景，同时删除边框和网格线。去掉这些信息价值不大的元素可以让真正有价值的数据凸显出来，创造出干扰性更低、视觉效果更好的设计。
- **总体设计：**可以看到，目前在阅读这张图时，受众需要在右侧的说明文字和左侧的对应折线之间来回看，而这是理当避免的。一种常见的解决方案是直接在这线上标记文字。在本例子中，由于多条折线紧密地挨在一起，所以直接这么做可能会造成一些问题，但我还是使用了一些小技巧，对这种方法进行了尝试。对某个特定的经销商而言，这样的改动肯定不是最好的（除非用一张新图片来表示他们的数据，或者一次只突出一个或少数几个经销商），不过通过右侧的近期数据，还是可以看出哪家经销商业绩最好、哪家最差、哪些业绩平平。

第 3 步 图 5-5 展示了应用修改策略后的样子。

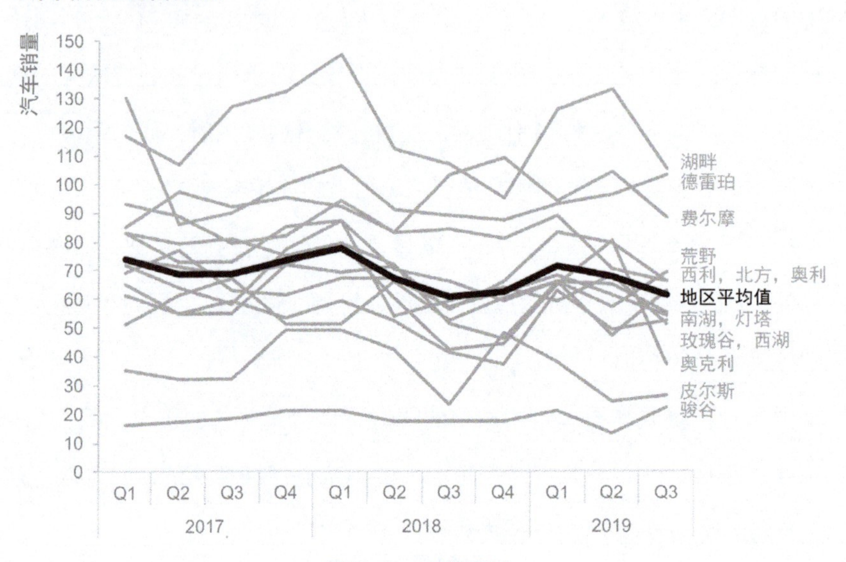

图 5-5 重新设计

图 5-5 可以让人轻松地将注意集中在“地区平均值”折线上，同时对各经销商的历史销售数据分布有个大致的了解。如果需要查看某个特定经销商的数据，则设计的难度会有所上升。如果让我来做，我会用一张新图片来呈现，而非继续在图 5-5 上修改。稍后我们将看到相应的做法。

第 4 步 如果只有一张 PPT 可用，我会添加大量文字进行解释，确保图表的含义得到正确的理解，同时展示结论。我会在图中综合运用标题和普通文字，并有意识地留白与对齐，从而在页面上呈现出清晰的结构。另外，我还会谨慎地突出部分元素，以此创造出视觉层级，让信息更容易得到感知。这样应该有助于让有逻辑联系的元素彼此靠近，减少受众的信息处理成本。结果如图 5-6 所示。

地区汽车销量：综合结果

地区平均水平总体呈现下降的趋势

所有经销商（部分经销商数据未展示）的汽车销量在过去一段时间内呈下降趋势，从2017年第一季度的超过1000辆下降至2019年第三季度的857辆（降幅约17%）。汽车销量的平均值也有所下降。

经销商销售数据的显著差别

最近一个季度，湖畔、德雷珀和费尔摩的销量最多（分别为105辆、103辆和88辆），而**奥克利、皮尔斯和骏谷的销售数量则最少**（均少于40辆）。

汽车历史销售数据

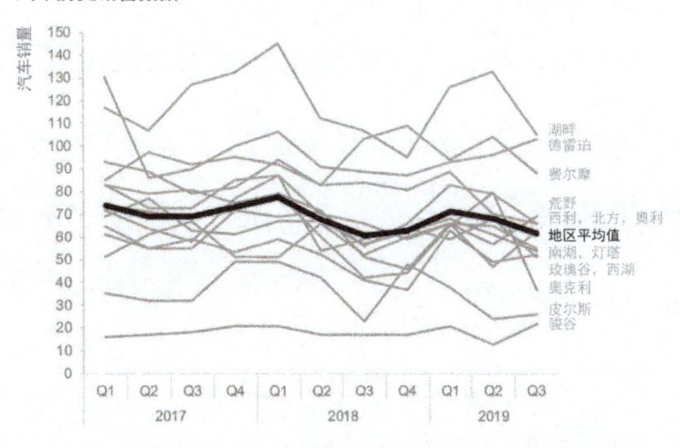

2019年第三季度经销商汽车销量

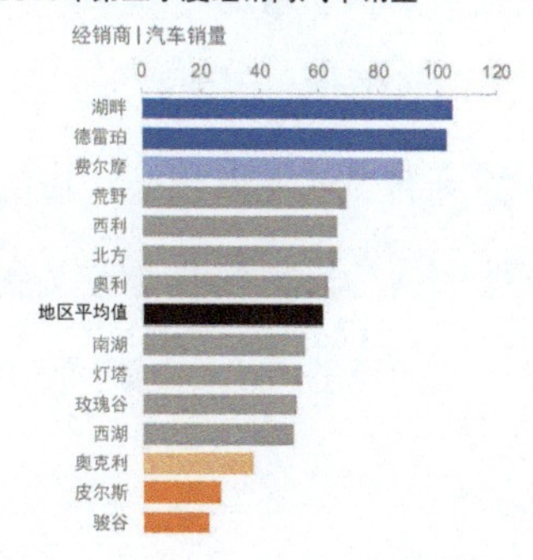

数据来源：销售数据库，包括地区经销商截至2019年9月30日的在线销售数据。

图 5-6　在一张 PPT 上展示

在图 5-6 中，我添加了一张水平条形图，用于对经销商的近期汽车销量进行对比。我认为这个数据最为引人注目，与之相比，对经销商历史上的每个数据都进行对比则显得没有必要（我们可以在左侧的图中轻松地分辨出业绩较好的经销商和业绩较差的经销商，但在目前的设计下，很难对业绩平平的几个经销商进行区分）。

除此之外，我还在图旁加了不少文字，既有简洁明了的标题，又有详细的解释型段落，从而清晰地突出要传递的信息。图 5-6 用间距和对齐实现了两栏布局。如果后退一步思考受众对此信息的处理方式，可以发现他们一般会从左上角的 PPT 标题开始看，然后往下阅读“地区平均水平总体呈现下降的趋势”，并看到左图中表示相应信息的黑色粗线。之后，视线基本上会转移到右侧，并可能在“经销商销售数据的显著差别”这个标题或蓝色和橙色的文字上稍做停留。最后，他们会观察右图，看到与左图对应的黑色平均值数据，同时看到与上方蓝色和橙色文字对应的蓝色和橙色数据条。

事实上，我还尝试过对图 5-6 中的左图进行优化：用蓝色和橙色分别表示销量前 3 的经销商折线和后 3 的经销商折线，以此与右侧 2019 年第三季度的着色方案保持一致。虽然我喜欢色调一致这个方案，结果却并不如人意：左图过于花哨，对“地区平均水平折线”形成了干扰。因此我最终放弃了该方案，仅在右图中谨慎地使用了颜色。

本练习的主要观点就是，我们需要对视觉设计及其所在页面的总体结构深思熟虑。不要直接依赖工具的默认设置效果。图表制作好后，也需要进行一定的后续优化。只要用心设计，就能创造出更好的用户体验，提高沟通的成功率。

练习 5.3　注意细节，考虑直觉

下面的例子采用了和练习 5.2 中一样的双栏结构。但只有清晰的结构布局还不够，对细节的打磨对于创造有效的视觉设计来说也是极其重要的。接下来，感受一下对细节的精雕细琢以及对总体设计的深思熟虑是如何改善视觉信息传递的。

假设你在一家面向小企业的打印服务公司工作。日常追踪的一项指标叫作客户接触数（公司人员和客户直接打交道的次数），既需要统计总数，也需要统计单位客户的接触数。与客户接触的渠道主要有 3 种：电话、在线交谈和电子邮件。

你的同事对历史接触数据进行了整理，将其总结到了下面的 PPT 中，并寻求你的意见。花些时间仔细观察图 5-7，然后完成后续步骤。

总接触数与单位客户接触数变化不大

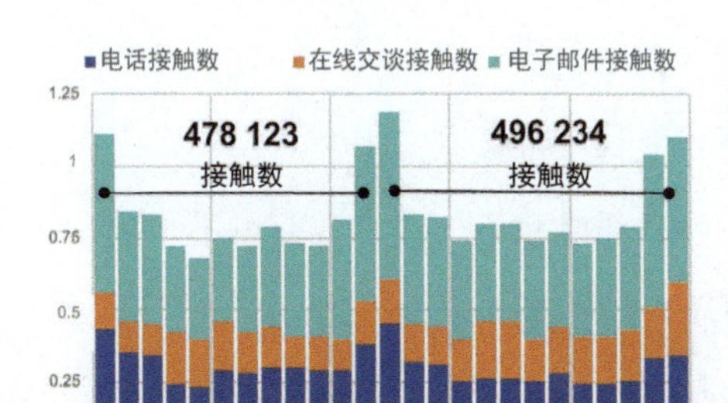

单位客户接触数既往3年变化不大

	电话	在线交谈	电子邮件	总数
2018年1月	0.43	0.13	0.55	1.11
2019年1月	0.45	0.16	0.58	1.19
2020年1月	0.29	0.26	0.5	1.10

图 5-7 同事原来的 PPT

第 1 步 若论注意细节，你会给同事的 PPT 什么样的反馈？把你的想法写下来。不仅要注重建议的内容，还要注重建议背后的考量因素。让我们之前所学的设计原理成为你所提建议的坚实后盾吧。

第 2 步 后退一步，想想数据是怎么设计的：左侧用的是堆叠条形图，右侧用的则是表格，还有一些数据是用文字的形式呈现的。对于该方案，你会做什么样的调整？你会怎样对数据进行设计，使其更符合受众的习惯。把你的想法写下来。

第 3 步 结合之前的想法，用自己的工具重新制作 PPT。

答案 5.3 注意细节，考虑直觉

第 1 步 首先声明，我认为注意细节对于视觉设计来说至关重要。一般而言，图表或者 PPT 是受众能看到的唯一的分析结果。无论是否恰当，人们总是会基于这些能直接观察到的东西来对总体状况做出一些假设。因此，我们需要让图表或 PPT 的视觉设计传递总体状况的正确信息。

若论注意细节，我会把自己的意见反馈集中在 3 个领域：一致性、对齐和符合直觉的坐标轴标签。我们一个一个来看。

在细节方面，**一致性**是非常重要的：除非有特殊原因，否则设计方案应该始终保持一致。随意地改变一些元素的设计，或者引入一些标新立异之处，只会让受众的注意受到干扰，让整个设计显得松松垮垮。具体来说，图 5-7 有以下不一致之处：左图中 y 轴标签里的小数点不一致，右表中电子邮件一栏底部单元格内的小数点也不一致。与此同时，图和表格之间，甚至表格内单元格之间的日期格式也不尽相同。

说到**对齐**，就像之前讨论过的，文字居中往往会让设计显得很凌乱。多行文字还会形成锯齿状边缘，如图 5-7 中的标题所示。我会保持表格内数字的居中对齐效果不变（如果保留表格的形式，稍后详细讨论），然后在垂直方向上也让单元格里的内容采取相同的居中策略。因此，单元格里的内容会以垂直居中的方式呈现（在原始表格中，数字是垂直居中的，而日期则采取了顶端对齐的方式）。另外，页面的总体布局也有值得优化的地方——表格和上面的分隔线并未对齐，右侧橙色线框的尺寸也应调整，从而更好地对要强调的那一列数据进行高亮。

最后，我对现有设计的建议集中在**坐标轴**上：坐标轴的标记需符合直觉。目前，图 5-7 中的 x 轴以 5 个月作为时间间隔来设置标签。我可以理解这么做背后的原因：x 轴的空间有限，加上日期格式较长，所以无法对每个数据点添加标签。解决该问题的一种方法是在考虑清楚间隔后，只挑选部分数据点添加标签：基于数据类型，选择适当的间隔。比如，对于每日数据来说，每 7 个数据点添加一个标签会比较合适（一周有 7 天），或者选择用周数作为标签。对于月度数据，则每 3 个月或 6 个月添加一个标签为宜。如果作为时间轴的 x 轴空间有限，可以以季度为单位或以年为单位来设置标签，还可以将年份提取出来作为高一级的标签。在接下来的修改方案中，我采用了后者。不过，类似的问题并无单一的最佳解决方案：只要选择符合习惯、对信息传递有所帮助、能为受众所理解的方法即可。

至于额外的建议，我会数据标记中删除所有的“接触数”字样，从而减少冗余。此外，我还会直接在数据上进行文字说明，避免受众在数据和标记间来回看。除此之外，还可以使用颜色这个强大的武器，但要留在讲到总体设计时再进行阐述。

图 5-8 是应用以上修改方案重新制作后的结果。

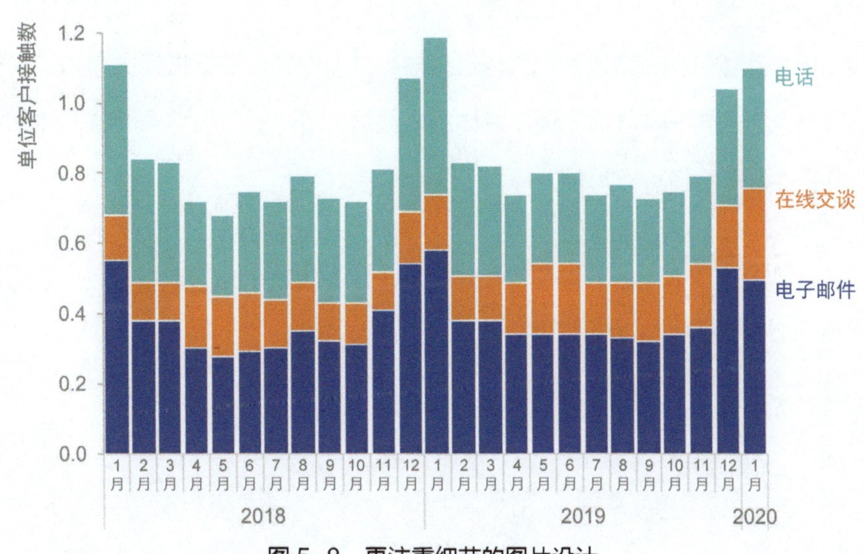

图 5-8　更注重细节的图片设计

第 2 步　接下来，我们就来看看如何对数据进行更合理的设计。

回到图 5-8，大量数据分布在标题、图和表格中。但事实上并不是所有的数据都有必要显示出来。我们先来看一下总接触数。该数字在图标题以及文字里都出现了。如果该信息很重要，我会把它单独画成一张图放到新的 PPT 上，也许还会增加一些新的相关数据，而不是像现在这样仅仅显示两个年度数字；如果该信息没那么重要，我更倾向于用一句话来简单说明，避免挤占图表本身的空间。

对于表格，可以看到它没有增加任何新的信息。表格里的数据其实已经在左图 1 月的数据点上有所体现了。如果这些重复的数据很重要，与其另加一张表格，不如在已有的图上进行突出。在本例中，我认为这些数据其实并没有那么重要。如果后退一步思考要讲述的故事，就可以找到更有效的数据可视化方式，从而既能加强受众对重点内容的理解，又能让沟通方式变得清晰。

接下来，我们集中精力来看一下同样的数据能用什么其他方法绘制。对于图 5-8 这样的堆叠条形图来说，一个不足之处在于：我们只能轻松地对比底部的数据以及（以总高度表示的）整体数据，难以对比其他数据指标。即使其他数据指标中存在一些有意思的信息，受众也很难感知。为了便于对比所有数据，可以放弃堆叠条形图，转而使用折线图，如图 5-9 所示。

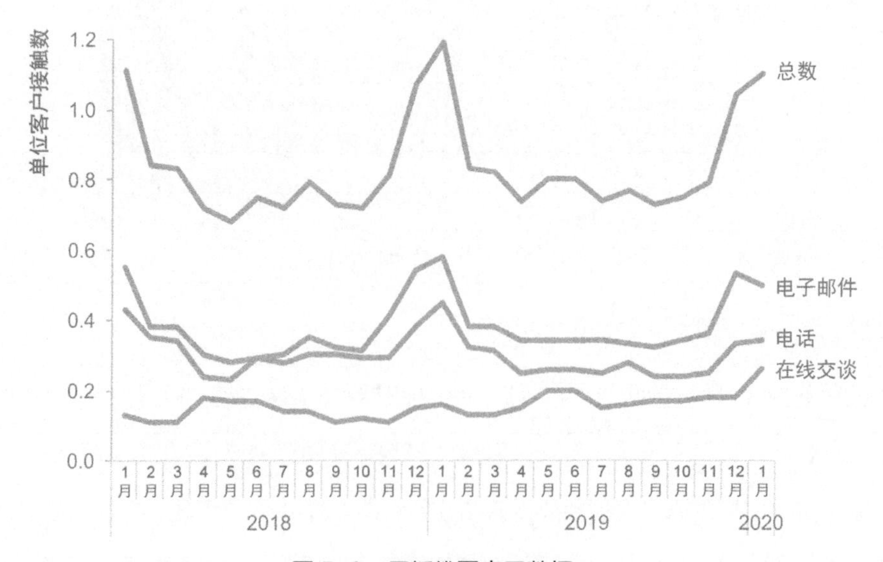

图 5-9　用折线图表示数据

图 5-9 中，我删除了各种类型的堆叠效果，将每一种接触数以折线的形式呈现。除此之外，我还增加了一条折线来表示总数。另外，还把所有的颜色都清除掉了，这样可以仔细观察所有的数据，然后确定需要关注的地方。在之后的步骤里，我们会重新着色。

当我看到图 5-9 中的数据时，第一印象是，该数据具有很明显的季节性——比堆叠条形图给我的感觉还要明显。如果我们需要清晰地展现这种季节性（或者在某些场景下，展现无关季节性），那么用一年中的各个月份（比如从 1 月到 12 月）作为 x 轴，同时用不同的折线来表示不同的年份会是一个不错的选择。这么调整之后，图中就会出现很多条折线。对于数据较多的情况，我们可能需要用多张图来表示。但就目前的数据分布状况而言，可以将它们集中到一张图上，如图 5-10 所示。

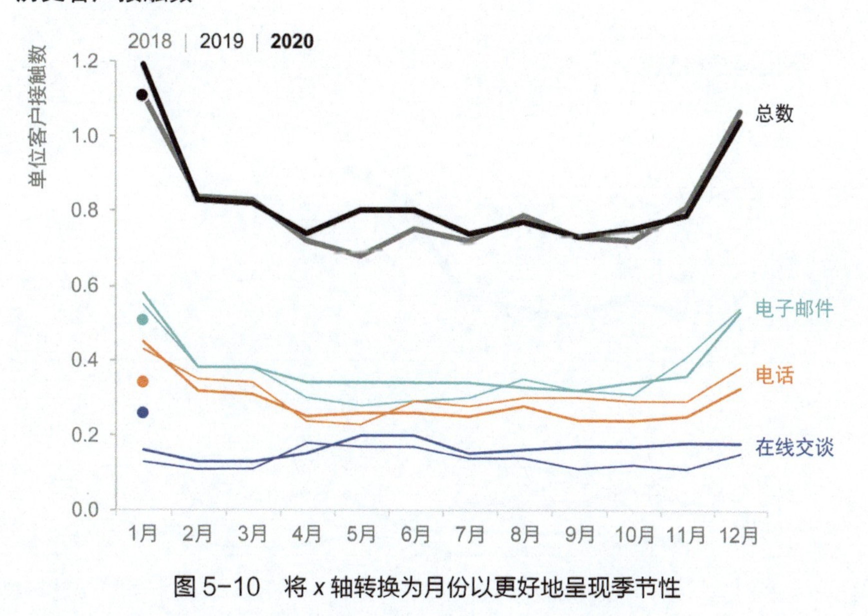

图 5-10　将 x 轴转换为月份以更好地呈现季节性

图 5-10 中，我把 x 轴上的标签变成了 1 月到 12 月的月份数，然后将每年的数据分别用折线来显示。在每一组颜色里，细线代表 2018 年的数据，粗线代表 2019 年的数据，

左侧的圆点则表示 2020 年唯一的 1 月份数据。值得注意的是，在“总数”折线中，我们可以观察到同样的季节性趋势：1 月和 12 月的单位客户接触数更高，其他月份的数字则相对较低。即使你对这张图并不满意，也不要紧——这只是图表改进过程中的一个半成品，可以借此得到之后更好的版本。

由于最近的数据点属于 2020 年 1 月，因此我假设该图会在 2020 年 2 月展示给受众。还考虑到折线在整整一年的跨度中所呈现出来的形状（年初和年底较高，中间时段则较低），我决定对 *x* 轴进行调整。这一次，不再用常见的日历型顺序（从 1 月到 12 月），而是采用从 7 月到第 2 年 6 月的设计，这样更容易看出不同年份间最近几个月的趋势对比。除此之外，我还删除了部分数据，避免出现 2020 年的单个数据点，同时将折线简化为“本年度”的数据和“上一年度”的数据。结果如图 5-11 所示。

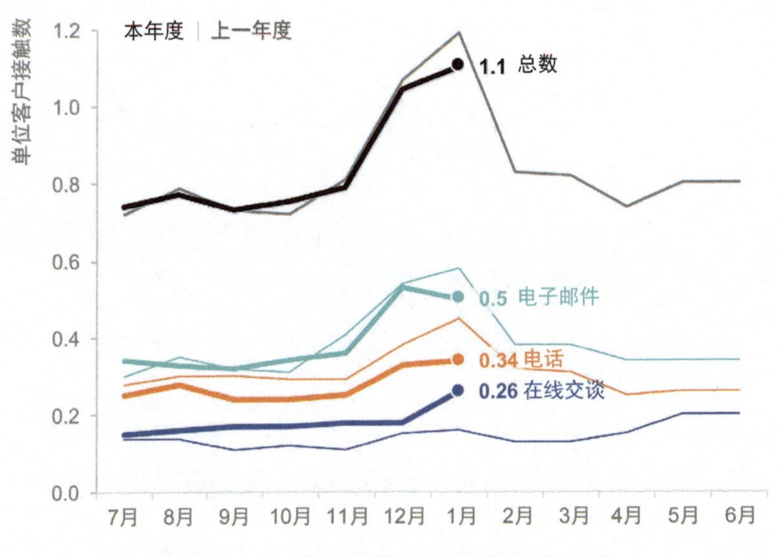

图 5-11 将 *x* 轴转换为从 7 月到第 2 年 6 月

这么一改，可以发现一些之前不会意识到的信息。首先，看一下“总数”折线：本年度的趋势和上一年度的基本相同。但 1 月的单位客户接触数比上一年度同期要低。再往下看，可以发现电子邮件和电话这两条渠道都呈现出比上一年度同期更低的趋势。但与之相反，在线交谈的接触数比上一年度同期要高：与上一年度相比，本年度的在线交谈接触数始终更高一些，1 月的差距尤其大。

你也许已经注意到了，图 5-11 中的小数精度并不一致。对于“总数”和“电子邮件”，我根据数值选择了保留一位小数；而对于“电话”和“在线交谈”，我则增加了一位小数：这样既能显示有潜在价值的小数信息，又能避免高度不同的两个点出现标记相同的情况（本例中，若四舍五入至一位小数，则两者都会变成 0.3），引发困惑。

第 3 步 综合以上考虑，重新加上解释性文字，最终的 PPT 效果如图 5-12 所示。

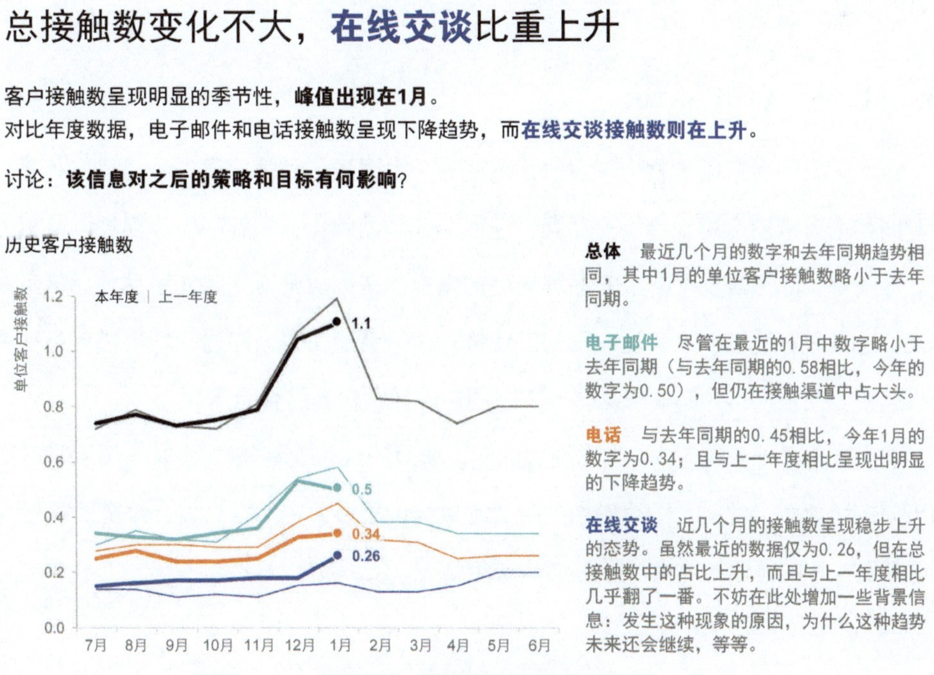

总接触数变化不大，在线交谈比重上升
客户接触数呈现明显的季节性，峰值出现在1月。
对比年度数据，电子邮件和电话接触数呈现下降趋势，而在线交谈接触数则在上升。
讨论：该信息对之后的策略和目标有何影响？
历史客户接触数
单位客户接触数
本年度 | 上一年度
1.2
1.0
0.8
0.6
0.4
0.2
0.0
1.1
0.5
0.34
0.26
7月 8月 9月 10月 11月 12月 1月 2月 3月 4月 5月 6月
总体 最近几个月的数字和去年同期趋势相同，其中1月的单位客户接触数略小于去年同期。
电子邮件 尽管在最近的1月中数字略小于去年同期（与去年同期的0.58相比，今年的数字为0.50），但仍在接触渠道中占大头。
电话 与去年同期的0.45相比，今年1月的数字为0.34；且与上一年度相比呈现出明显的下降趋势。
在线交谈 近几个月的接触数呈现稳步上升的态势。虽然最近的数据仅为0.26，但在总接触数中的占比上升，而且与上一年度相比几乎翻了一番。不妨在此处增加一些背景信息：发生这种现象的原因，为什么这种趋势未来还会继续，等等。

图 5-12 重新设计后的 PPT

如果是在现场演示中谈论这些信息，我会把PPT的重点放到图上，让其中的元素逐步呈现出来。不过，如果只能在一张PPT里传递信息，我会把所有的文字都放到图的周边以便解释。目前图5-12中的文字都是解释性的。在理想情况下，应该利用这些注释来说明一些背景信息，让受众明白当前所看到的信息是否积极、是否符合预期，等等。在设计时，我使用颜色将文字和数据进行关联，结果就是：当受众阅读文字时，他们知道去哪些数据中寻找证据，反之亦然。另外，我还使用了不同的颜色、大小和位置来创造出视觉层级，使信息更易被注意到。

通过对设计的多个方面进行深思熟虑，我们可以让数据变得更易理解，确保信息传递过程清晰无误。

练习 5.4　设计样式

至此，我们尚未谈论影响图表设计风格的一大因素：品牌。很多公司往往花费大量的时间和精力来创造属于自己的品牌，包括logo、品牌色、品牌字体、模板以及相关的设计准则等。除了需要严格遵守品牌规范的情况，在数据可视化时使用品牌元素也大有裨益。这么做有助于形成连贯一致的设计样式，甚至能在数据沟通领域形成自己独有的个人风格。接下来，我们就来练习一下在图表设计中融合品牌元素！

我们先来看一下练习3.1中出现过的图，然后完成后续步骤。图5-13展示了某产品的历年市场规模。目前，图片使用的是《用数据讲故事》中的默认设计规范。除了少量用以吸引注意的颜色，绝大多数元素是灰色的。

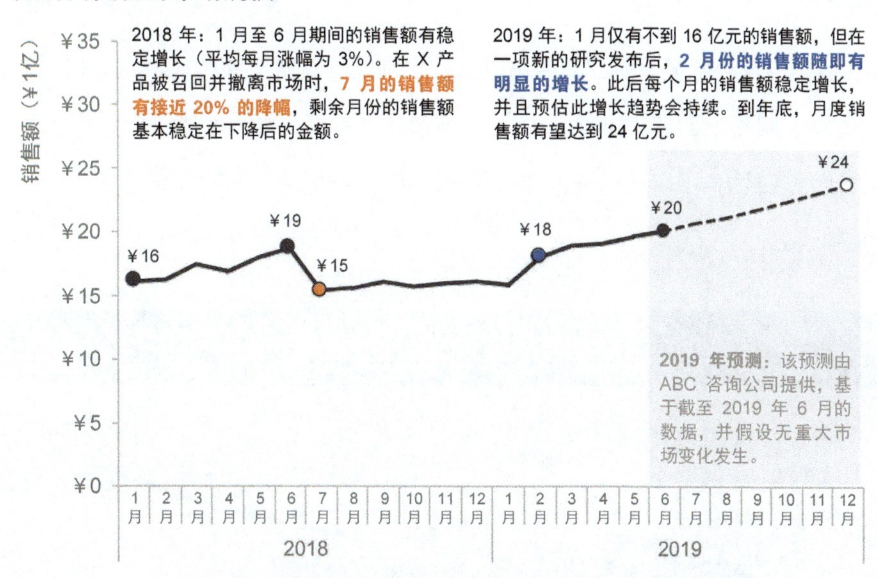

图 5-13　按照《用数据讲故事》中的设计规范绘制的图

第 1 步　假设你在一家品牌元素和厦门航空类似的公司工作，并且需要制作一份年度报表，而报表中包含市场规模信息。先做一些功课：访问厦门航空的网站，并且在搜索引擎上进行搜索，浏览一些相关话题。写下 10 个可以描述该品牌的形容词。用和该公司相似的品牌风格，重新制作图 5-13。做好后，思考一下该过程是如何影响自己对字体和颜色的选择的。

对于此图的设计，该品牌元素还可能造成哪些其他影响？

第 2 步　我们再来试一下。这一次，你是可口可乐公司的一名数据分析师。重复上述练习，首先做一些调研并列举相关的形容词，或者列举你对该品牌的个人感受。然后，根据你的调研结果重新制作该图。你做了哪些改动？作为可口可乐品牌色的红色在你的设计中扮演了什么样的角色？

答案 5.4　设计样式

第 1 步　当我观察厦门航空的网站以及搜索到的图片时，浮现在脑海中的词汇包括：整洁、经典、醒目、蓝色、导航、开放、简洁、简单、严肃和结构感。相关图片的主色调是蓝色和白色。可以将这些元素以及相关感受融入自己的图表设计里，如图 5-14 所示。

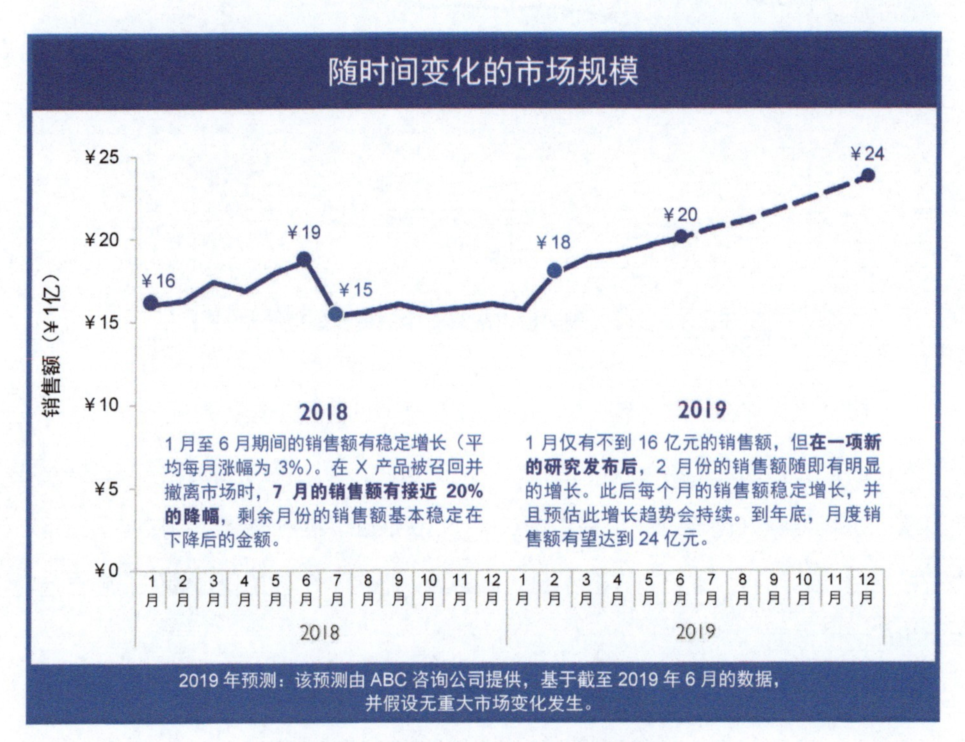

图 5-14　受厦门航空启发的品牌感融入

首先，我主要对颜色和字体进行了修改。除了坐标轴，整张图都使用深蓝色和浅蓝色：坐标轴标题及标签采用黑色，而轴线本身则采用灰色。使用的新字体更占空间。因此，如果依旧把文字放到折线上方，就会显得有些拥挤。为了解决该问题，我把文字放到了折线的下方，同时减小了 y 轴的最大值，从而让折线向上移，给调整后的文字留出更多的空间。另外，还把脚注移到了图底部。

对于大多数文字，我采取了居中对齐的方案。但这么做了之后，虽然文字段落的边缘会显得更清晰，然而放在图上总觉得哪儿不对劲。厦门航空的品牌设计传递出一种清晰的组织结构感，因此我用蓝色的边框对标题和脚注进行包裹，试图营造出相似的感觉。

图 5-14 中的折线额外加粗了，以与标题的加粗效果之间取得平衡。即使厦门航空的主题色与本书的主题色相同，都是蓝色，这张根据品牌感而重新设计的图片也呈现出与图 5-13 完全不一样的效果。

第 2 步 接下来，我们根据可口可乐的品牌设计来做修改。我观察了各种易拉罐和玻璃瓶上的标签、logo 以及广告，发现和可口可乐品牌相关的词有：红色、银色、圆润、经典、醒目、甜蜜、娱乐、国际化、多样化和湿润（易拉罐上往往绘有水珠）。与可口可乐相关的设计往往重度使用红色的背景，与红色反差明显的白色以及少量黑色。文字一般是居中对齐的，经常出现全大写的加粗英文字母被小一些的全大写非加粗英文字母环绕的场景。词语的使用频率不高。这些元素都会在新的设计中有所体现，如图 5-15 所示。

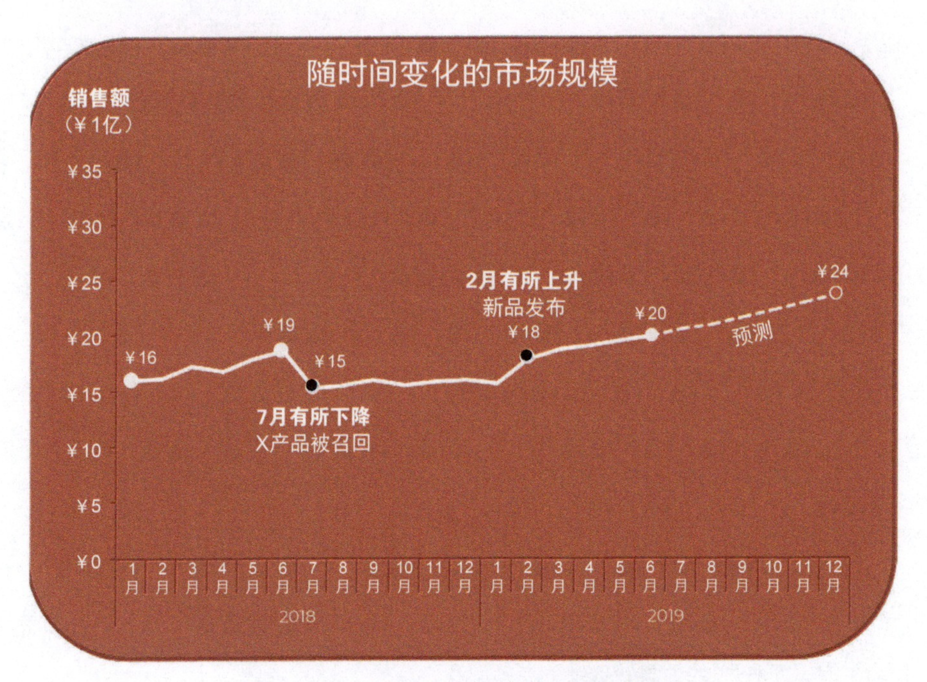

图 5-15　受可口可乐所启发的品牌感融入

可口可乐品牌设计中还有一个元素是 logo 中的花体字，这一点我并未包含在图表设计中。原因在于，英文花体字（或中文的草书字体）也许适合用于 logo，但对于目前的图而言，易读性才是第一要务。

在设计图表时，文字应当足够大，字体也应该足够易读。为此，我挑选了一种和易拉罐或玻璃瓶上的说明性文字比较像的字体。为契合 logo 传达的圆润的设计感，我把背景形状从直角矩形改成了圆角矩形。

说到背景，图 5-15 中的背景色非常醒目。如果这是唯一要展示的图，或者要在 PPT 演示时逐张展示，这么做不会有什么问题。但如果这是同一个页面上多张图中的一张，或者预期别人会把这张图打印出来，我会做一些调整，转而使用“健怡”可口可乐的主题色，如图 5-16 所示。

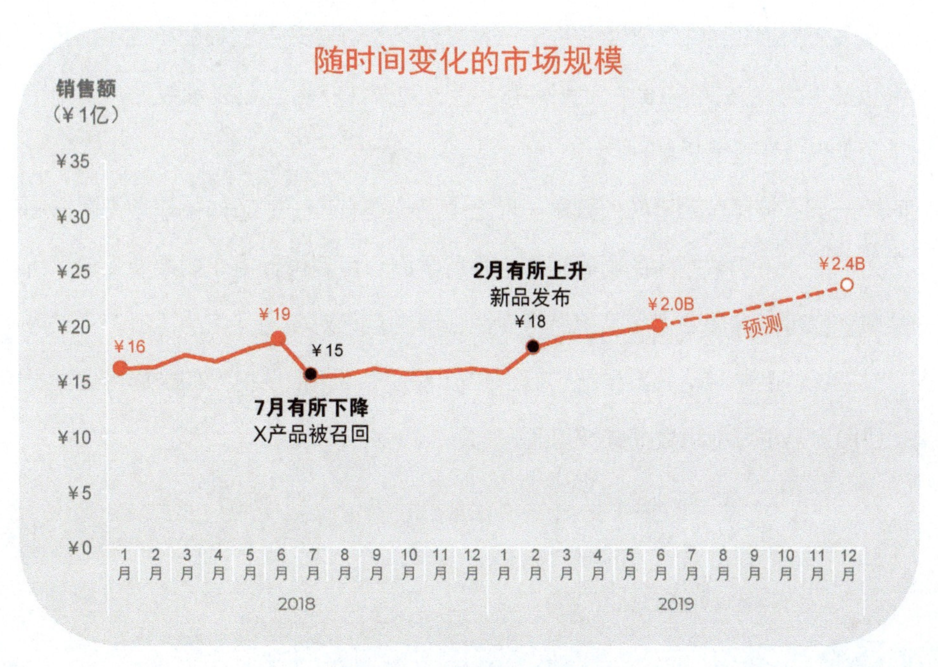

图 5-16　更低调的背景色

图 5-16 采用了浅灰色作为背景，这与部分可口可乐产品设计中的银色相契合。在这种浅色背景下，黑色会更加显眼。因此与之前的修改版本相比，我增加了黑色元素。与此同时，我还在轴线等元素上使用了白色这一能与灰色融为一体的颜色（在红色背景上，白色就会比较显眼）。至于可口可乐的品牌色红色，则仅在图标题以及数据折线上加以使用。

作为品牌色，红色可以很好地与灰色和少量黑色搭配使用，并呈现出像图 5-16 那样比较协调的效果。不过，人们倾向于在图表中用红色表示消极的事物，用绿色表示积极的事物。我在《用数据讲故事》中已经提到，为了照顾色觉障碍人群，我不建议采用这样的方案，同时，我也强烈反对将红色作为组织机构的品牌色。原因在于，我们总是希望让积极的事物与自己的品牌之间产生联想。因此，如果品牌色已经是红色的，就不要让红色与任何消极的事物产生关联。一种做法是让红色表示积极的事物，而用黑色来表示消极的事物。在图 5-16 中，我采用了另一种做法：用红色表示数据，用黑色进行标记（无论积极还是消极）。

回顾一下：将品牌元素融入数据呈现之中无疑是有价值的。如果你是为客户制作图表，不妨考虑一下尝试刚才的调研工作，将所学内容用到设计中。如果涉及自己所在公司的品牌，你可以参考公司的品牌风格规范，增进自己对公司品牌的理解，寻找可用的方案。对于这些品牌规范，不要把它们当作烦人的束缚，而要把它们当作可启发灵感的指南，协助自己更好地用数据进行沟通。

我们可以通过模仿优秀图表学到很多东西。本节就从一个例子开始，练习如何做出更符合直觉的设计，改善视觉设计的效果。

练习 5.5　检查、模仿

我经常给出的一条简单建议就是观察日常生活中的各种图表，然后停下来想一想可以吸取哪些经验教训。接下来我们就来看一个优秀的例子，练习一下。

对于做得好的例子，不仅要停下来想想它哪里做得好，还要更进一步花时间来模仿，用自己的工具重新做一做，学习在自己的工具里实现同样的效果。对细节的关注有助于提高自己缜密的思维能力，磨砺自己的视觉设计技能。我们来练习一下！

首先，找一张令你欣赏有加的视觉设计稿（图或PPT），可以是其他同事的作品、新闻中的作品、网站或者其他来源的设计稿。然后，完成以下步骤。

第1步 思考之前讨论过的设计的4个方面：可供性、美观度、无障碍和接受度。从这4个方面对所选的作品进行评判（练习时可以适当做一些假设）：作者是如何通过各种设计决策来满足这4个方面的要求的？用几句话来回答。

第2步 退一步来看，你为什么觉得所选的作品很不错？有什么具体的设计因素是你刚才没有发现的吗？你会如何将这种设计因素背后的原理应用到自己之后的作品里？

第3步 这个例子有没有什么地方不够完美，或者有没有你想调整的东西？总结一下你的思考，把它们写下来。

第4步 用自己熟悉的工具制作一遍所选的图，尽量把细节（字体、颜色和总体风格）模仿得一模一样。

第5步 根据第3步中列举的调整策略，做一个新版本。将第4步和第5步的设计结果并排放在一起。你喜欢哪一个？为什么？

练习5.6 略施小计，化腐朽为神奇

在用数据进行沟通的设计过程中，大量微小的细节彼此配合，经常会最终创造出完美或者差强人意的用户体验。这说明从提升视觉设计的角度来看，小修小补往往会产生极大的效果。我们来看一个例子，练习一下如何用这样的修补把一个平平无奇的设计稿变成优秀的作品。

假设你在一家广告公司工作，将对某客户为期 6 周的一次广告投放活动进行效果分析，关注的指标是广告到达率的提升，以“每 1000 次广告呈现带来的到达数提升”来表示。之前已经有同事为其他客户做过类似的分析，因此无须一切从头开始：你借用了她的图并替换了数据，以此作为调整的基点。做好这一切后，就可以对这张图做修改优化了。

图 5-17 展示了你生成的图，花几分钟熟悉一下其中的细节，然后完成后续步骤。

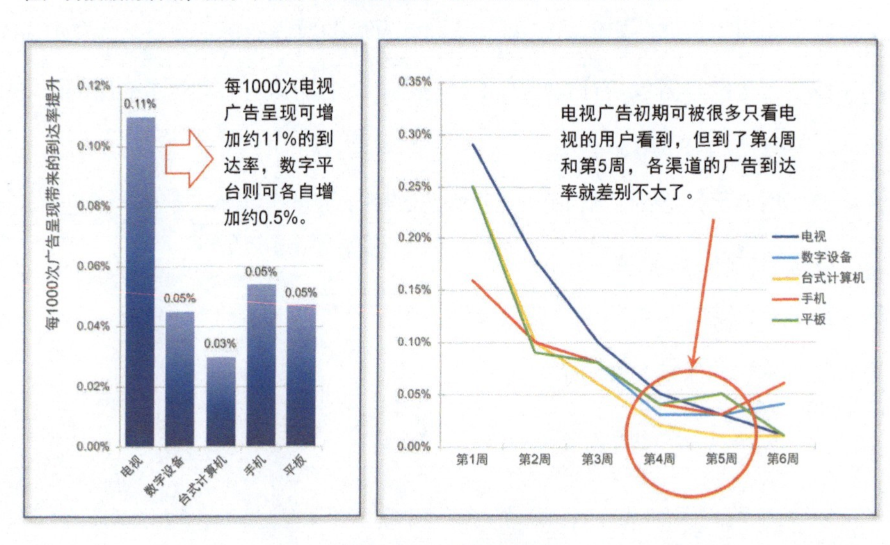

图 5-17　原始 PPT

第 1 步　首先停下来想一想这个设计在哪里做得比较好。对于目前的数据呈现，你有哪些喜欢的地方？

第 2 步　图 5-17 采用了一系列步骤来引导注意，并对信息进行解释。哪些是有效果的？哪里需要调整？如何调整？

第 3 步　你会删除哪些干扰信息？哪些元素可以化为背景？

第 4 步 根据在本章学到的内容，你会质疑哪些设计决策？除此之外，你还会做什么修改？

第 5 步 在自己熟悉的工具上应用这些修改策略，重新制作图表。

练习 5.7 如何改进？

设想你在练习 5.3 提及的打印服务公司工作。正如你之前看到的，对于客户接触数数据，与客户的交互方式是一个有趣的议题。除此之外，产品在市场竞争中的格局也一样。对于后者的分析，你的同事需要收集历年来主要竞争对手的市场规模数据。

他在收集数据并分析后做了一张 PPT（见图 5-18），然后征求你的建议。观察图 5-18，然后完成后续步骤。

最大的竞争对手未有变化，XBX商务版的使用率有所上升

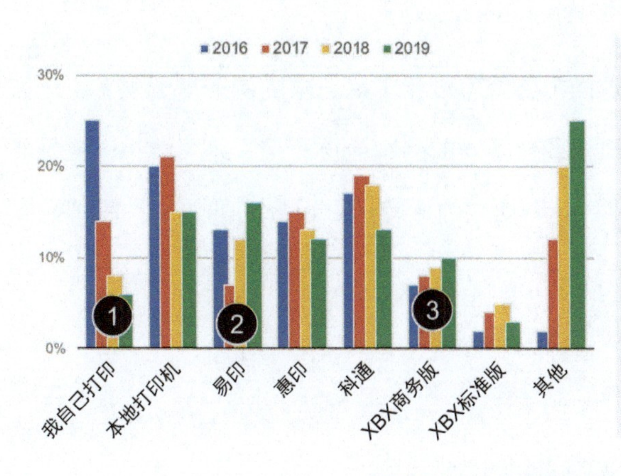

- 自己打印有下降的趋势：此结果可能与客户群体变化有关
- 易印的市场占有率在上升——由于其性质（集成、高品质），该产品对我们的威胁在变大
- XBX商务版在稳步蚕食市场份额，而惠印和科通的份额则在下降。与此同时，XBX标准版的市场占有率有所下滑

图 5-18 如何改进

第 1 步 列出 5 条改善此 PPT 的建议。除了建议内容，还要写上原因。这些建议是如何改善图表质量的?

第 2 步 在自己熟悉的工具上应用这些修改策略，重新制作图表。

第 3 步 设想一下现场演示和材料分发这两种场景，你会分别如何进行信息的呈现? 在这两种情况下，呈现方案会发生什么样的改变? 写几句话来进行解释。

练习 5.8 品牌形象!

正如我们在练习 5.4 中学习的，可以用多种方式将公司或个人的品牌形象融入数据呈现，包括选择字体、颜色和其他相关元素。有时，这意味着使用 logo 或使用定制的 PPT 及图片模板。我们来练习一下如何将品牌形象融入图表设计。

假设你在一家宠物食品公司工作。观察图 5-19，其中展示了某猫粮品牌“美好生活”系列的历史销量占比数据（以各子品牌销量占总销量的百分比来表示）。完成后续步骤。

第 1 步 找两个知名品牌。这两个品牌可以和本练习中的例子毫无关系，比如公司品牌或者某个球队品牌。选两个风格截然不同的品牌会更有趣，练习效果也更好。调研和这些品牌有关的图片，分别列举 10 个相应的形容词。用找到的这两种品牌元素，各重新绘制一次图 5-19。

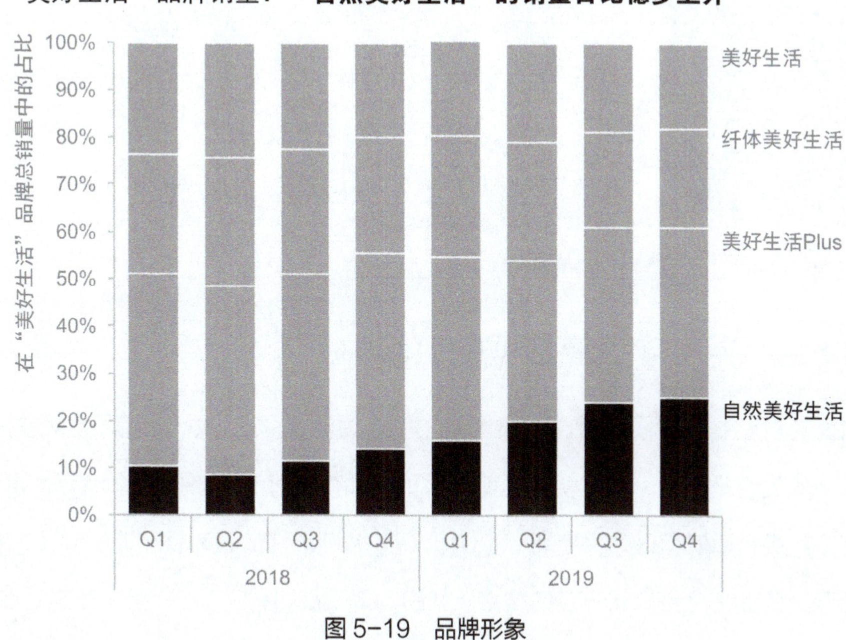

图 5-19　品牌形象

第 2 步　接下来我们后退一步，比较刚画好的两张图，它们分别令你产生了什么样的感受？有没有成功体现第 1 步中总结出来的一系列形容词？品牌形象普遍会对数据沟通过程产生什么影响？积极的影响有哪些？消极的影响又有哪些？总结一下你的思考，把它们写下来。

第 3 步　想一想自己公司或学校的品牌形象。你会联想到哪些形容词？根据该品牌的风格，重新作图。再进一步，将融合了品牌形象的图表放在 PPT 里，并将品牌元素应用到 PPT 中的其他元素（标题、文字、图标和颜色等）上。

第 4 步　当我们用数据来沟通并进行可视化操作时，你能总结出普遍需要运用品牌元素的地方吗？这么做有什么好处？有没有什么场景是不需要将品牌融合到数据沟通过程中的？总结一下你的思考，把它们写下来。

无障碍，关注细节，增加易读性——若这一切都做得不错，人们就会愿意在我们的作品上花更多时间，增加我们方案的成功率。选一个你手头的项目，通过以下练习训练自己像设计师一样思考。

练习 5.9　用文字提高数据的可读性

当面对自己制作的图表时，你很清楚该重点关注哪片区域，如何对数据进行解读，以及最终的结论是什么。不过就像之前所讨论的那样，对于图表的受众而言，事情就未必如此了。当正确使用时，文字可以成为提高数据可读性的策略性工具，可以将疑惑消弭于无形，让受众得到和你一样的结论（如图 5-20 所示）。

用文字提高数据的可读性！

建议：**用文字突出关键点**

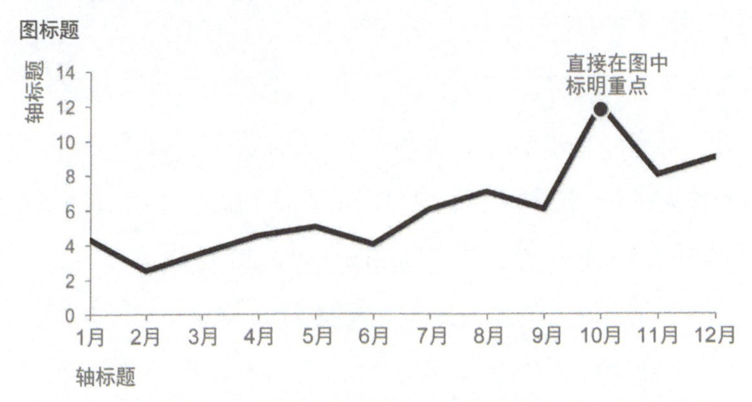

只要展示数据，就务必用脚注来说明数据来源、日期、必要的假设以及使用的方法论（根据具体情况和受众）。

图 5-20　谨慎斟酌字词

有必要说明：任何图表都需要有标题，图表中的所有坐标轴也都需要有标题。一个例外是，若 x 轴表示的是月份，则基本上不需要再取一个叫“一年中的各个月份”这样的标题。不过，具体的年份是应该用标题来进行说明的！默认情况下直接注明轴标题就好，这样受众就不用对所看到的东西做无谓的猜测和假设了。另外，同一份数据在不同的人眼里会呈现出不同的结论。如果你有结论需要传达（当用数据进行解释型沟通时，这一点非常有必要），就直接用文字把结论写下来吧。基于我们对前注意属性的理解来突出这些文字：使用大号字，加粗，将文字置于页面顶部等较为吸引注意的地方。

说到这一点，像图 5-20 中页面顶部那样的区域是非常宝贵的。这片区域是受众在页面或屏幕上首先着眼的地方。但在很多时候，我们将这块宝地仅仅用于描述性标题。事实上，应该将关键结论放在那里，确保把此信息传递给受众。除此之外，也可以用这片区域来说明余下页面要介绍的内容。

还可以想一想有一定价值，却无须吸引注意的内容。比如，当展示数据时，我们一般会使用脚注来列举数据来源、时间段（或背景时间段）、假设和方法论细节等信息。这些都有助于受众对数据进行解读，并且能增强数据的可信度，还能提供参考引用以利后续复用。这些都很重要，但并未达到需要吸引受众注意的程度。用于表示这类信息的文字不妨小一些、使用灰色，并放在页面底部等不太重要的区域。

画好图或者做好 PPT 后，可以问自己以下问题，确保正确使用了文字。

- ❐ 关键结论是什么？是否用文字显著地进行了说明，确保其不会被忽略？
- ❐ 图表有标题吗？如果有，标题是否具有足够的描述性，能让受众在观察数据时产生正确的预期？
- ❐ 所有的坐标轴都直接进行了标记吗？如果没有，你做了哪些操作来向受众清晰地传递相关信息？

- ❒ 有没有用脚注来对次要一些的信息进行列举？如果没有，是否应该加上？
- ❒ 后退一步：根据沟通的场景，使用的文字量是否合适？一般来说，在现场演示的 PPT 中使用的文字往往更少，而在供分发的资料中出现的文字量则会多一些。从你将面临的沟通场景来看，图表中的文字量程度是否合适？

练习 5.10 创造视觉层级

可供性指的是视觉设计中能帮助受众理解数据交互模式的特性。我们可以将受众的注意引导到部分设计元素上，并将其他元素淡化到背景中，从而创造出视觉层级，简化沟通过程。想测试一下自己是否真的已经掌握了这一点吗？可以用余光看图表，并记下大致的印象。这种方式能改变你对图表的感知，重新认识自己的设计。注意，图表中最重要的元素应当成为你第一个看到的、最显眼的东西。

关于创造视觉层级的具体技巧，可以阅读以下《用数据讲故事》第 5 章中的“强调重点”和“消除多余内容”部分。想一想如何将这些技巧应用到自己的下一个项目中！

强调重点

- ❒ **粗体**、*斜体*和<u>下划线</u>：可用于标题、标签、说明以及短语，用以区分元素。通常优先使用粗体，因为相比斜体和下划线，粗体在清楚地突出所选元素的同时对设计的干扰最小。斜体的干扰也小，但突出的程度更低，而且不够清晰。下划线增添了干扰，妨碍了易读性，因此应该谨慎使用（如果使用的话）。
- ❒ 大小写和字体：短语使用英文大写字母很容易阅读，所以适用于标题、标签和关键词。避免使用不同的字体突出内容，因为这很难在不妨碍美感的情况下保持明显的差别。

- 颜色：在少量使用时是一种有效的突出内容的方法，并且通常能够与其他突出技巧（粗体）配合。
- 反色元素：能够有效吸引注意，但对设计有一定的干扰，所以应该谨慎使用。
- 字号：是另一种吸引注意和标记重要性的方法。

消除多余内容

- **不是所有的数据都同样重要。**合理使用页面空间引导受众的注意，消除不重要的数据或者元素。
- **当不需要细节时，请总结。**你应该熟悉细节，但这不代表受众也需要熟悉细节。思考是否应该进行总结。
- **扪心自问：**去掉这个会有什么变化？没有变化？那就去掉吧！抵制住因为某些内容可爱或者花费了心血而保留它们的诱惑。如果不能用于论证内容，那它们就与沟通的目的不符。
- **将必要但不直接影响内容的元素融入背景。**使用关于前注意属性的知识进行弱化。浅灰色的效果就不错。

练习 5.11　注意细节！

视觉设计给受众的总体感觉离不开大量细节的配合。你有没有意识到为什么有些设计令人轻松愉悦，有些设计却复杂笨重？仔细揣摩细节可以确保受众在阅读图表时保持积极的心态。以下是一些需要考虑的细节，下次制作图表或 PPT 时，不妨通读一遍这些注意事项并加以运用。

- ❐ **使用正确的拼写、语法、标点符号和数字。**这本是理所应当要做到的，可我时常碰到一些犯这种低级错误的例子。一旦你的作品出现拼写错误，就有足够的理由给它贴上次品的标签，进而固化受众对你的负面印象。事实上，人脑在阅读时会自动修复错误，因此你可能根本注意不到这些纰漏。（不幸的是，这些纰漏会引起受众的关注。）我听说过一种检查错字的方法，那就是倒着读，因为当倒着读时，你是没办法跳过字词的。另外，也可以采用难认的字体，可以收到同样的效果。如果图表中包含数字，请确保数字的正确性——数字前后矛盾会对沟通的可信度产生灾难性的影响！
- ❐ **精确对齐。**尽可能地让各元素对齐，从而创造出干净整洁的结构感。使用表格结构，或者在工具中启用网格线辅助对齐。之前提到过，我偏好将图表标题和坐标轴标题放在左上角并对齐。这么做可以让图表变得优雅。另外，考虑到用户的“之”字形阅读习惯，这么做可以让他们在真正阅读数据内容前就对阅读方法有所了解。干得漂亮！
- ❐ **合理留白。**不要担心出现空白，也不要看到空白区域就在里面填充内容。留白可以让非空白区域得到突出，还可以用来对内容进行分割。加上良好的对齐效果，留白可以在图表中形成不错的组织结构感。
- ❐ **将相关的事物放在一起。**当受众浏览数据时，尽可能确保他们能找到相应的文字，从而方便地获取相关信息。当受众阅读文字时，也应尽可能确保他们了解相关数据的位置。回想一下我们在第 3 章中介绍的格式塔原则，以及将元素在视觉上进行关联的方法。
- ❐ **在合理的情况下，保持一致。**如果发现不同，人们就会去寻求背后的原因。不要让他们把精力浪费在这种无意义的事情上面。如果风格一致比较合理，那就采用风格一致的做法。如果在一处地方用了某种颜色来引导注意，除非有特殊情况，在别的地方也要尽可能采用相同的方案。

- **观察作品给人的总体感觉。**后退一步思考一下：我的图表给人一种什么样的感觉？是否显得过于复杂？你会如何改进？如果不确定，从别人那里获取反馈：问问他们看到图表后会想到什么形容词，以及对图表的改善建议。

练习 5.12　无障碍设计

当制作图表时，我们往往将自己作为假想的受众。这么做的问题不仅在于我们对数据的理解程度比目标受众要高，也在于目标受众可能会存在一些阅读障碍。

在进行数据可视化设计时，采用更包容、可用性更好的方案非常重要，这样的设计可以让更广泛的人群理解你的图表。不仅如此，有意识地在设计时关注可用性，还能让有阅读障碍的人群更容易理解你的图表。

清晰地对说明文字和标记进行区分，用多种方式突出要点，可以有效降低解读数据的难度，无论对有阅读障碍的人来说还是对没有阅读障碍的人来说都是如此。在视觉沟通过程中采取可用性原理有不少简单的方法，以下就是其中 5 个。

- **增加替代文字说明。**为防受众无法阅读图表，使用替代文字来进行说明。视觉上存在障碍的人群一般会用屏幕阅读器来读取图片的替代文字，并大声播放出来。因此，替代文字必须有意义，否则受众是无法理解的。另外，屏幕阅读器在读取替代文字时无法加速或跳过，因此写替代文字时需确保信息简明易懂。好的替代文字应该包含一句描述图表内容的话，包含图表类型信息，还应当包含对图表源数据（CSV 等机器可读的格式）的链接，让视力有障碍的用户可以用屏幕阅读器来读取数据。

- **使用总结性的标题**。研究表明，受众会首先阅读图表的标题。当需要对图表的意义进行阐述时，受众还会倾向于重新组织标题文字来给出答案。当图表标题包含结论信息时，理解图表所需的认知成本就能大幅降低。如果受众首先阅读标题中的结论信息，就可以知道该关注图表中的哪些数据了。
- **直接标记数据**。另一种降低认知成本的方法是直接在数据旁进行标注，避免使用图例。这对于视力障碍人群来说尤为有用，因为对他们而言，将数据点的颜色和图例的颜色进行匹配是一件非常困难的事情。不仅如此，直接标记数据还能大大降低受众在数据和图例间来回看的频率。
- **检查类型及颜色对比**。除了色觉障碍人群，我们还应该考虑其他视力障碍人群。可以用很多工具来提高设计质量，使图表对视力障碍人群可读，比如“无障碍设计配色盘”。
- **合理留白**。留白是我们的朋友。当信息过密时，图表就会显得复杂、无法阅读。在图表的不同组成部分间留白往往能起到很好的效果（比如，可以用空白勾勒堆叠条形图中数据条的形状）。明智地留白可以对图表的不同部分进行区分，增加内容的可读性，避免在需要区分组件时对颜色产生依赖。即使已经用颜色对组件进行了区分，留白也能有效增加设计的可用性。

以上是一些能让所有人轻松理解图表的技巧。我们应当尽力让所有人（不仅是你或你的目标受众）理解图表设计要传递的信息。当你考虑到可用性时，就能为所有人创造出更好的产品。

下次用数据沟通的时候，记得用上这些技巧！

练习 5.13　提高接受度

人们讨厌改变，这是人性的一部分。如果我们总是用相同的方式呈现数据，而人们也已经习以为常，那么该如何说服他们接受新的做法？如果遇到抵制，我们该怎么办？

这属于革新管理领域的内容。像在第 1 章里我们试图理解受众的动机一样，此处我们也需要考虑受众的想法：在目前的情况下，受众是我们试图影响其行为的人。要点在于，当试图说服受众认可我们的设计时，我们需要以他们能接受的方式进行设计。

提到说服，一种错误的方式是："我刚读了这本书，发现我们之前的做法是错的，其实应该以下面这种方式来做。"这么说很简单，却缺乏说服力，也无法带来任何启发。因此，除非你自己是领导，对方必须照你说的去做（即使那样，你的措辞也应该更柔和些），否则你就需要下点功夫才能促使利益相关者或同事做出改变。

下面是《用数据讲故事》提及的一些技巧，并且新增了几条，你可以用这些技巧让自己的数据可视化作品更易接受。

- ❒ **阐述新方法的益处**。有时，简单地让人们理解事情为何会有不同的发展方向，就能使他们感觉更舒适。通过不同的方式看数据，你是否能得出新的或更好的结论？或者是否有其他益处有助于你说服受众对变化保持开放的心态？
- ❒ **并排展示**。如果新方法明显优于旧方法，那就将它们并排展示出来以证明这一点。结合前一种策略，向受众展示前后的对比，并向他们解释为什么要转换看待事物的方式。
- ❒ **提供多种选择并寻求反馈**。不指定设计，而是考虑创建几种选项，从同事或者受众处获得反馈，以决定怎样的设计最能满足需求。

- **寻找有影响力的受众合作。**发现受众中有影响力的成员，与他们一对一地交流以获取认同。寻求并采纳他们的反馈意见。如果你能获得一个或者一些有影响力的受众的支持，其他人可能会随之接受。
- **从旧方案逐步过渡到新方案。**这种策略在现场演示的情况下尤其有效。可以从受众已经习惯的呈现方式开始，然后过渡到新方案，同时注明新方案与旧方案之间的联系，突出新方案能传递的新信息。一旦图表做好了，我们就不用花很多时间来对图表本身进行解释，可以留出更多的时间来讨论数据的意义。这能对整个沟通过程产生极大的帮助。
- **不替换，只增加。**可以不改动任何既有内容，只在此基础上增加新的设计。比如，与其重新设计日常报表，不如应用所学技巧在之前的PPT或者电子邮件里增加一些内容。如果做得好，这就相当于告诉受众："我们并没有修改什么东西——数据都还以原来的方式显示，只是这一次我们花了些时间做了点新东西，请关注这里。"随着受众对你的沟通能力逐渐信任，你就可以逐渐舍弃原先的一些做法，减少展示给别人的内容。

思考以上建议是否可用于自己当下面临的困境，帮助自己推动变化，提高视觉设计被接受的概率。总之，想一想自己该为成功做些什么准备。了解你的受众，了解他们行为背后的驱动力将大有帮助。不要想你为什么认为他们应该改变，而要思考他们为什么想要改变。让你的方案成为对他们而言最好的选择。回顾第1章中的练习，学习如何了解你的受众。

另外，还需要考虑是否值得争论。不要挑起战争。从容易取得成果的事情做起，从一次又一次的小胜利开始。随着时间的流逝，你会不断积累好评。当需要推动更激烈的变化时，同事和受众对你的尊重就很可能帮你减少阻力！

练习 5.14 讨论

思考以下与第 5 章内容相关的问题。与朋友或者团队成员进行讨论。

- ❒ 在让图表更容易理解的过程中，文字扮演了什么角色？每张图表中都应该放哪些文字？有没有例外情况？
- ❒ 当在设计中创造视觉层级时，强调重要的内容以及淡化其他内容都很重要。图表和 PPT 中的哪些元素适合淡化？在视觉上如何将其淡融入背景？
- ❒ 在数据可视化领域，你认为思虑周全的设计方案是什么样的？
- ❒ 当用数据进行沟通时，可用性意味着什么？我们可以怎么做来提升自己设计的可用性？
- ❒ 值不值得花时间让图表变得更好看？为什么？
- ❒ 当用数据进行沟通时，个人品牌或公司品牌会产生什么样的作用？这些作用有哪些积极的影响？有没有消极的影响？
- ❒ 你有没有碰到过想用自己的方式来修改图表，却遭遇抵制的情形？当时你是怎么做的？成功了吗？当发生这样的情况时，我们能采取什么策略来影响受众？当下次遇到同样的情况时，你会怎么做？
- ❒ 对于本章介绍的一些策略，你会给自己设定什么具体的目标？你的团队呢？如何确保执行该目标的相关行动？你会向谁寻求反馈？

第 6 章

原则六：讲好故事

表格中的数据或 PPT 上罗列的事实很容易忘记，而故事则令人难忘。将故事的潜能与有效的可视化方案结合起来，意味着不仅能让受众回忆起看到的东西，而且能回忆起他们听过或读过的内容。我们将在本章中探索如何使用讲故事的方式来进行沟通。

文字、紧张和叙事弧是故事的组成部分，可以用来吸引受众的注意，并且激发行动。好的数据故事不仅令人难忘，而且会被受众重复讲述，进而使我们的信息广泛传播。本章将通过练习来强调如何用数据讲故事，不仅展示数据，更要使数据成为整个故事的关键点。

首先回顾《用数据讲故事》第 6 章的主要内容。

《用数据讲故事》第6章 首先回顾 讲好故事

《小红帽》 在实践中什么是故事关键要素的证据

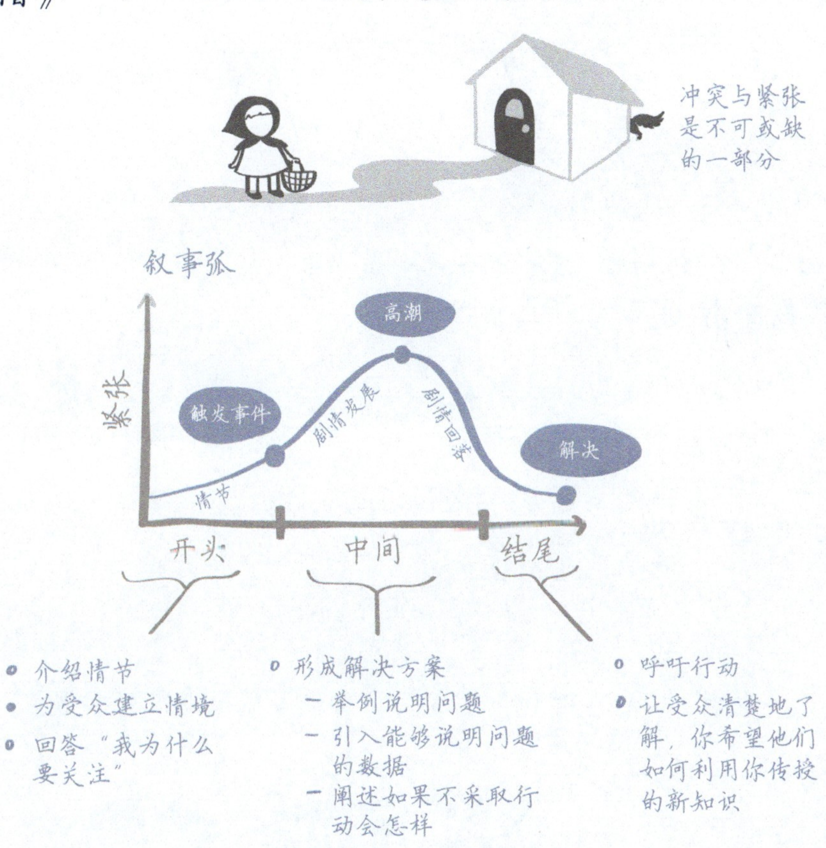
冲突与紧张
是不可或缺
的一部分
叙事弧
紧张
高潮
触发事件
剧情发展
剧情回落
解决
情节
开头
中间
结尾
介绍情节
为受众建立情境
回答“我为什么要关注”
形成解决方案
— 举例说明问题
— 引入能够说明问题的数据
— 阐述如果不采取行动会怎样
呼吁行动
让受众清楚地了解，你希望他们如何利用你传授的新知识

叙述结构 口头、书面或者二者结合——以有意义的顺序讲述故事并引起人们的注意

叙述流 故事的顺序
你引导受众的路线

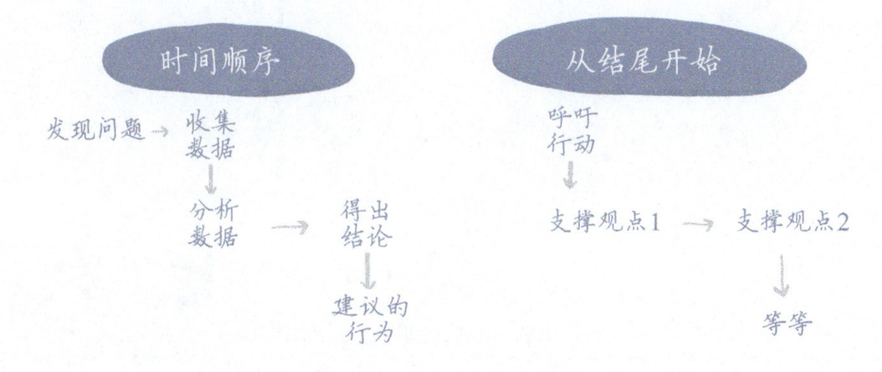

口头叙述与书面叙述 清楚地告诉受众，他们应该扮演什么角色

书面报告

现场演示

受众需要自己关联内容……使用书面叙述清晰地说明结论尤为重要

用旁白清晰地说明结论，并且用图表进行强化

重复 有利于重要的信息逐渐从短期记忆转移到长期记忆

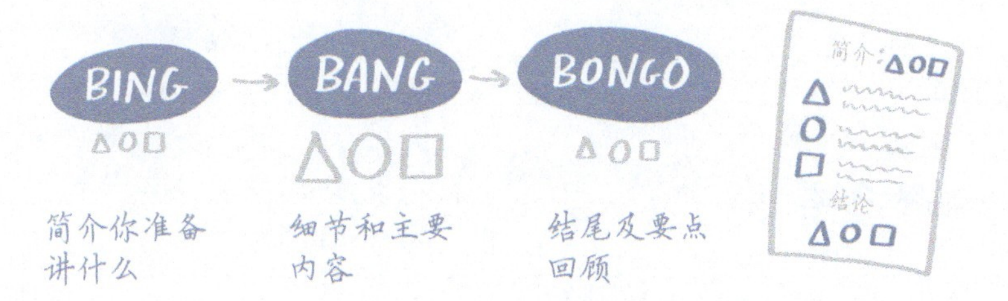

简介你准备讲什么

细节和主要内容

结尾及要点回顾

跟练

练习6.1 使用结论性标题

练习6.2 用文字来表述

练习6.3 识别紧张

练习6.4 运用故事内容

练习6.5 应用叙事弧构建故事

练习6.6 区分现场演示和书面叙述故事

练习6.7 从仪表板到故事

独立练习

练习6.8 识别紧张

练习6.9 从线性路径到叙事弧

练习6.10 建立叙事弧

练习6.11 从仪表板和报告到故事

学以致用

练习6.12 形成精练、好记的短句

练习6.13 你想讲的故事是什么？

练习6.14 建立叙事弧

练习6.15 讨论

我们将首先探索两种使用文字的具体策略，以便明确我们的信息是什么以及如何传递它们。

然后讨论紧张，并介绍叙事弧，后者是一种用于构建和传播数据故事的强大工具。

练习 6.1　使用结论性标题

正如我们在第 5 章（5.1 节和 5.9 节）中说明的那样，文字在数据沟通中起着重要的作用，能让数据易于理解。PPT 标题是使用文字进行沟通的一个重要地方，但未得到充分利用。

想象一张 PPT，它的顶部通常有一个标题，这个空间非常宝贵。标题是受众在整个页面上第一眼看到的信息：无论是投影在大屏幕 / 计算机显示器上，还是打印在纸上。很多时候，这块“宝地”仅用于放置描述性标题，但我强烈建议放置结论性标题。应该把要点放在标题中，这样你的受众就不会错过它。

研究表明，有效的标题可以让图表更易于记性和回想。将核心论点作为标题还可以让受众有正确的期望：如果标题得当，它可以暗示页面其余部分包含什么内容。

让我们练习把结论作为标题，并且了解标题的变化如何引导受众关注数据的不同方面。图 6-1 展示了我们公司和主要竞争对手的净推荐值（net promoter score，NPS）。NPS 是用于分析客户反馈的一个常用指标，值越高，说明客户反馈越好。

你想讲的故事是什么？

客户净推荐值（NPS）

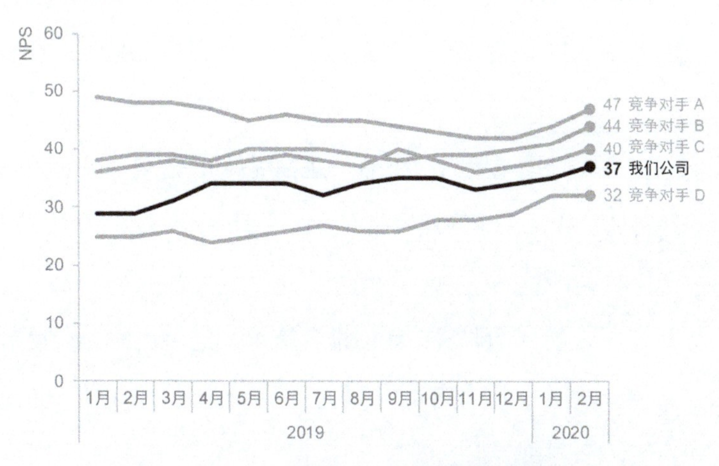

图 6-1 你想讲的故事是什么

第 1 步 回答顶部提出的问题“你想讲的故事是什么”并将结论设置为标题，尝试写下来。这个标题会引导受众关注图的哪个部分？写下一两句话。

第 2 步 为此 PPT 创建另一个结论性标题，并重复第 1 步中的操作。

第 3 步 考虑一下你创建的结论性标题是否为受众代入了某种情感？它是否告诉了受众应如何感受这些数据？

如果是，这是怎么做到的？如果不是，如何调整你的标题以传递某个积极或消极的信息？

答案 6.1 使用结论性标题

你想讲的故事是什么？有时我们问这个问题，问的并非“故事是什么”，而是“你想表达的观点是什么”“你的结论是什么”或者“你想让我们做什么”。对我而言，这是在用数据做解释性说明的沟通场景下最简单的“故事”。我们可以使用标题来直接阐述主要观点。

第 1 步 我可以将这张 PPT 标题设置为**“NPS 一直在提高”**。这样，受众读完标题就会关注到图中呈增长趋势的折线图。看到代表我们公司的折线，标题中的观点亦可以得到确认。

第 2 步 我还可以将标题设置为**“NPS：我们排名第 4”**。这会促使受众看向图的右侧并开始数“1、2、3，哦，是的，排名第 4。标题中的结论奠定了图中信息的基调，而图中的数据则印证并强化了标题中的结论。

第 3 步 我还可以通过标题来调整观众的期望：这是好的还是不好的？之前的两个标题并没有做到这一点。想象一下，如果我把 PPT 标题设置为**“做得好！ NPS 一直在提高”**或者**“有待提升：NPS 仍未进入前三”**，就会让人对数据的感觉完全不同。因此，这些用词至关重要，在使用时需要斟酌。

另外，经常有人问我英文标题字母大小写的问题。对于 PPT 标题，我习惯使用句首大写的规则（句子首字母大写）。之所以这样做，是因为我认为句首大写的规则更适合用作行动呼吁性标题或结论性标题（注意不是字首大写，即每个单词的首字母都大写，这更适用于描述性标题）。在使用字母大小写时仍要考虑周全并保持一致。

正如我们之前提及并将继续探索的那样：聪明地使用文字！使用结论性标题就是合理地使用文字的一种方法。

练习 6.2　用文字来表述

在完成图表的创建后，我发现增加一段描述性文字非常有用。这种做法会迫使我说明一个观点（或在某些情况下，也许是一些潜在观点），有时甚至会让我调整展示数据的方式，以更好地突出观点。

让我们用一张特定的图来进行练习。假设你在一家银行工作，负责分析收款数据。收款部门通常使用拨号器自动外拨电话，许多电话无人接听。当有人接听时，拨号器便会连接收款代理人，以便他们与用户交谈并制订付款计划，这样该用户就可以被考核为“完成收款沟通”。与此相关的跟踪数据很多，我们将研究渗透率，即完成收款沟通的用户相对于外拨电话总数的比例。

图 6-2 展示了完成收款沟通的用户数、外拨电话数和渗透率。

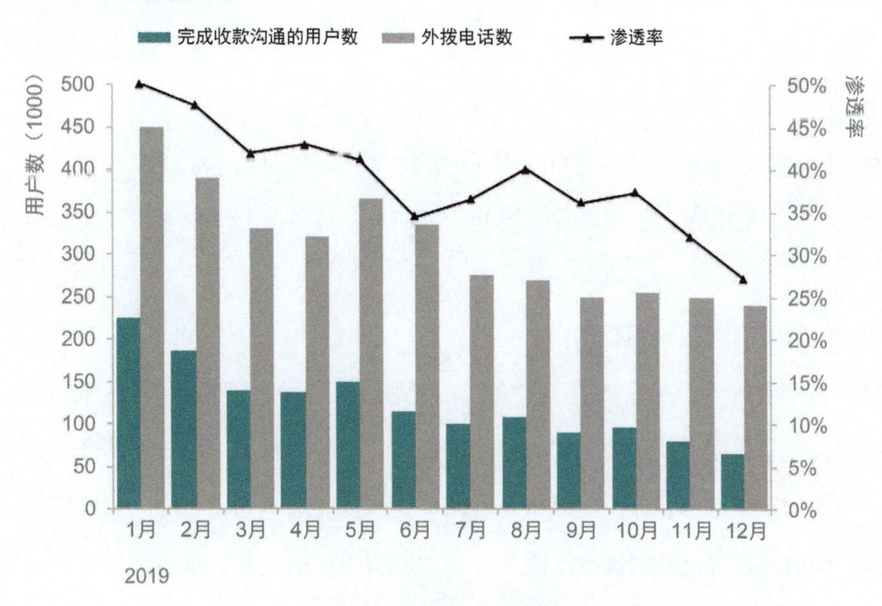

图 6-2　用文字来表述

第 1 步 用 3 个句子分别阐明 3 个不同的数据观察结果。你也可以认为这是能在此数据中强调的 3 个潜在观点。

第 2 步 这 3 个句子中的哪个会是沟通的重点？为什么？你是否还希望包括其他方面的内容？你会怎么做？

第 3 步 为了使受众关注你希望强调的观点，你会对图表做哪些修改？说明你将如何修改。

第 4 步 在自己熟悉的工具上应用这些修改策略，重新制作图表。

答案 6.2 用文字来表述

在图表上增加描述性文字会促使我认真地查看数据，思考哪些是我希望传递给受众的重要信息。

第 1 步 当看到这些数据时，我发现各项数值都在下降。但是我们的分析可以更进一步，这也是要求列举多个潜在观点的好处。图 6-2 中描绘了 3 部分数据，因此我将针对每个部分写下一个观察结果。

- 完成收款沟通的用户数随时间有所波动，整个年度呈下降趋势。
- 从 1 月到 12 月，外拨电话数减少了约 47%，其中在 12 月外拨了大约 250 000 个电话。
- 渗透率随着时间显著下降。

第 2 步 我倾向于关注渗透率的降低，因为这同时反映了其他两部分数据的情况。但是我不会完全忽视其他数据，因为它们也提供了重要的背景信息。举例来说，我注意到一个有趣的现象：尽管外拨电话数有所减少，但是渗透率也在下降。我们可能会倾向于认为，随着外拨电话数的减少，完成收款沟通的用户的相对数量会有所增加，但显然事实并非如此。也许可以触达或愿意支付的用户都已经完成收款沟通了，所以现在可以拨号和沟通的用户越来越少，难度也越来越大？为了更好地理解数据背后的逻辑，我渴望了解这些背景信息。

回到本练习的标题，我计划用文字来表述这些信息。举例来说，我可以把第二个观察结果“从 1 月到 12 月，外拨电话数减少了约 47%，其中在 12 月外拨了大约 250 000 个电话”作为背景信息写下来或者在介绍时作为旁白。这为数据展示提供了另一种可行性，我们将在稍后介绍。

第 3 步 大体上，我喜欢这个图的简洁设计，但是由于图例解释放置在顶部、辅助 *y* 轴设置在右侧，受众必须来回看才能弄清楚如何阅读这些数据。因此可以对这种数据展示方式进行修改，让阅读数据变得更容易。同时，我认为可以增加文字说明，引导受众关注渗透率数据。

第 4 步 下面通过几张图展示我的思考过程。首先，我将删除辅助 *y* 轴及渗透率标签（我们随后将重新整合这部分数据）。考虑到“完成收款沟通的用户数”也是“外拨电话数”的一部分，可以把这两部分数据放在一起展示。我们可以展示“完成收款沟通的用户数”和“未触达的用户数”，而非“外拨电话数”和“完成收款沟通的用户数”，如图 6-3 所示。

在图 6-3 中，数据条的总体高度表示总的外拨电话数。之前已经提过，我们将用文字说明外拨电话数在减少，这就意味着不必直接显示这部分数据。既然这样，我选择将图 6-3 转换为 100% 堆叠条形图。转换后，我们会损失外拨电话数减少的信息，但受众可以更直观地看到完成收款沟通的用户与未触达用户的数量比，即渗透率（如图 6-4 所示）。

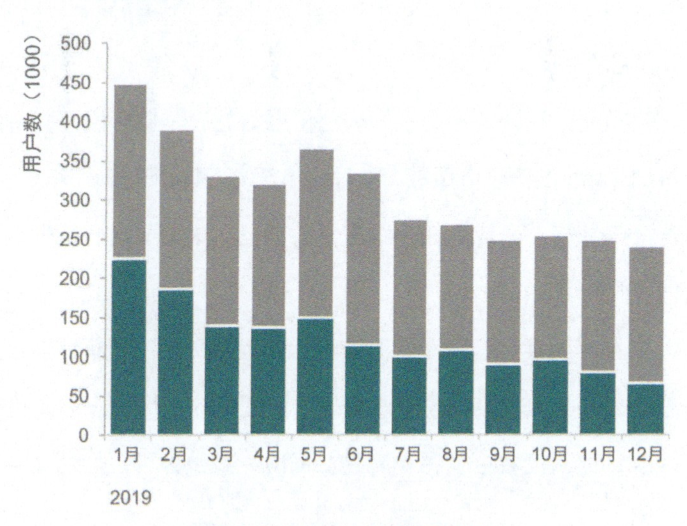

图 6-3　调整成堆叠条形图

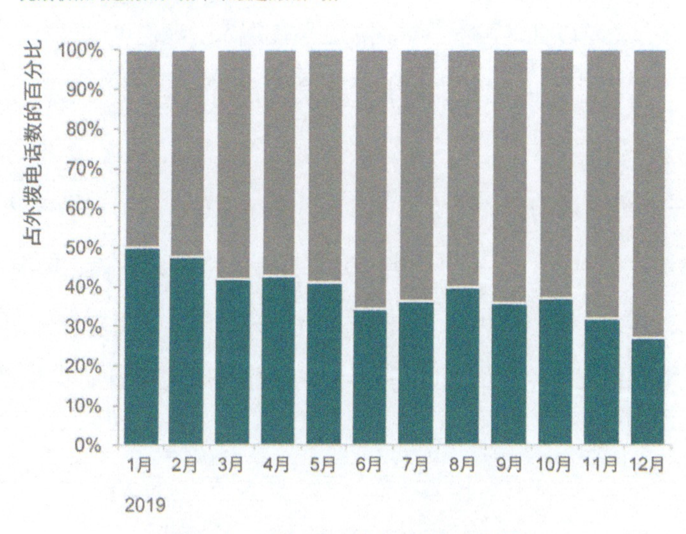

图 6-4　修改成 100% 堆叠条形图

从简单的条形图调整到 100% 堆叠条形图的好处是，能够更清晰地展示完成收款沟通的用户比例。更进一步，我们可以消除数据条之间的空隙，把它修改为面积图，如图 6-5 所示。

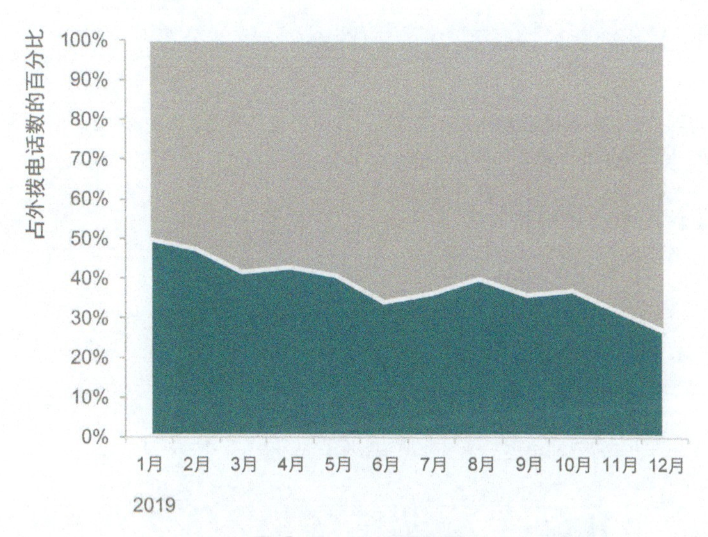

图 6-5　改成面积图

我并不常用面积图，但面积图在某些情况下也能达到不错的沟通效果，图 6-5 就是一个不错的例子。面积图的一个常见问题是，由于各部分数据堆叠在 x 轴上，受众无法清楚地解读数据。不过这里使用的是 100% 堆叠面积图，更为直观一些。

这种可视化方式的益处还有，通过颜色对比，我们可以很清楚地看到完成收款沟通的用户比例。绿色与灰色之间的分隔线即表示渗透率。

我希望解决的另一个问题就是在图例和数据间来回看。我经常使用的一种方法是将图例放置在页面左上方（通常在图的标题下方，就像我在图 6-3 ~图 6-5 中所做的那样）。

考虑到受众的“之”字形阅读习惯，这么做可以让他们在阅读数据之前就对如何阅读有所了解。另一种做法是直接标记数据，将白色的“未触达的用户”和“完成收款沟通的用户”标记放在面积图中左对齐或右对齐，但这样的处理显得很混乱，所以我选择将图例放置在顶部，仅标记渗透率。

我们还可以在数据周围添加文字，来突出核心数据。在没有额外背景信息的情况下，我们无法继续探究背后的原因，我将以图 6-6 结束这个案例分析。

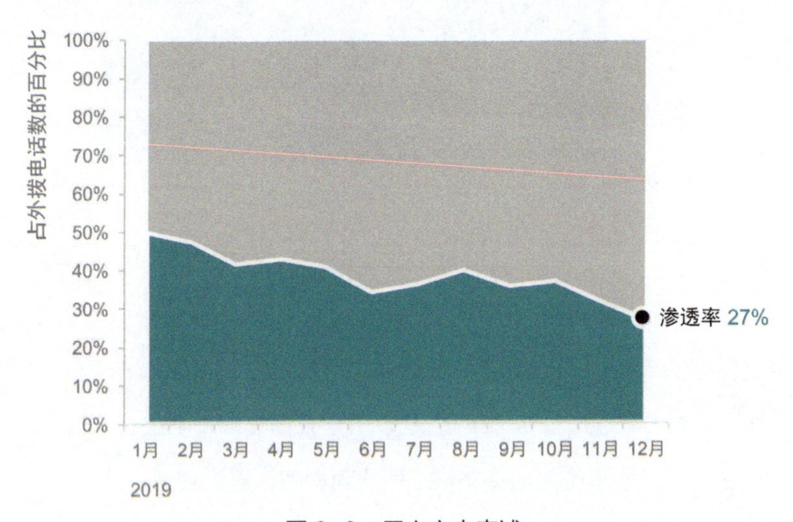

图 6-6　用文字来表述

不得不说，大家对这些修改图的反馈不尽相同。一些人觉得 100% 堆叠条形图令人困惑，更偏爱简单的堆叠条形图，因为它能同时显示数据的绝对值。可能是我对自己创建的图表有一种特殊的感情，面对这些意见，我还是选择将它收录为案例，因为它展示了与众不同的做法，也告诉我们：有时打破常规也没问题。如果我打算在工作中应用它，会再去寻求他人的反馈，而后确定是继续使用还是进行调整，以最好地满足受众的需求。

重点是，把图表的内容用文字表述出来能帮助我们明确“要展示的信息是什么”和“如何有效地展示这些信息”。将图表和文字结合起来，也能确保受众准确地理解信息。

练习 6.3 识别紧张

让我们暂且放下数据和图表，一起深入探讨故事的元素。

紧张是一个至关重要但常被忽略的故事元素。在开设培训班教授讲故事的技巧时，我经常会在故事中展现戏剧性，尤其是在对紧张的讨论上。戏剧性的紧张能有效地突出故事重点，但这并不意味着我们必须为使故事有效而刻意创造戏剧性，也不意味着要凭空编造紧张。如果一个故事中没有紧张存在，你也许需要重新考虑沟通的必要性。我们要做的是弄清楚存在什么样的紧张问题以及如何为受众消除它。如果处理得当，不仅可以吸引他们的注意，而且可以更容易地激励他们采取行动。

回顾第 1 章的练习，了解受众和他们的关注点至关重要。我们容易专注于与自身相关的事物，但这并不是影响受众的有效方式。相反，我们需要跳出自我关注圈，从受众的角度思考他们面临的紧张是什么。这和之前讨论的中心思想的“有何利弊”问题不谋而合。当我们明确了故事中的紧张后，我们希望受众采取的行动就会变成他们消除紧张的方式（将在本章后面的练习中进一步讨论）。

让我们看几个案例，然后练习找出故事中存在的紧张。考虑以下操作：**首先，识别故事中的紧张；接下来，说明受众为了消除紧张可以采取的行动。**

案例 1 你任职于一家大型零售公司，担任数据分析师。你刚做了一项针对近期返校购物季的调研，向公司和主要竞争对手的顾客询问有关购物体验的反馈。从积极的一面来看，你发现数据证实了你之前的设想：总体而言，人们喜欢在你公司的门店购物，并且拥有良好的品牌联想。但你也发现一些改善的机会，比如顾客对于不同门店的服务反馈并不一致。你的团队为此集思广益，并希望向零售部主任提出针对性的建议来作为解决方案：应该制订销售培训计划并进行推广，以使销售人员对服务要求达成共识，提供一致的专业服务。

案例 2 你是一家公司的人力资源部主任，公司一直倾向于通过内部晋升来填补主任级别的管理岗位。最近主任级别人员的离职率有所升高，你要求团队根据升职和人员流失的最新趋势，对未来 5 年的人才及岗位情况进行预测。你认为，基于公司的持续增长预期，除非形势有所变化，不然公司会面临领导岗位人才的缺口。你希望用这些数据和管理层进行对话并探讨下一步如何应对。你认为，应对策略有：更好地了解导致主任级别人员离职的原因并努力防止离职；重视经理级别人员的发展，以便他们可以更快地晋升；进行战略收购，吸纳领导人才；更改招聘策略，开始通过外部招聘来填补主任级别的职位空缺。

案例 3 你在一家区域性医疗中心担任数据分析师。为了提高整体效率、医疗质量，以及降低成本，近年来，医疗中心一直在推动医生用线上诊疗（通过电子邮件、电话和视频）代替现场坐诊。年底，你需要汇总数据，评估转变情况，并为来年的目标提出建议。医疗中心的管理层将是你汇报的主要受众。你的分析表明，不管是全科还是专科，线上诊疗都越来越普遍。你预测这样的增长趋势明年会继续。你可以用最新数据和预测来告知受众。同时，你认为寻求医生的意见也是必要的，以避免设定过于激进的目标，无意中对医疗质量带来负面影响。

答案 6.3 识别紧张

永远没有唯一的正确答案，但我想通过以下内容向你介绍我在每个案例中如何识别紧张并提出解决方案。

案例 1

- **紧张：**各个零售门店的服务水平参差不齐。
- **解决方案：**拿出资源用于设计和推进销售培训。

案例 2

- **紧张：**展望未来，如果按目前趋势发展，我们将面临主任级别人才的短缺。
- **解决方案：**针对管理人才的任职进行讨论并决定如何进行战略性变革。

案例 3

- **紧张：**效率和医疗质量，哪个更为重要？我们期望的向线上诊疗的转变正在发生，但是还要再往前推进多少呢？
- **解决方案：**结合数据和医生的意见为明年设定合理的目标，以有效地平衡效率和医疗质量。

练习 6.4 运用故事内容

自编写《用数据讲故事》以来，我讲故事的方式发生了很大的变化。在《用数据讲故事》一书中，我用戏剧、书本和电影来研究讲故事的方式，并提出故事的总体结构由开头、中间和结尾组成。尽管这很有用，但我认为可以通过叙事弧进一步完善讲故事的方式。

好故事是有形状的：从介绍情节开始，在情节发展中出现紧张，逐渐进入高潮，随后剧情回落，最终以解决方案结尾。我们非常习惯于这种故事结构，并容易记住故事提供给我们的信息。

但我们面临的挑战是，常见的商务演示并不会像这样讲故事。一般的商务演示遵循线性路径，没有故事的起伏，简单而直接。我们从需要回答的问题开始，而后讨论数据并进行分析，最后得出结论或提出建议。顺便说一下，遵循这种线性路径就是我们在第1章介绍的故事板的常见做法。如果能根据故事弧的结构来重新思考故事板的内容，会有意想不到的效果。叙事弧可见图6-7。

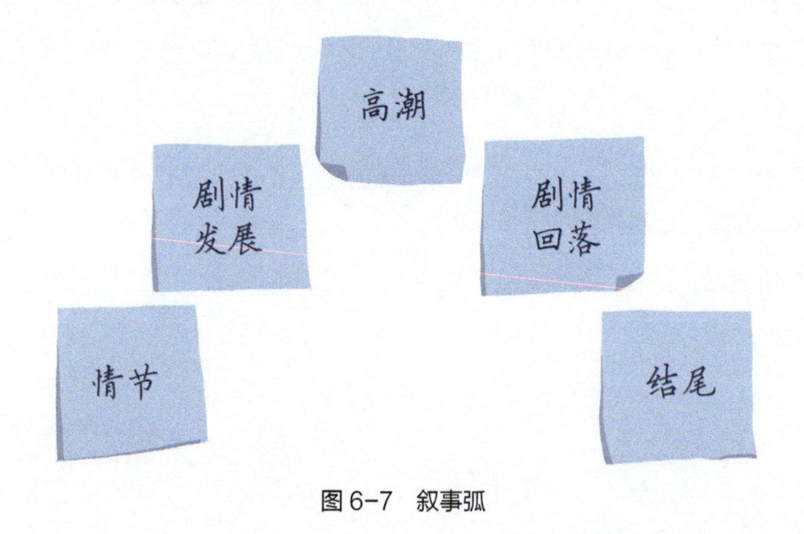

图6-7　叙事弧

让我们回顾一下已经完成的故事板，回到练习1.7中返校购物季的故事。你可以查看你完成的故事板或者我的故事板（见答案1.7）。**根据叙事弧，你将如何规划故事内容？是否要重新排序，或者添加、删除一些内容？**

回答以上问题，最好的办法是拿一叠便利贴，重新写下你的故事板，然后沿叙事弧重新排列，按需求添加或删除信息。

答案 6.4 运用故事内容

图 6-8 展示了我如何应用叙事弧安排返校购物季的故事内容。

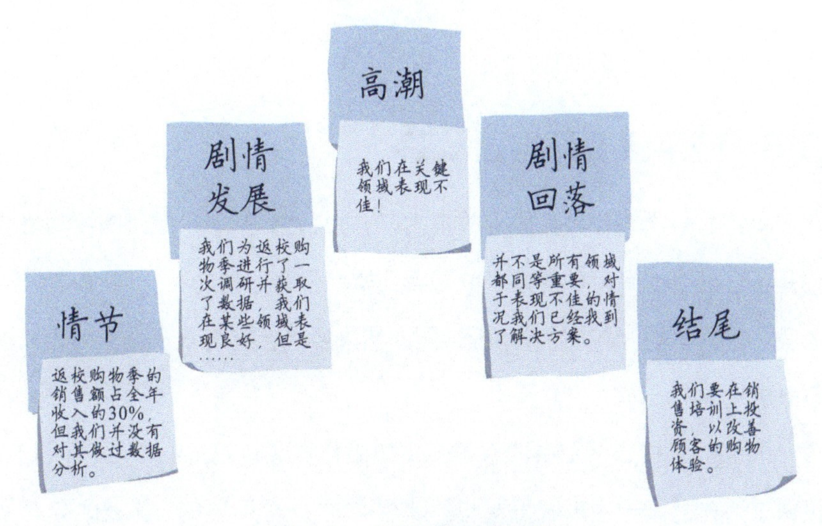

图 6-8 返校购物季叙事弧

我将从介绍**情节**开始，这是受众需要了解的基本信息（框架），有助于他们理解背景信息："返校购物季是公司业务的重要组成部分，但以往我们并未用数据对其进行有效分析。"

接下来，我要明确紧张来推动**剧情发展**："我们进行了一项调查，也是有史以来第一次有数据可以分析。数据表明我们在某些领域表现良好，但在几个关键领域表现不佳。"此时进入**高潮**，紧张也到达顶点。我会具体讨论表现不佳的领域，以及给公司带来的危害：这将使我们在竞争中处于劣势，除非我们做出改变。

而后我会通过**剧情回落**来缓解紧张："并非所有领域都同等重要，我们已经确定了要重点关注的部分。另外，我们已经研究了解决该问题的几种方法，并聚焦到了非常有效的一个上。"**结尾**："建议在销售培训上增加投入，让销售人员对什么样的服务才是好服务有个统一的认识，提升门店的用户体验，让接下来的返校购物季成为史上最成功的购物季！”这是受众为了消除紧张可以采取的行动。

练习 6.5　应用叙事弧构建故事

让我们再练习一次用叙事弧排列故事内容。回顾练习 1.8，重新阅读动物收养活动案例，你是否已经完成练习并创建了故事板？如果没有，请先花一些时间创建故事板，或者参考我在答案 1.8 中给出的故事板样例。如果要求你应用叙事弧来构建故事，你将如何调整故事内容？

作为参考，下面是一个空白的叙事弧（如果你做过练习 6.4，它会看起来很熟悉；如果还没做，请先阅读一遍来获得一些基础知识）。一个简单的方式是，先在便利贴上写下所有的故事内容，然后在图 6-9 上方或者下方按顺序排列。对便利贴的排序不需要遵循原有的故事板，你可以大胆地跟着叙事弧重新排列内容。充分发挥你的创造力吧！

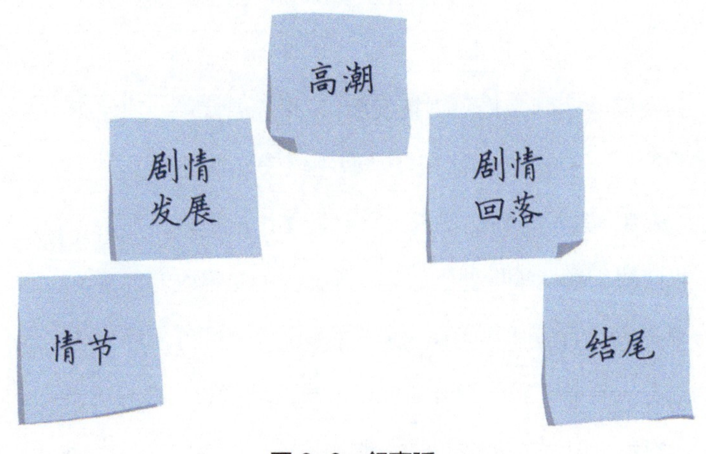

图 6-9　叙事弧

答案 6.5 应用叙事弧构建故事

不同于常见的商务演示，这个案例似乎并不需要那么严肃（如果不考虑待收养的动物可能有生命危险）。分析我们的受众以及怎样最能说服他们支持我们的行动至关重要。回想我们在第 1 章中讨论的：什么可以激励受众采取行动？是达到收养数量目标吗？还是有更高的追求？针对不同的情境和假设，我们需要相应地调整沟通策略。

图 6-10 是我创建的叙事弧。

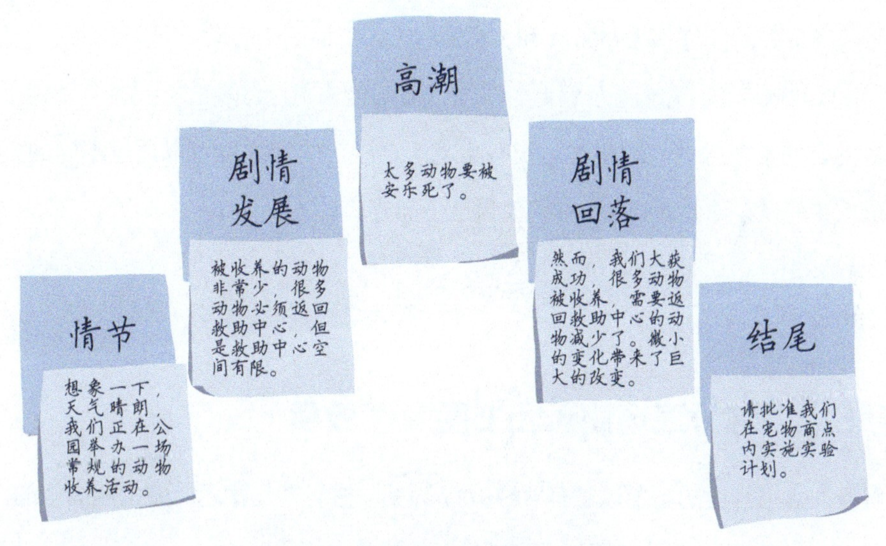

图 6-10　动物收养案例的叙事弧

在本例中，我做了个大胆的尝试，开场先描绘了一个场景（**情节**）：天气晴朗，我们在公园里举办常规的动物收养活动。当只有很少的动物被成功收养时，**紧张**就出现了。随着受众听完收养活动的过程，最后得知未被收养的动物只能返回救助所（**剧情发展**），紧张也随之增强。当得知这些无辜的动物面临安乐死时，紧张达到了顶点（**高潮**）。通过描述最近的一次经验——由于天气恶劣，我们转移到一家宠物商店举办收养活动，并取得了意想不到的成功——紧张得以缓解（**剧情回落**）。我会强调，再次在宠物商店举办收养活动所需要的资源非常少。此时，受众可以通过批准实验计划来完全消除紧张（**结尾**）。

应该指出的是，故事的组成部分并不局限于上述信息，上述叙事弧也不是讲故事的唯一顺序。我只是想用这个案例说明，如何基于已了解的信息和假设在讲故事的过程中应用叙事弧。

在这里，我还想介绍本练习的另一个答案：如果我并不确定能一直吸引受众的注意直到最后，或者认为他们会直接批准我的要求而不必花费时间说明细节，我会选择直接陈述结尾。我会首先说："我需要 500 元和 3 小时的志愿者时间来启动一项实验计划，我相信这会提高动物收养率，你们想了解更多吗？"（这看起来很像练习 1.5 中的中心思想！）

对内容的重新排列和增删改是没有止境的，成功的沟通也可以通过不同的方式实现。最重要的是，你要认真思考如何使自己走向成功。

练习 6.6　区分现场演示和书面叙述故事

解释型数据沟通的场景通常有两种：(1) 为受众进行现场演示（线上或线下的会议、汇报）；(2) 直接发送给受众（通过电子邮件发送或分发打印稿）。

在实践中，我们希望用一份沟通材料同时满足这两个场景的需求。我们在《用数据讲故事》一书中简要地提及了该想法。这个需求造就了"演示文档"，它部分是现场演示文件，部分是文档，但通常不能完全满足两个场景的需要。通常，为同时满足这两个场景而创建的文档对于现场演示而言信息过于密集，但对于需要受众自行阅读的场景而言又不够详细。

我经常推荐一种方法：在现场逐元素演示，结束时分发有完整注释的 PPT。让我们用一个练习来示范并说明这个想法。

假设你是 X 公司聘请的顾问，主要工作是分析其招聘流程。鉴于此前没有人花时间分析招聘数据，你的目标是：一方面，使大家对招聘流程的总体情况有更深入的了解；另一方面，利用这些数据推进与 X 公司指导委员会的讨论，助其明确如何改进招聘流程。你通过与指导委员会多次会面，深入了解了公司的业务背景。录用时间（从职位空缺发布到录用完成所需的天数）是他们非常感兴趣的一个指标，将成为本次分析的重点。

图 6-11 显示了 X 公司通过内部调动和外部招聘对空缺职位候选人的录用时间（以天为单位）。花些时间熟悉这些数据，然后完成后续步骤。

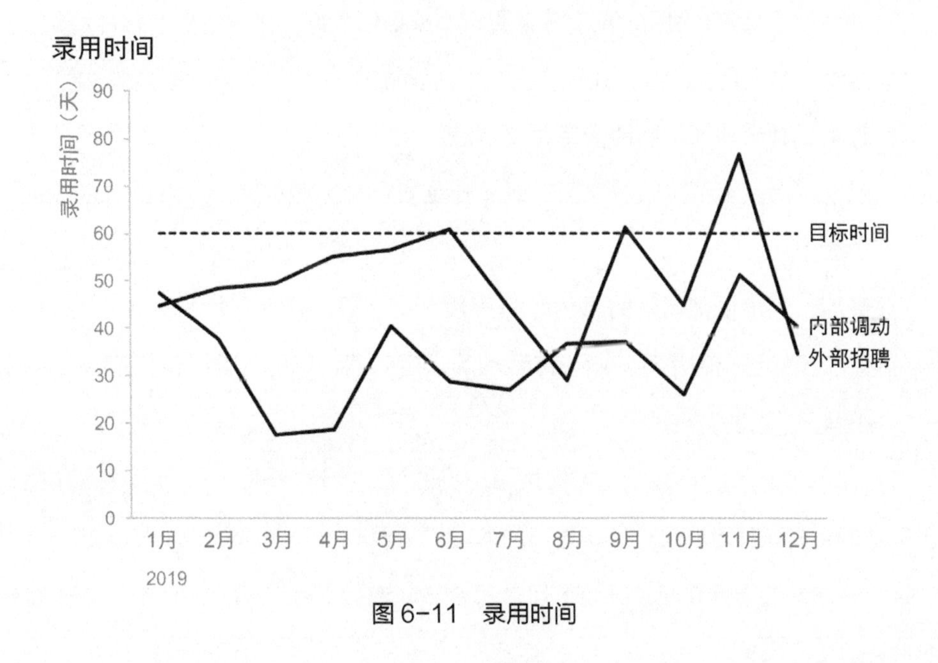

图 6-11　录用时间

第 1 步　假设你将与指导委员会开会，在会议中有 10 分钟的时间来讨论录用时间的问题。花几分钟来引导受众浏览图 6-11 中的数据，介绍背景并以此来开启讨论。充分利用现场演示的优势：不要简单地展示图 6-11 中的数据，应该考虑如何逐一呈现元素。

列出你要一步步展示的核心要点，并自由地进行假设。

第 2 步 根据第 1 步的计划，用自己熟悉的工具构建图表并现场演示。

第 3 步 会议结束后，指导委员会希望获取你在会议中展示的材料。不同于会议中循序渐进的展示说明，你会分享一页包含全面信息的图片（或 PPT）。它有助于参会人员回忆要点，也可以为错过会议的人提供信息。请选择你自己的方式画出图表。

答案 6.6 区分现场演示和书面叙述故事

第 1 步 我可能会按照如下步骤来逐步构建图表。

- 先画一个只有 x 轴和 y 轴的**骨架图**，不放任何数据，作为信息的展台。
- 接着，加入**目标虚线**，并分享它是如何设置的。
- 然后，画出**外部招聘的录用时间折线**。从 1 月的数据点开始添加至 6 月，并说明录用时间逐渐延长的原因。而后补足剩余月份的数据，突出显示你希望强调的数据点。
- 最后，画出**内部调动的录用时间折线**。此时要淡化外部招聘的录用时间折线，以免干扰受众的注意。画内部调动的录用时间折线的过程中也要突出显示你希望强调的数据点。

第 2 步 下面的内容展示了如何按第 1 步的计划构建图表，并附上了相应的旁白。出于解释的目的，我对背景也做了适当的假设。

请允许我花几分钟分享最近的录用时间情况。我将以此为基础，讨论一些可能影响录用时间的潜在决策。

首先说明一下图上的标记。y 轴上绘制的是“录用时间”，即每月从发布空缺职位到成功录用的平均天数。x 轴上绘制的是“月份”，我们正在查看 2019 年的数据，从左侧的 1 月开始，到右侧的 12 月（图 6-12）。

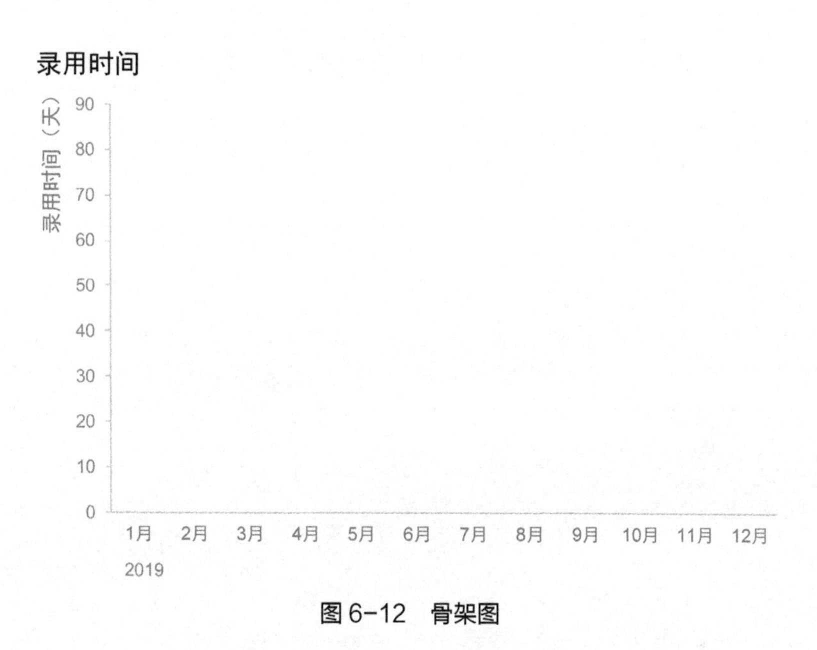

图 6-12　骨架图

我们公司的目标录用时间是 60 天之内（图 6-13）。

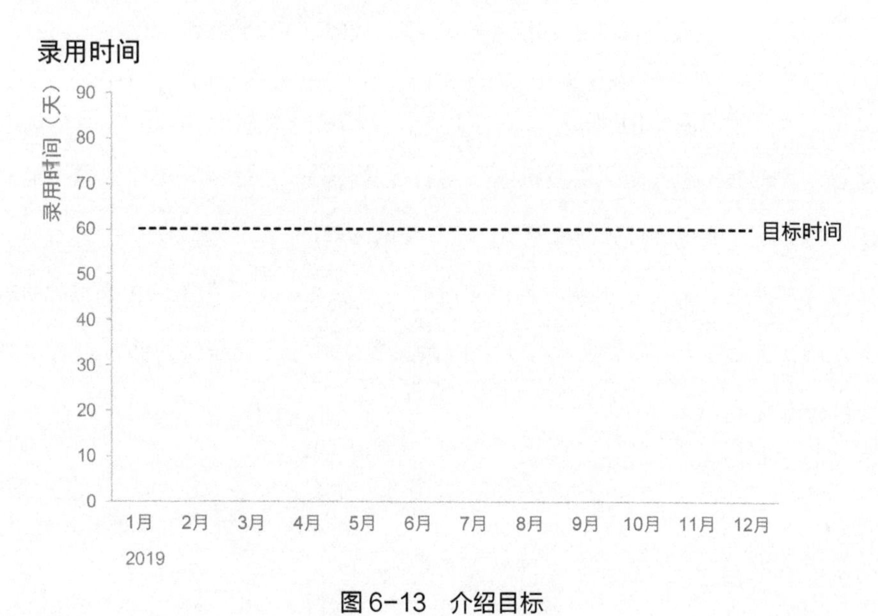

图 6-13　介绍目标

现在来看一下外部招聘的录用时间。1月的平均录用时间不到45天，低于60天的目标时间（图6-14）。

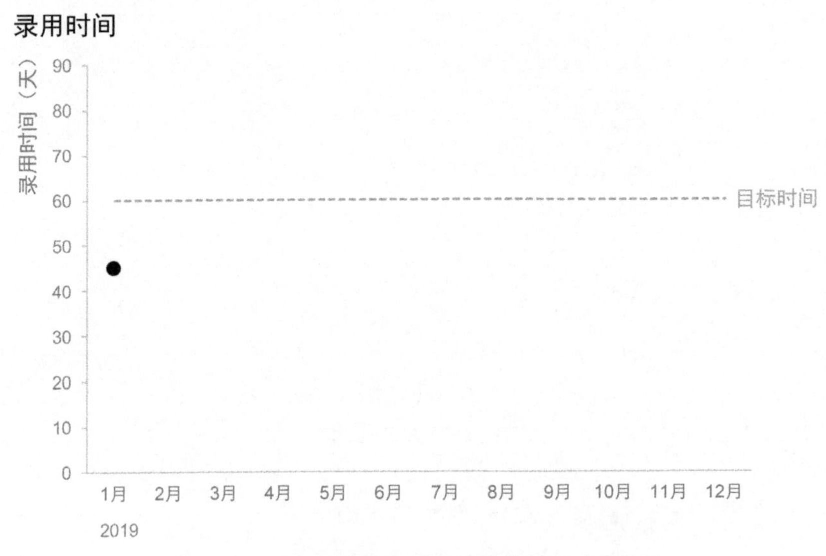

图6–14　外部招聘录用时间折线的第1个数据点

但是，录用时间在2019年上半年稳步增长。这与每个候选人的平均面试次数不断增加相吻合。我们知道，面试次数越多，招聘过程就越长。这使我们在6月份的录用时间超过了目标线，平均录用时间长达61天（图6-15）。

2019年下半年，每月外部招聘的录用时间波动很大。我们发现，在录用时间较短的月份中（用蓝点表示），面试次数较少。而面试官休假可能会导致某些月份的录用时间较长（用橙点表示）（图6-16）。

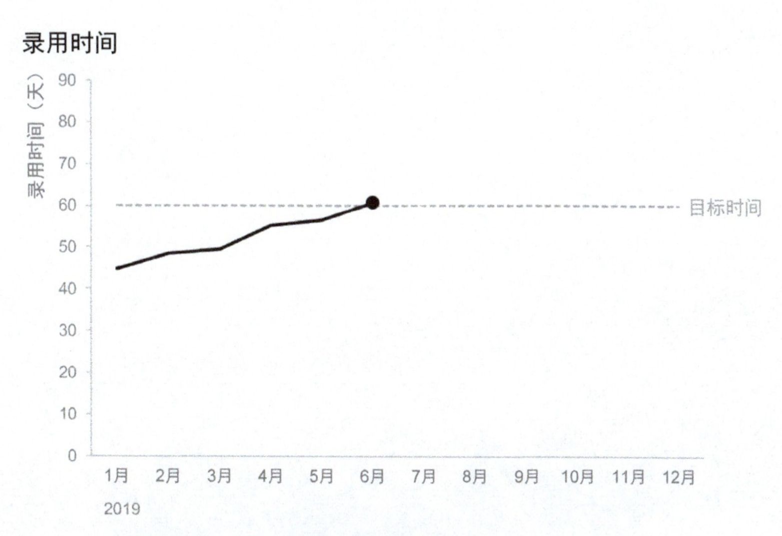

图 6-15　外部招聘的录用时间在上半年稳步增长

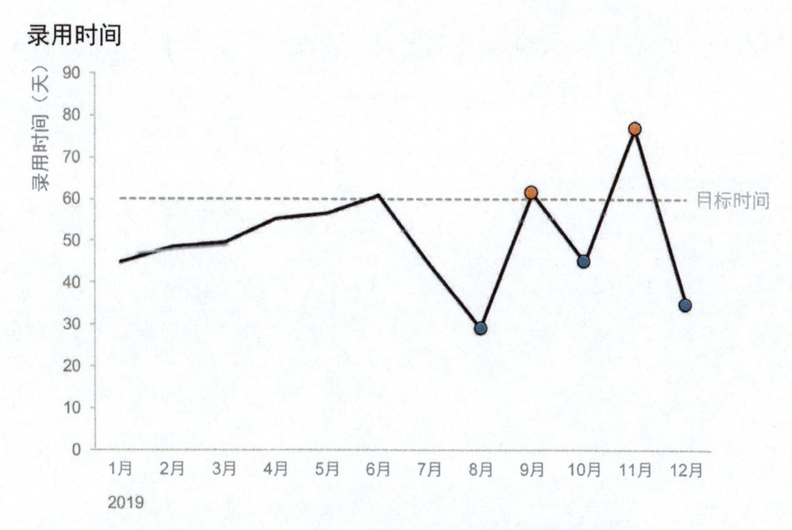

图 6-16　下半年外部招聘的录用时间波动很大

接下来，让我们来看一下内部调动的录用时间情况。1 月的平均录用时间为 48 天，远低于目标时间（图 6-17）。

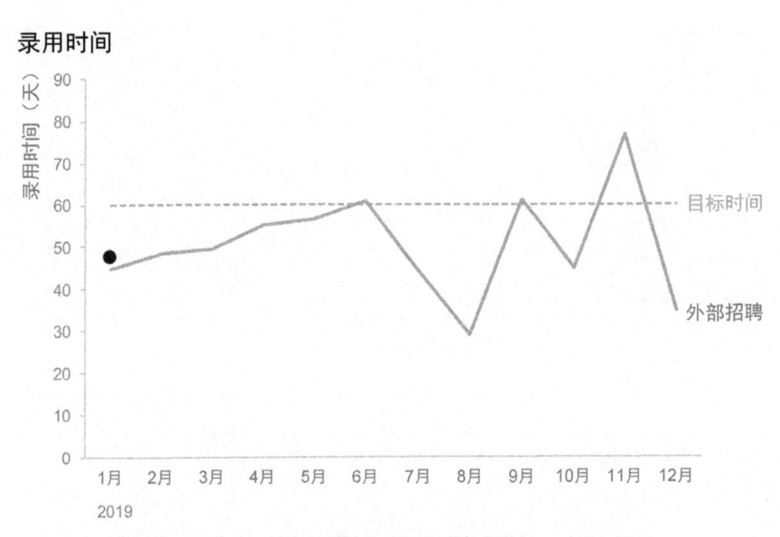

图 6-17　内部调动录用时间折线的第 1 个数据点

内部调动的录用时间在之后的几个月里进一步缩短，在 3 月和 4 月，内部调动的平均录用时间不到 3 周（图 6-18）。

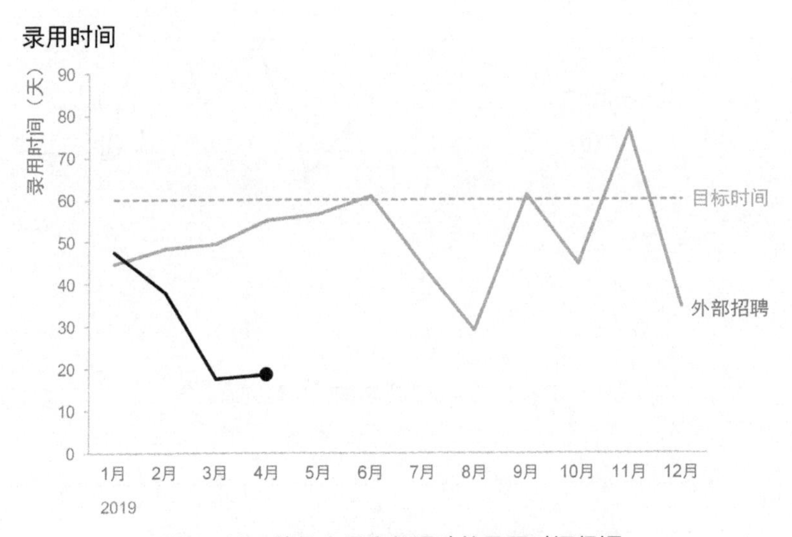

图 6-18　前几个月内部调动的录用时间很短

5 月的录用时间变长了。这与内部调动的数量增加相吻合，也表明我们的流程可能无法有效处理较大规模的内部调动（图 6-19）。

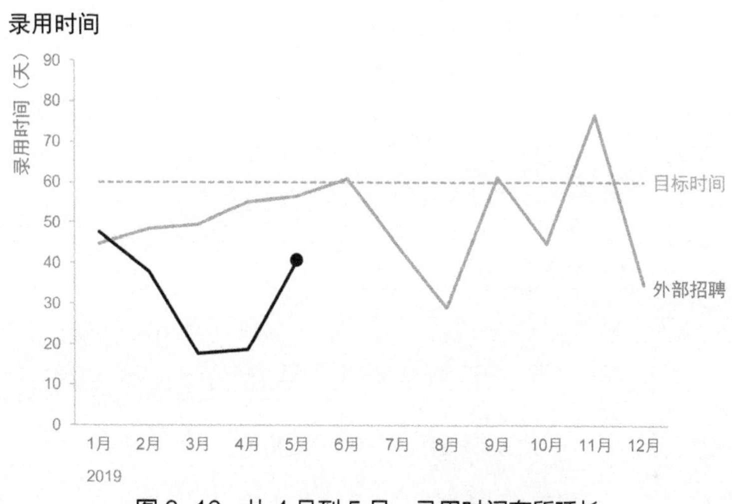

图 6-19　从 4 月到 5 月，录用时间有所延长

5 月之后，录用时间略有缩短，随后有所延长（图 6-20）。

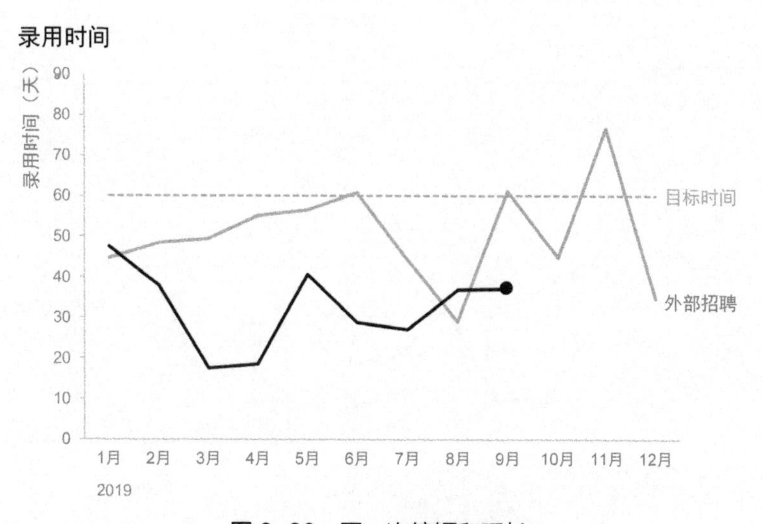

图 6-20　再一次缩短和延长

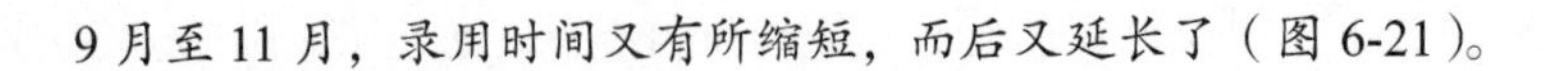
9月至11月，录用时间又有所缩短，而后又延长了（图6-21）。

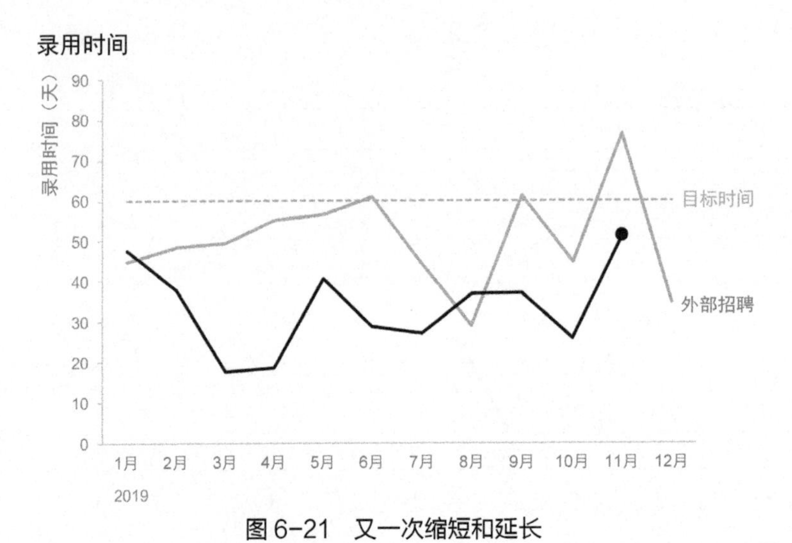

图6-21　又一次缩短和延长

尽管从11月到12月录用时间有所缩短，但12月内部调动的录用时间已经长于外部招聘的录用时间。尽管每个月的情况不同，但下半年内部调用的录用时间总体在延长（图6-22）。

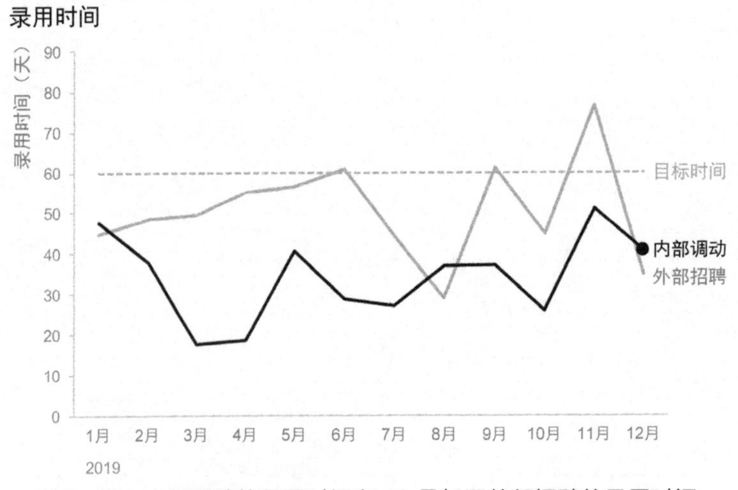

图6-22　内部调动的录用时间在12月长于外部招聘的录用时间

让我们看一下完整的图（图 6-23）并进行总结。在 2019 年，外部招聘和内部调动的录用时间均有所波动。尽管两者都在大部分月份里达到了 60 天内的目标，但我们看到录用时间在 2019 年下半年总体有所延长。并不意外的是，更多的面试次数导致了录用时间的延长，面试官休假也会导致一定的延期。在内部调动方面，当调动人数较多时，录用时间也会延长。这表明我们可能需要改进一些流程以更好地处理较大规模的内部调动。

让我们讨论一下：这些发现对 2020 年的聘用安排有何意义？你们想做哪些调整？

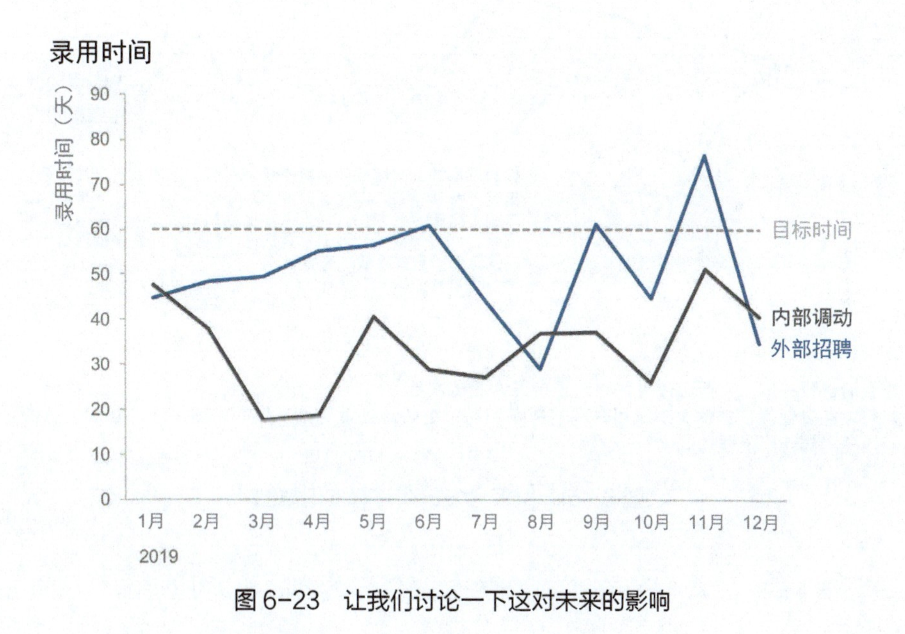

图 6-23　让我们讨论一下这对未来的影响

第 3 步　我会将第 2 步循序渐进的说明内容进行提炼，汇总成带注释的一张图（如图 6-24 所示）。

针对录用时间的讨论：我们要做些什么？

在过去的一年中，**外部招聘**和**内部调动**的录用时间都有所波动。了解以下影响因素可以帮助我们更好地为未来做计划：面试次数、面试官的休假时间和当前内部调动的数量限制。

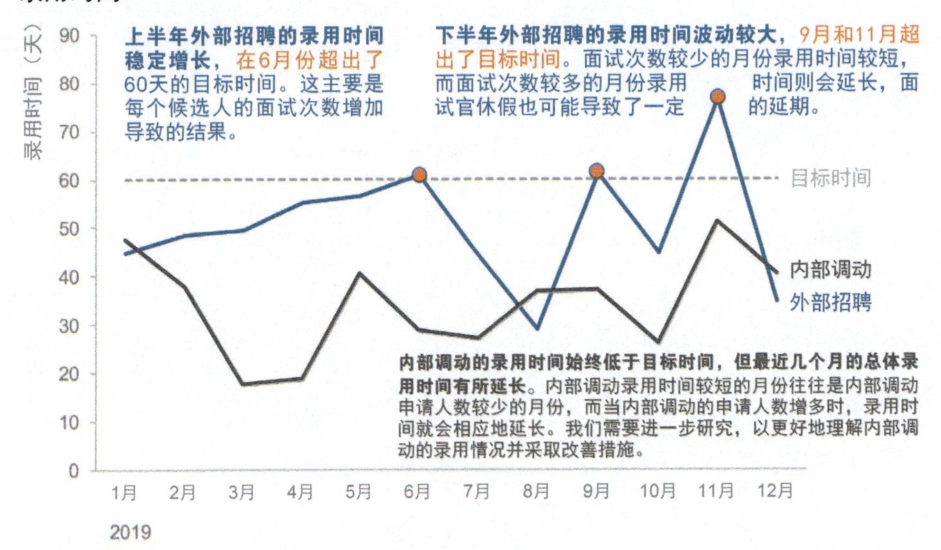

让我们讨论一下，是否应该更严格地规定最大面试次数。
如何才能降低面试官休假对录用时间的影响？为了更好地处理更大规模的内部调动，我们怎么做才能提高内部转岗流程的效率？

图 6-24　准备分发的带注释的汇总图

基于图 6-24，受众（错过会议或需要被提醒会议内容的人）可以通过自行阅读，获知现场讲述的故事内容。

想一想，这种在现场会议或演示中循序渐进呈现内容的方法，再加上一两页包含完整注释的汇总 PPT，能如何满足你有效用数据将故事的需求。

练习 6.7　从仪表板到故事

在《用数据讲故事》第 1 章中，我对探索性分析和解释性分析进行了区分。简而言之，探索性分析是你了解数据的过程，而解释性分析是你与其他人就数据内容进行交流的过程。

我认为仪表板是探索性分析的有效工具。我们需要定期（每周、每月或每季度）查看一些数据，以获知哪些符合我们的预期，哪些与我们的预期不一致。仪表板可以帮助我们识别可能发生的意外或有趣事件。但是，一旦发现了这些事件并希望与他人交流，就应该从仪表板中抽取这些数据，然后应用我们所学的讲故事技巧。

让我们看一个仪表板示例，练习如何把探索性分析的仪表板变成解释性的故事。图 6-25 显示了一个项目仪表板，你能在其中看到按类别（地区和职位）划分的需求和产能数据。该仪表板中的核心指标是项目工时。

我们在练习 2.3 和练习 2.4 中已经分析了一些数据，再花些时间研究一下图 6-25，然后完成后续步骤。

第 1 步　让我们从用文字表达图表内容开始。用一句话描述如图 6-25 所示仪表板中每部分的核心要点。

第 2 步　思考我们是否需要所有数据。在做数据的探索性分析时，考虑每个维度的项目工时可能很重要，但在与受众沟通时，并非所有数据都同样有意义。想象一下，你需要用这些数据来讲故事，那么要关注仪表板的哪些部分？忽略哪些部分？

第 3 步　基于第 2 步选择的数据来创建图表及故事。为了进行练习，你可以根据需要做出适当的假设。你将如何展示数据？你将如何整合文字？你要决定是现场演示还是发送书面材料，并做相应的调整和优化。

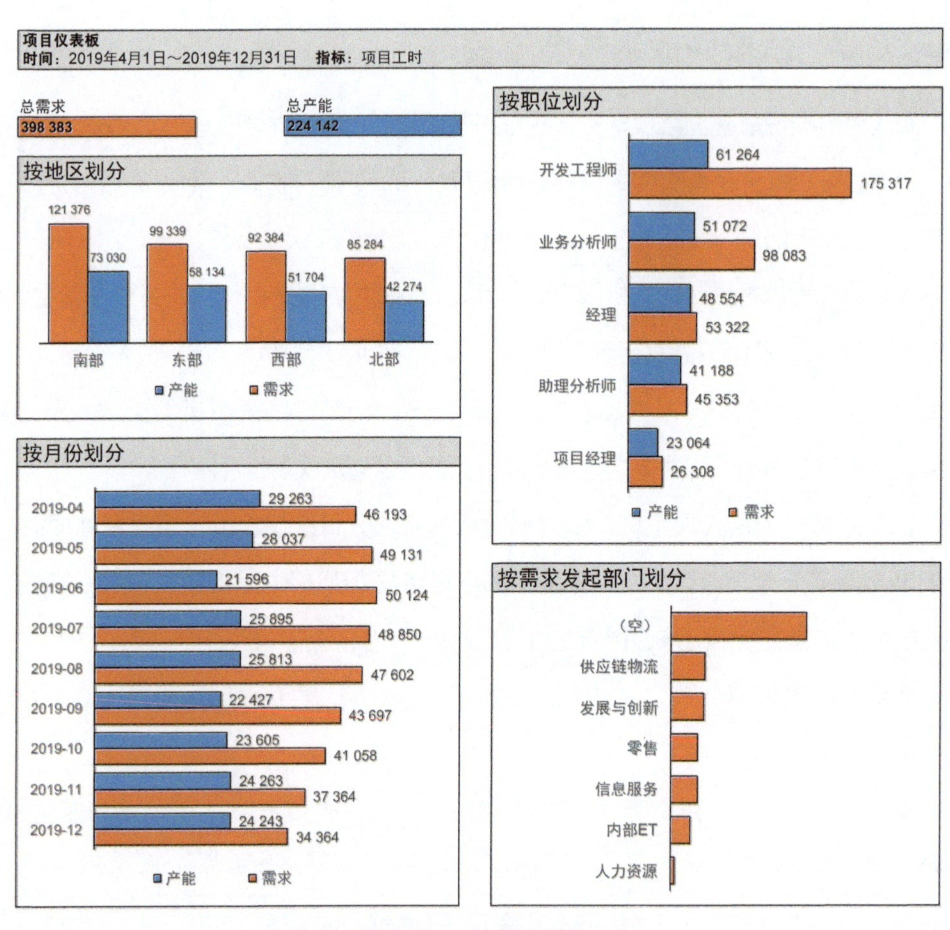

项目仪表板
时间：2019年4月1日～2019年12月31日 指标：项目工时
总需求
398 383
总产能
224 142
按地区划分
121 376
73 030
99 339
58 134
92 384
51 704
85 284
42 274
南部
东部
西部
北部
产能
需求
按月份划分
2019-04
29 263
46 193
2019-05
28 037
49 131
2019-06
21 596
50 124
2019-07
25 895
48 850
2019-08
25 813
47 602
2019-09
22 427
43 697
2019-10
23 605
41 058
2019-11
24 263
37 364
2019-12
24 243
34 364
产能
需求
按职位划分
开发工程师
61 264
175 317
业务分析师
51 072
98 083
经理
48 554
53 322
助理分析师
41 188
45 353
项目经理
23 064
26 308
产能
需求
按需求发起部门划分
（空）
供应链物流
发展与创新
零售
信息服务
内部ET
人力资源

图 6-25 项目仪表板

答案 6.7 从仪表板到故事

第 1 步 我总结的仪表板各部分的主要内容如下。

- **数据摘要**：在 2019 年 4 月 1 日至 12 月 31 日期间，需求远远超出了产能。
- **按地区划分**：在所有地区中，需求超出产能的幅度大致相同。
- **按月份划分**：产能和需求之间的差距从第二季度到第四季度普遍很大，在 6 月达到最大，在下半年有所缩小。
- **按职位划分**：对开发工程师而言，需求超出产能最多，其次是业务分析师。
- **按需求发起部门划分**：我们缺少与需求来源相关的数据。也许不是所有项目都有需求发起部门？

第 2 步 我要删除和故事不相关或者冗余、模糊的信息，并没有唯一的正确答案。我们还缺少许多背景信息，因此也需要适当做出假设。在实践中，可以自己构建背景信息，以便明智地选择关注哪些方面，哪些内容是相关的，以及在用数据讲故事时要包括或省略哪些数据。

我对于差异的趋势和按职位划分的分析有一些有趣的发现，所以会主要关注这两个地方。我会更改展示数据的方式，重点突出需求和产能的差距随着时间推移不断缩小，并更清楚地说明按职位划分的差距。

我会在数据周围加上更多文字，既清楚地说明这些数据是什么，也能帮助受众了解故事。

第 3 步 我会假设这是年底汇报的一部分，将发送给受众自行阅读。图 6-26 说明了我将如何准备一张包含重点信息的汇总 PPT（我将对背景做适当的假设）。

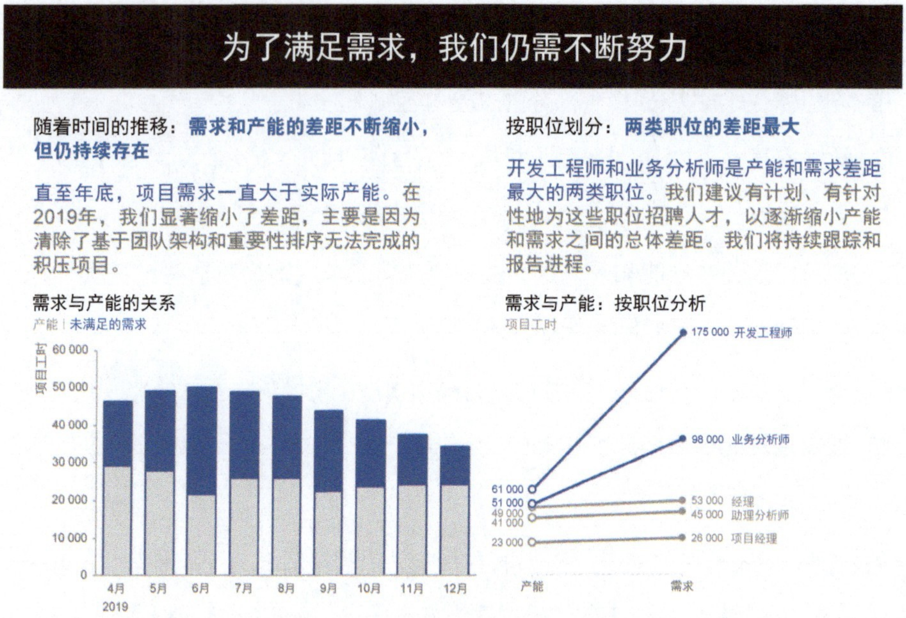

为了满足需求，我们仍需不断努力

随着时间的推移：需求和产能的差距不断缩小，但仍持续存在

直至年底，项目需求一直大于实际产能。在2019年，我们显著缩小了差距，主要是因为清除了基于团队架构和重要性排序无法完成的积压项目。

需求与产能的关系

产能 | 未满足的需求

项目工时

60 000
50 000
40 000
30 000
20 000
10 000
0

4月 5月 6月 7月 8月 9月 10月 11月 12月

2019

按职位划分：两类职位的差距最大

开发工程师和业务分析师是产能和需求差距最大的两类职位。我们建议有计划、有针对性地为这些职位招聘人才，以逐渐缩小产能和需求之间的总体差距。我们将持续跟踪和报告进程。

需求与产能：按职位分析

项目工时

175 000 开发工程师
98 000 业务分析师
53 000 经理
45 000 助理分析师
26 000 项目经理

61 000
51 000
49 000
41 000
23 000

产能 需求

图 6-26　在一张 PPT 上讲故事

下面进一步讨论我在图 6-26 中应用的策略。首先，我在图顶部使用了一个结论性标题，以便为受众设定合理的预期。其次，我为这个即将发送的故事选择了一张 PPT 上两张图的布局结构。你还会看到这种方法的其他示例。当要把多张图放在一张 PPT 上时，这往往是我的首选结构。两张图对我来说是理想选择，因为这样既可以使图大到可以清晰阅读，又有空间添加文字引入背景信息。如果多于两张图，我建议分成多张 PPT 进行展示。

在本例中，左图通过颜色和文字，着重体现需求和产能的差距随着时间逐渐缩小。经过反复修改，我选择了练习 2.4 中的堆叠条形图，因为它既能够同时展示需求和产能，又能够很好地将受众的注意引导到未满足的需求上。在右图中，我使用了斜率图来分析不同职位需求和产能的差距。通过斜率图，加上对颜色和文字的策略性使用，可以让受众关注开发工程师和业务分析师这两类职位。

出于说明的目的，我假设了情境中的一些细节。图 6-26 的参考性更强，不包含任何具体的行动号召。当然，可能需要对细节进行更明确的说明。请注意我们所做的每一步：将图表用文字进行表达，考虑要重点关注的内容和要忽略的内容，有效地用数据绘制图表，有策略地使用颜色和文字。这些都可以帮助我们把探索性仪表板变成解释性故事。

想要自如地用数据讲故事，我们需要不断地练习。下面将首先练习识别现实情况中的紧张，然后进行叙事弧的练习，以帮助我们吸引受众的注意，增强可信度并激发行动。

练习 6.8　识别紧张

正如我们讨论的，紧张是故事的关键组成部分。我们在练习 6.3 中一起实践了如何识别紧张和提出相应的解决方案。在这里你将有机会进行更多的练习。

对于以下每个案例，首先识别紧张，然后说明受众为了消除紧张可以采取的行动。

案例 1　你是一家大型零售公司的财务负责人，最近，财务分析团队完成了第一季度的分析，发现如果维持现有的运营成本和销售预期，则公司本财年将亏损 4500 万元。由于近来的经济衰退，公司提升销售额的可能性不大。因此，只有缩减运营支出才能控制可能出现的亏损。管理层则应立即采取行动，执行成本控制政策（“支出管理倡议”）。在接下来的董事会中，你将对第一季度的财务状况进行汇报，并计划在会议中向董事们提出缩减运营开支的建议。为此，你需要准备一份演示材料。

案例 2 假设你在一家地区性的医疗团体工作。你和几个同事刚就 X、Y、Z 这 3 种产品对供应商 A、B、C、D 进行了评估。历史数据显示，医疗中心对于供应商的选择差异非常大，有些医疗中心主要使用供应商 B 提供的产品，而其他则主要选择供应商 D（选择供应商 A 和 C 的非常少）。同时，你发现管理层对供应商 B 的产品满意度最高。通过分析所有的数据，你发现如果只选择一两个供应商，节省的成本会很可观。不过，这么做就意味着会影响部分医疗中心及其既有供应商之间的关系。你正在准备向指导委员会提出建议。如果多数委员会成员支持，你就可以推进这项建议。

案例 3 果味酸奶是你所在的食品公司准备推出的新产品。产品团队决定在酸奶上市前做一轮试吃活动，以获取消费者的反馈。你们已经分析了味觉测试的结果，并认为应该进行一些调整：虽然是细微的改变，但可能对消费者的接受度产生重大影响。你将与产品负责人开会，他会决定是推迟发布产品以留出时间进行调整，还是直接将果味酸奶推向市场。

练习 6.9　从线性路径到叙事弧

在应用叙事弧对故事的潜在元素进行排列之前，先用线性路径沟通有时也会有所帮助。比如，在商业汇报中，按时间顺序排列是我们经常使用的沟通路径。这也是有道理的：时间顺序是最自然的顺序，也是我们从最初提出问题到解决问题或采取行动所经历的一般顺序。

但是，线性路径并不总是吸引受众的最佳路径。我们应该缜密地思考如何组织信息来引导受众，应用叙事弧构建故事就是实现此目的的一种方法。让我们看一下在第 1 章中讨论过的学生会选举故事板，并练习如何应用叙事弧重新构思我们的沟通路径。

假设你是一名大学三年级学生，任职于学生会。学生会的目标之一是通过在本科生中选举代表，带领全体学生创造积极的校园氛围。你已在学生会中任职 3 年，今年也将参与选举的准备工作。去年，学生参与投票的比例比往年低 30%，这说明学生和学生会之间的联系在变弱。你和另外一名学生会成员对其他高校的数据进行了研究，发现在投票率最高的高校中学生会的影响力非比寻常。因此，你认为可以在学生中开展有关学生会的宣传，以提高今年的投票率。在接下来和学生会主席及秘书处的会议上，你计划就这一建议进行演示。

你的最终目标是获得 1000 元的宣传预算，以提高学生的投票意识。为此，你创建了以下故事板（图 6-27）。查看故事板，然后完成后续步骤。

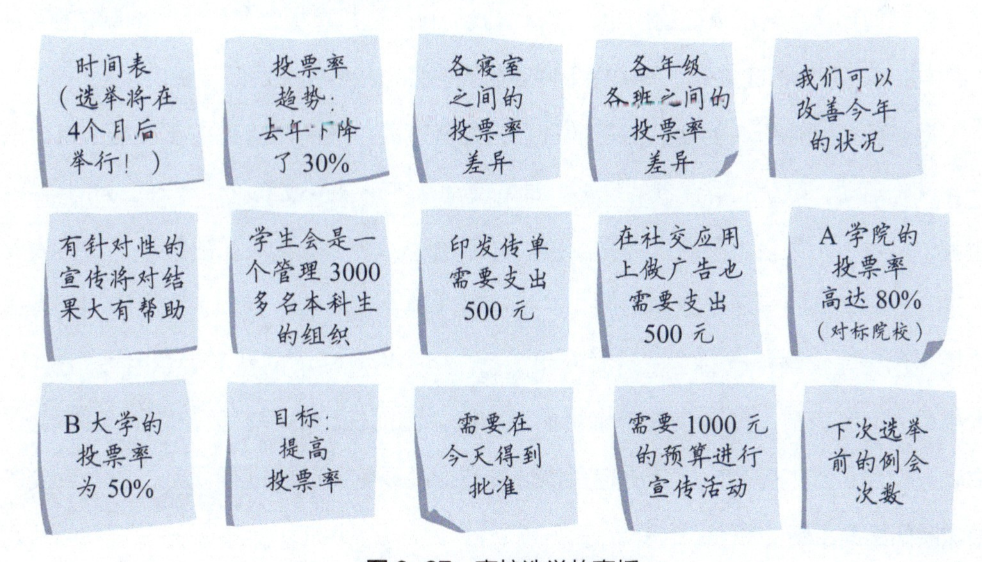

图 6-27　高校选举故事板

第 1 步 查看图 6-27 故事板上的便利贴，确定如何将其与叙事弧的结构一一对应。具体来说，列出在叙事弧中每个部分（情节、剧情发展、高潮、剧情回落、结尾）要覆盖的要点（不需要使用故事板中的所有内容）。

第 2 步 将你在第 1 步中挑选的要点写在便利贴上，并按照叙事弧的结构进行排列。在这个过程中，你可以不断重新排列，添加、删除和更改故事元素，并根据需要做出假设。

第 3 步 应用叙事弧对故事元素进行排序是否改变了你的沟通方式？用一两段话说说你的排列过程和收获。你将来是否会应用同样的沟通策略？为什么？

练习 6.10 建立叙事弧

让我们再次练习叙事弧的应用。这次，我们将跳过故事板，使用练习 6.8 中的案例 3 直接从情节开始构建故事。阅读以下内容回顾信息，然后完成后续步骤。

果味酸奶是你所在的食品公司准备推出的新产品。产品团队决定在酸奶上市前做一轮试吃活动，以获取消费者的反馈。试吃活动从多个维度收集参与者对产品的喜好：甜度、重量、水果量、酸奶量和黏稠度。你们已经分析了味觉测试的结果，并认为应该进行一些调整：虽然是细微的改变，但可能对消费者的接受度产生重大影响。具体来说，你会建议维持产品现在的甜度和重量。但是试吃活动的参与者认为酸奶过浓，水果也太多。因此，你建议减少水果的添加量并增加酸奶的添加量，以降低黏稠度。你将与产品负责人开会，他会决定是推迟发布产品以留出时间进行调整，还是直接将果味酸奶推向市场。

第 1 步 准备一些便利贴，逐一写下果味酸奶故事的元素。

第 2 步 将便利贴排成弧形，并将其与叙事弧的结构一一对应：情节、剧情发展、高潮、剧情回落和结尾。在这个过程中，你可以不断重新排列，添加、删除和更改故事元素，并根据需要做出假设。

第 3 步 将此过程与练习 6.9 中的过程进行比较。在应用叙事弧构建故事的过程中，你是否觉得从故事板开始比从空白面板开始更容易？这对你未来讲故事的准备工作有什么影响？用一两段话说说你的观察和收获。

练习 6.11　从仪表板和报告到故事

仪表板和定期报告（周报、月报或季度报告）可以用作探索数据的工具，找出有趣、值得注意或深入研究的信息。直接与最终用户分享报告也有很大的价值，因为这些报告可以回答他们的很多疑问，帮你腾出时间进行更有趣的分析。

但是，我们在分享仪表板或报告时通常做了太多数据探索，没有清楚地告诉受众应该关注什么以及应该如何使用我们分享的信息。

图 6-28 显示了关于机票数量和相关指标的月报。阅读后完成后续步骤。

第 1 步 让我们从用文字表达图表内容开始。用一句话描述图 6-28 所示仪表板中每部分的核心要点。

第 2 步 思考我们是否需要所有数据。在做数据的探索性分析时，考虑每个维度可能很重要，但在与受众沟通时，并非所有数据都同样有意义。想象一下，你需要用这些数据来讲故事，那么要关注仪表板的哪些部分，忽略哪些部分？

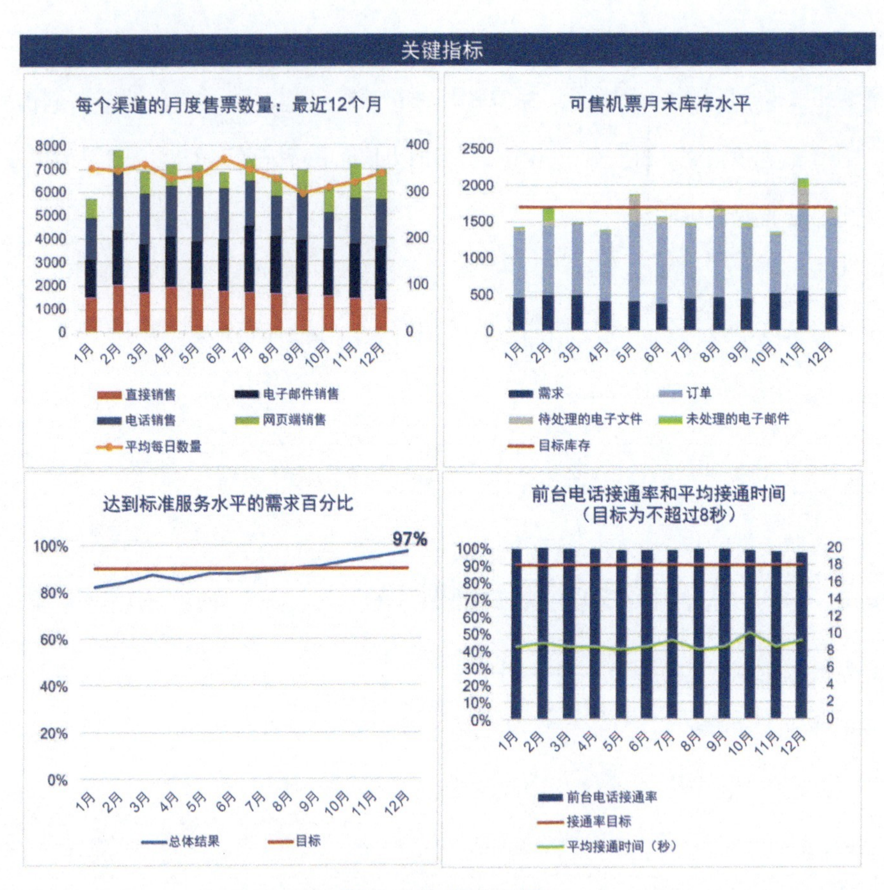

图 6-28　核心指标

第 3 步　基于第 2 步选择的数据创建图表和 / 或 PPT，讲述你的视觉故事。你将如何展示数据？你将如何整合文字？创建你想要展现的可视化方案！你要决定是现场演示还是发送书面材料，并做相应的假设和优化。

我们将做 3 个有针对性的练习，帮助你把数据故事传达给受众：用精练的方式表达信息，回答“你的故事是什么”并应用叙事弧。

找一个项目并开始练习吧！

练习 6.12　形成精练、好记的短句

重复可以帮助我们架起从短期记忆到长期记忆的桥梁。在用数据讲故事的过程中，我们可以用精练、好记的短句表达核心信息，以达到重复的效果。

找一个你手头需要用数据进行解释性沟通的项目。你填写过中心思想构思表吗？如果没有，请回到练习 1.20。接下来，把你的中心思想变成精练、好记的短句。这可以帮助你在沟通时明确目标，也可以加深受众对信息的印象。精练、好记的短句要简短而醒目，容易复述。

在现场演示中，你可以从精练、好记的短句开始讲故事，也可以以它结尾，并在演示过程中以不同的方式展示它。这样，当受众离开房间时，他们已经重复听了好几次。这意味着他们会更容易记住并能够复述故事。

当你将书面叙述的故事发送给对方时，可以用文字展示精练、好记的短句。你可以选择将其用作页面的标题或副标题、重要 PPT 的结论性标题或放在受众看到的最后一张 PPT 上。在某些情况下，同时使用这些做法可能更有意义。思考你将如何在沟通中利用重复（无论是现场演示还是书面叙述），使你想要表达的重点信息清晰、令人难忘。

下次用数据讲故事时，请考虑如何使用精练、好记的短句。

练习 6.13　你想讲的故事是什么？

当阅读数据时，我们经常会问自己或对方这样的问题：你想讲的故事是什么？当思考这个问题时，我们通常不是在讲故事，而是在尝试理解要点或主要观点。清楚地说明结论是用数据做解释性说明时最简单的“故事”。很多时候，我们让受众自己去总结结论，结果影响了受众的理解。

我将用数据讲故事分成两种类型，分别称为小故事和大故事。让我们逐一讨论，看看如何在工作中加以运用。

小故事

对于创建好的图表和 PPT，你都要问自己“我想表达的核心观点是什么”，就像我们在练习 6.2、练习 6.7、练习 6.11、练习 7.5 和练习 7.6 中所做的那样。在你阐明观点后，就要有策略地采取行动，使受众明白你想传递的信息。在 PPT 或图表中使用结论性标题可以为受众设置合理的预期（具体做法可回顾练习 6.1 和练习 6.7），引导受众的注意。用文字清楚地说明受众需要关注哪些信息及其代表的意义，口头表述或直接写在 PPT 中都可以。

永远不要让受众自己去想“我要做什么”，要清楚地告诉他们答案！

大故事

清楚地说明主要观点是讲故事的第一步，我们还可以更上一层楼。大故事是传统意义上的故事：从情节开始，然后出现紧张，随后紧张到达高潮，之后回落趋缓，引入结尾。好的故事会吸引我们的注意，并且可以被记起和复述。我们在用数据沟通时，应该有策略地使用讲故事的技巧。

我建议用叙事弧来构建故事，当我们应用叙事弧来构建故事时，一些事情会自然而然地发生。例如，为了推动情节发展，我们必须识别紧张。有必要提醒一下，故事中的紧张是针对受众的，而非我们自己。紧张不能凭空编造，如果一个故事中没有紧张，你也许需要重新考虑沟通的必要性。根据叙事弧排列故事，也鼓励我们思考每一个想法或元素如何与下一个关联。如果使用线性路径沟通，这一步很容易被忽略。

这样的思考可以帮助我们确定需要引入的额外信息或适当的起承转合，以确保故事流畅。叙事弧也有助于我们思考引导受众的沟通路径，其中最重要的一点是，它鼓励我们从受众的角度考虑问题。当人们开始使用叙事弧讲故事时，最重要的转变就是：他们必须跳出对自我的关注，批判性地进行思考什么对受众来说有用。

思考一下，下一次用数据讲故事时，如何应用小故事和大故事的技巧。关于大故事，你将在下一个练习中找到应用叙事弧的更多具体步骤。

练习 6.14　建立叙事弧

我们在书籍、电影和戏剧中遇到的故事通常遵循一个路径：叙事弧。当用数据讲故事时，我们也可以通过叙事弧提高沟通的效率。

让我们回顾一下叙事弧的组成部分，以及在数据沟通中的一些想法和问题。

- ❒ **情节：**为了使受众了解应该期待什么以及他们应该扮演什么角色，他们需要知道些什么？明确说明背景信息，将有助于清晰地交流，从而确保受众和你基于相同的假设获得相同的理解。
- ❒ **剧情发展：**对于受众来说，存在的紧张是什么？你如何才能在适当的情况下为受众揭示它？
- ❒ **高潮：**紧张达到最高点会怎么样？回想中心思想构思表并思考利弊。受众关心什么？你将如何吸引并保持他们的注意？

- **剧情回落**：在商务沟通环境中，这也许是比较模糊的部分。剧情回落存在的主要意义是提供缓冲区，以免我们突然从紧张的高潮直接跳到结尾。在数据故事中，它可以是为紧张 / 问题提供其他细节或进一步具体分析（按产品或地区划分），也可以是权衡潜在选项、解决方案或者和受众开展讨论。
- **结尾**：这是解决方案，也是行动的号召。你的受众可以采取结尾中提到的行动来缓解紧张。请注意，它通常不是"我们发现了X，因此你应该做Y"那么简单。在用数据讲故事的过程中，结尾也分为很多种：可能是你想推动的对话、要选择的选项，或者是你希望受众提供的反馈。无论如何，都要确定并清晰传达你需要受众采取的行动，让它引人注目。

从我的角度来看，在商务环境中，是否完全按照叙事弧构建故事并不那么重要（我们发现日常生活中的故事常常不符合叙事弧的结构，会采用倒叙、铺垫等方式），重要的是，你的故事应该囊括叙事弧中的每个元素。特别是，我注意到如果在商业沟通中采用线性路径，紧张和高潮可能会被完全忽略。正如我们讨论的，这些都是故事的关键要素。如果缺少了这两部分，就难以讲好数据故事。

话虽如此，我们有时可能很难直接把特定场景套进叙事弧。故事板可能是一个很好的跳板。有关故事板的说明，可以回顾练习 1.24。完成故事板后，就可以沿着叙事弧逐一排列故事内容了。当我们有重要的信息需要沟通时，应用叙事弧构建故事的过程可以提示我们是否缺少故事元素的"黏合剂"，或者是否充分考虑了受众面临什么紧张以及可以如何做来消除紧张。

思考如何应用叙事弧讲好故事，以便引起受众的注意，树立信誉并激发他们采取行动！

练习 6.15 讨论

思考以下与第 6 章内容相关的问题。与朋友或者团队成员进行讨论。

- 什么是结论性标题？它和解释性标题有何不同？你会在什么时候、在哪里、为什么应用结论性标题？
- 在数据沟通中，紧张扮演了什么样的角色？在特定情境中，你将如何识别紧张？反思手头的项目：故事中的紧张是什么？你将如何将紧张运用到你的数据故事中？
- 叙事弧的组成部分是什么？你能列出它们吗？在数据沟通中，你可以在什么时候、如何应用叙事弧？叙事弧的哪个部分模糊或令人困惑？你还有什么想谈的吗？
- 在数据驱动的故事中，我们应该如何组织故事的各个组成部分？在确定如何组织信息时，我们应考虑些什么？
- 你在应用《用数据讲故事》和本章中的内容与受众沟通时，有没有遇到过反对或其他挑战？你是如何应对的？在什么情况下讲故事没有意义？
- 如何在数据沟通中有策略地使用重复？为什么要这样做？
- 现场演示和提供书面材料有什么不同？你准备的材料应该有何区别？可以分别采用哪些策略来确保成功？
- 对于本章介绍的一些策略，你会给自己设定什么具体的目标？你的团队呢？如何确保执行该目标的相关行动？你会向谁寻求反馈？

结 语

好了，我们已经做了非常多的练习！你应该感觉万事俱备，对在日常工作中运用各种技巧和策略跃跃欲试。但是即使这样，练习之路也并未结束。

用数据进行有效的沟通就像玩拼图游戏一样，包含各种不同的考虑因素：受众、语境、数据、假设、偏见、信誉、呈现方式、物理空间、打印机或投影仪、人际互动，以及行动号召等。必须以合理的方式将这些因素组合起来，达到预期的效果。各种因素每次都有所不同，这让情况变得更加复杂！

不过，与拼图游戏不同，用数据沟通并不存在标准答案。行得通的设计或技术并不唯一。这虽然有时会让一些人感到失望，但其实相当棒。很多解决方案都是行得通的。在灵活运用本书所讲述的内容和策略，设计有效的解决方案上，方法是无限的。怎么样，不错吧？

我们可以不断学习，持续加强对图表的设计能力，逐步提高用数据讲故事的水平，并以此激励他人。

这也正是我所期盼的。把你所学到的东西用在实践中吧。和别人分享。通过用数据讲故事的方法，对外界产生积极的影响。

《用数据讲故事》 结语

从小处着手

让“用数据讲故事”成为日常生活的一部分

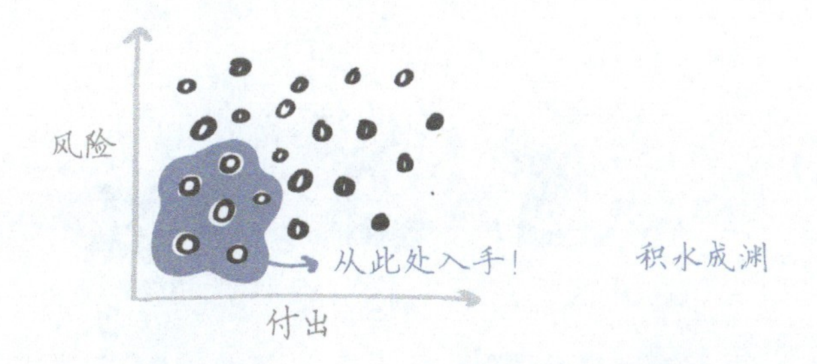

容易实现的目标：

努力实践，注意轻重缓急

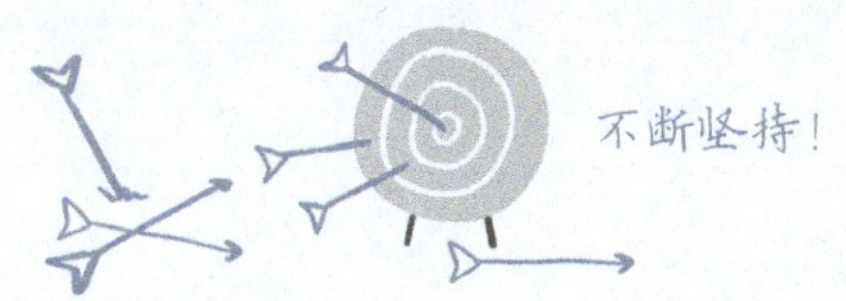

学习指导准则

（在合理的情况下
打破准则的约束）

更上一层楼！

从“信息阐释”到“影响他人”

深思熟虑，
推动变革

你是数据的演示者

锻炼用数据讲故事的
能力需要时间

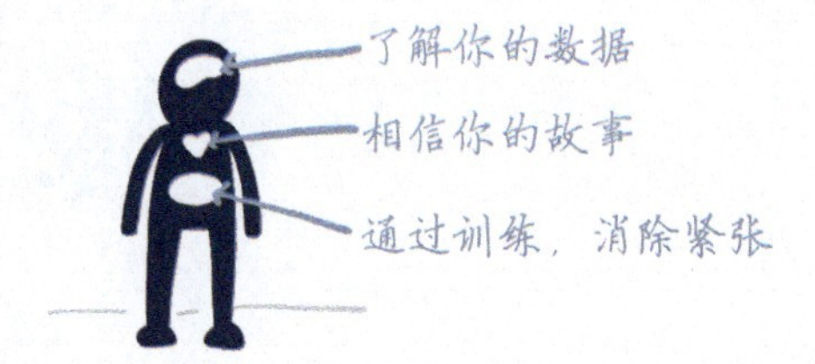
了解你的数据
相信你的故事
通过训练，消除紧张

为此留出时间

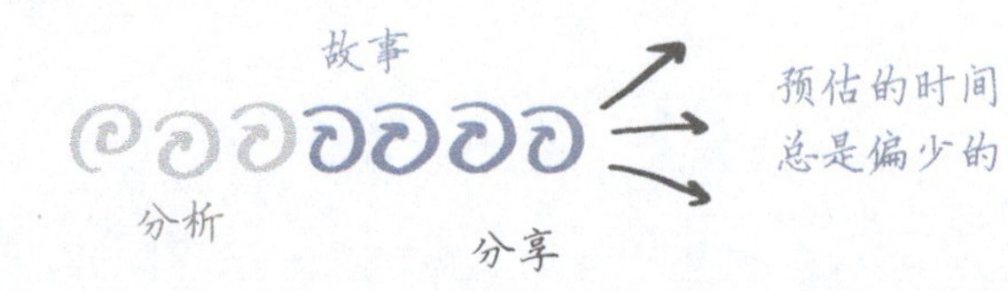
故事
分析
分享
预估的时间
总是偏少的